Uwe Marschner
Sensorische funktionale Mikroimplantate

TUDpress

DRESDNER BEITRÄGE ZUR SENSORIK

Herausgegeben von Gerald Gerlach

Band 46

Uwe Marschner

Sensorische funktionale Mikroimplantate

TUD*press*

2012

Die vorliegende Arbeit wurde von der Fakultät Elektrotechnik und Informationstechnik der Technischen Universität Dresden zur Erlangung des akademischen Grades Doktoringenieur habilitatus (Dr.-Ing. habil.) als Habilitation genehmigt. Der Vortrag mit Kolloqium fand am 26.10.2011 statt.

Vorsitzender der Habilitationskommission:	Prof. Dr.-Ing. habil. J. Lienig
Gutachter:	Prof. Dr.-Ing. habil. W.-J. Fischer
	Prof. Dr.-Ing. habil. G. Gerlach
	Prof. Dr.-Ing. habil. R. Werthschützky

Bibliografische Information der Deutschen Nationalbibliothek
Die Deutsche Nationalbibliothek verzeichnet diese Publikation in der Deutschen Nationalbibliografie; detaillierte bibliografische Daten sind im Internet über http://dnb.d-nb.de abrufbar.

Bibliographic information published by the Deutsche Nationalbibliothek
The Deutsche Nationalbibliothek lists this publication in the Deutsche Nationalbibliografie; detailed bibliographic data are available in the Internet at http://dnb.d-nb.de.

ISBN 978-3-942710-78-7

Verlag der Wissenschaften GmbH
Bergstr. 70 | D-01069 Dresden
Tel.: 0351/47 96 97 20 | Fax: 0351/47 96 08 19
http://www.tudpress.de

Gesetzt vom Autor.
Printed in Germany.

Vorwort des Herausgebers

Der Begriff System ($\sigma\upsilon\sigma\tau\eta\mu\alpha$) stammt aus dem Griechischen und bedeutet „das Gebilde, Zusammengestellte, Verbundene“. Systeme bezeichnen eine Gesamtheit von Elementen, die miteinander in Beziehung stehen und wechselwirken und dadurch eine sinn- oder aufgabengebundene Einheit darstellen. Sie lassen sich von ihrer Umgebung in gewisser Weise abgrenzen, obwohl sie meist selbst wieder Teil übergeordneter Systeme sind. Der Aufbau von Systemen kann durch die Struktur der Systemelemente und den dazwischen wirkenden Beziehungen beschrieben werden.

Das Grundkonzept der Betrachtung bestimmter Einheiten als Systeme lässt sich auf viele Bereiche anwenden: die Technik, die Physik, die Biologie und die Mathematik, aber auch die Wirtschaft, die Politik, die Psychologie und das Recht. Lassen sich die Strukturen von Systemen und die Wechselwirkungen in diesen Bereichen durch ähnliche mathematische Methoden beschreiben, können die Eigenschaften der unterschiedlichsten Systeme durch Analogiebeziehungen mit bekannten Systemen einfach vorausgesagt werden. Ein schönes Beispiel zeigt z.B. der Beitrag „Von Geld- und Heizungskreisläufen – Die Finanzkrise aus regelungstechnischer Sicht“, in dem aus systemtheoretischer Sicht die Bedingungen abgeleitet werden, die für ein stabiles Finanzsystem notwendig sind (T. Tauchnitz, in: CHEManager 3/2009, S. 15f, http://www.chemanager-online.com/news-opinions/nachrichten/finanzkrise-aus-regelungstechnischer-sicht).

Der vorliegende Band der „Dresdner Beiträge zur Sensorik“ von Herrn Dr. Marschner widmet sich nun der systemtheoretischen Beschreibung und dem darauf basierenden Entwurf sowie der Herstellung und Untersuchung von Mikroimplantaten mit sensorischen Funktionalitäten. Die technischen Anforderungen in diesem Bereich sind außerordentlich hoch, was sich einerseits aus den komplizierten Randbedingungen der Anwendungen, andererseits aus den begrenzten (implantierbaren) Energiespeichern ergibt. Für die Funktionserfüllung solcher komplexen und komplizierten Systeme ist deshalb eine ganzheitliche Betrachtung der Systemkomponenten in ihrem Zusammenwirken und in ihrer Interaktion mit der Umgebung — dem Menschen — notwendig. Dies ist nur durch eine strukturorientierte Modellierung und Simulation der Systemkomponenten und des Gesamtsystems möglich. Der Autor zeigt am Beispiel der Lockerungsdetektion von Hüftprothesen und der drahtlosen Messung der Verbiegung von Osteosyntheseplatten, inwieweit mit neuen Syntheseansätzen und mit entsprechenden Systemmodellen neue biomedizinische Sensorlösungen realisiert und optimiert werden können.

In diesem Sinn stellt die vorliegende Arbeit, mit der sich der Autor, Dr.-Ing. Uwe Marschner, an der TU Dresden habilitiert hat, einen wichtigen Beitrag zur Weiterentwicklung des Gebiets von biomedizinischen Mikrosystemen, insbesondere von Mikroimplantaten, dar. Die Arbeit betrifft somit ein Gebiet mit hoher gesellschaftlicher und wissenschaftlicher Relevanz. Ich wünsche der Arbeit deshalb die ihr zustehende Aufmerksamkeit der Fachwelt.

Dresden, im Januar 2012 — Gerald Gerlach

Vorwort des Autors

Die vorliegende Habilitation entstand während meiner wissenschaftlichen Tätigkeit am Institut für Halbleiter- und Mikrosystemtechnik der Technischen Universität Dresden.

Ich danke an erster Stelle Prof. Dr.-Ing. habil. Wolf-Joachim Fischer für die Betreuung und maßgebliche Förderung der Arbeit. Seit seiner Berufung an die TU Dresden hat mich Prof. Fischer auf dem Gebiet der Mikrosystemtechnik orientiert und günstige Rahmenbedingungen für meine Forschung geschaffen. Viele seiner wertvollen Anregungen sind in die Arbeit eingeflossen. Mein Dank gebührt weiterhin Prof. Dr.-Ing. habil. Günther Pfeifer. Seine Expertise und sein Zuspruch boten mir die nötige Sicherheit bei meinen Forschungsarbeiten auf dem Gebiet der elektromechanischen Netzwerke. Bei der Didaktik des Mikrosystementwurfs und elektromechanischen Messtechnik hat mich maßgeblich Prof. Dr.-Ing. habil. Gerald Gerlach geprägt. Ich danke ihm für viele anregende gemeinsame Diskussionen. Ebenso danke ich Prof. Dr.-Ing. habil. Rüdiger Hoffmann, meinem Lehrer und anspornenden Wegweiser auf dem Gebiet der Signalanalyse und -erkennung. Außer Prof. Fischer und Prof. Gerlach danke ich auch Prof. Dr.-Ing. habil. Roland Werthschützky vom Institut für elektromechanische Konstruktionen der TU Darmstadt für die bereitwillige Übernahme der Gutachten.

Frau Prof. Alison Flatau von der University of Maryland (UMD) danke ich dafür, dass sie die Kooperation zwischen dem Small Smart Systems Center (SSSC) der UMD und dem IHM und meine Gastdozentur mit der Vorlesung „Electromechanical Systems Modeling“ am Department of Aerospace Engineering der UMD im Frühjahrssemester 2009 förderte. Die gemeinsame Forschungsarbeit unter bedeutender Mitwirkung von Dr. Jin-Hyeong Yoo, Dr. Supratik Datta, Dr. Chaitanya Mudivarthi, MSc Frank Graham an der UMD, Dr.-Ing. Rudolf Schäfer und Prof. Dr.-Ing. Jeffrey McCord am Leibniz-Institut für Festkörper- und Werkstoffforschung Dresden, Dr.-Ing. Holger Neubert am Institut für Feinwerktechnik und Elektronik-Design der TU Dresden und Dr. rer. nat. Carl-Georg Oertel am Institut für Strukturphysik der TUD ist in mehreren Publikationen zum Thema piezomagnetischer Sensoren dokumentiert.

PD Dr. med. Bernhard Clasbrummel vom Zollernalb-Klinikum Balingen erforschte mit seinem „Arbeitskreis Klinische Mikrosystemtechnik“ seit seiner Gründung 1994 an der Ruhr-Universität Bochum viele neue Anwendungen telemedizinischer Mikrosysteme. Nur durch seine aktive Unterstützung waren die gemeinsame Erarbeitung und Erforschung der Mikrosystemplattform IMEX und der Hirndruck-, Hüftprothesen- und Osteosyntheseplatten-Mikrosysteme möglich. Ebenso unentbehrlich waren die Anregungen und das Engagement von Thomas Hermle und Michael Willmann von der AESCULAP AG & Co. KG Tuttlingen. Jedes noch so diffizile technische Problem beim Aufbau der Systeme lösten Ulrich Merkel, Andreas Jahn, Sebastian Sauer, René Körbitz, Ricardo Fiedler, Uwe Vogel, Marco Mütze, Bernhard Kleiner, Henry Brenning, Christian Andrä, Falko Guderian, Fei Li, Zhu Yi, Chen Wei, Dr.-Ing. Robert Fischbach, Roman Boschke und Carsten Klug am IHM, Dr.-Ing. Hagen Grätz, Dr.-Ing. Andreas Heinig, Dr.-Ing. Hans-Günther Despang, Hans-Jürgen Holland und Dr.-Ing. Nicolas Gay am Fraunhofer-Institut für Photonische Mikrosysteme IPMS Dresden, Gregor Woldt, Sabine Kirsten und Markus Braunschweig bei der Microelectronic Packaging Dresden GmbH, Dr.-Ing. Jürg Haufe und Eberhard Künzel bei der A.S.T. Angewandte System Technik GmbH Dresden und Michael Kuntz bei der CeramTec GmbH Plochingen. Dr. rer. nat. Birger Jettkant von der Ruhr-Universität Bochum verdanken wir exzellente experimentelle Untersuchungen und fachlich sehr anregende Diskussionen in diesen Projekten. Den Bundesministerien für Forschung und Technologie sowie Wirtschaft und Arbeit und der VDI/VDE-IT danke ich in diesem Zusammenhang für die Förderung der Verbundprojekte und besonders Frau Christine Weiß für die kompetente Betreuung.

Wertvolle Hinweise zur Systematik des Systementwurfs gaben mir Frau PD Dr.-Ing. Annerose Braune vom Institut für Automatisierungstechnik der TU Dresden, Dr. Peter Schneider und Dr.-Ing. habil. Peter Schwarz vom Fraunhofer-Institut IIS Dresden, wofür ich mich ebenfalls bedanke. Weiterer Dank gilt Dr. rer. nat. Dietmar Ruwisch, Ruwisch und Kollegen, Berlin, für Informationen zu Low-Power Prozessoren und zum Einsatz des Lock-In-Verfahrens sowie Dr. med. Jürgen Straube, Meißen, für Anregungen zu integrierten Patientenwarnsystemen.

Ich möchte weiterhin den Mitarbeitern des Instituts für Halbleiter- und Mikrosystemtechnik für Ihre Hilfe und die vielen wissenschaftlichen Diskussionen danken, besonders Prof. Dr.-Ing. habil. i.R. Kurt Drescher, Prof. Dr. rer. nat. Johann Wolfgang Bartha, Dr. Barbara Adolphi, Dr. Mathias Plötner, Dr. Christian Wenzel, Dr. Marion Bertram, Dr. Alexander Türke, Dr. Eric Starke — vor allem für seine Ausdauer bei der gemeinsamen Weiterentwicklung der Netzwerkmodelle — sowie Martin Krause, Andreas Kunadt, Axel Renner, Heidrun Hiemann, Egbert Hiemann, Bernd Ulbricht und Kerstin Kunz. Ein spezieller Dank gilt außerdem Dr. oec. Heidrun Lotze für ihr unschätzbares Mentoring beim Wissens- und Technologietransfer.

Ganz herzlich danke ich nicht zuletzt meiner Familie, die mich stets unterstützte und dieser Arbeit viele unwiederbringliche Stunden opferte.

Dresden, im Juli 2012 Uwe Marschner

Inhaltsverzeichnis

Verwendete Formelzeichen

A	Fläche
$\vec{A}$	magnetisches Vektorpotenzial
A_{el}	elektrisch wirksame Fläche
A_{mag}	magnetisch-translatorischer Wandlerkoeffizient
$\underline{A}$	komplexer Wandlerfaktor
a	Beschleunigung
a_k	Filterkoeffizienten
$\hat{a}_{r-r_0}$	Richtungsvektor
B	magnetische Flussdichte
$B(t)$	Messsignal
B_S	frequenzunabhängige Empfindlichkeit; Steilheit eines Sensors
B_r	Remanenz
${}_BH_C$	Koerzitivfeldstärke
B_{zD}	z-Komponente der magnetischen Flussdichte bei Berechnung mit dem approximierten Dipolmodell
B_{zR}	-exakten Dipolmodell
B_{zS}	-Solenoidmodell
$B_{zS,k}$	-Solenoidmodell am Ort des k-ten Sensors
B_μ	Skalierungsfaktor der Kalibrierung
$\underline{B}(\omega), \underline{B}$	komplexe Übertragungsfunktion (Fouriertransformation)
$\underline{B}_0$	Spannungsübertragungsfunktion des belasteten Serienschwingkreises
$\underline{B}(p)$	komplexe Übertragungsfunktion (Laplacetransformation)
b	Leitbahnbreite
b_0	Breite
b_k	Filterkoeffizienten
$b(H)$	magnetoelastische Kopplung
$b^{\gamma,2}$	Materialkonstante für scherende Verformung
C	elektrische Kapazität
$C(x)$	Rayleigh-Funktion
$c(x)$	Rayleigh-Funktion
c	elastische Konstante; Abstand zur neutralen Schicht

D	Störabstand in dB
d	Anzahl der Finiten Prothesenelemente bis zum proximalen Ende des Femurs
d_m	mittlerer geometrischer Leitbahnabstand
d_w	Leitbahnabstand
d_{33}	piezomagnetischer Koeffizient
E	elektrische Feldstärke; Elastizitätsmodul
E_2	Elastizitätsmodul des nichtmagnetischen Trägers
E_{33}^B	Elastizitätsmodul der piezomagnetischen Schicht in Balkenlängsrichtung bei konstanter magnetischer Flussdichte
E_i	Energie
EI	Biegesteifigkeit
e	piezoelektrische Kraftkonstante
F	Kraft
F_L	Linearität in Prozent des Messbereiches; Längskraft
f	Frequenz
G_m	magnetische Permeanz
G_s	Schubmodul
$G(\omega)$	Übertragungsfunktion (kontinuierlich)
$g(t)$	Gewichtsfunktion eines dynamischen Systems
H	Magnetische Feldstärke
h	Höhe; mechanische Admittanz; Anzahl der Femurelemente vom proximalen Ende bis zum Ende des Festigungsbereiches
h_1	Höhe der piezomagnetischen Schicht
h_2	Höhe des nichtmagnetischen Trägers
I	elektrische Stromstärke; Flächenträgheitsmoment
I_m	magnetische Flussrate
I'	Spiegelstromstärke
I_S	Spulenstromstärke
I_R, I_D	Ringstromstärke im exakten bzw. approximierten Dipolmodell
i	elektrische Stromstärke
$\vec{i}$	Richtung im kartesischen Koordinatensystem
$\vec{j}$	Richtung im kartesischen Koordinatensystem
K	Zustand
K_b	Oberflächenstromdichte
$K_{\mathrm{mag,r}}$	rotatorisch-magnetischer Wandlerfaktor
k^2	Kopplungsfaktor

k_{ii}	Elemente einer Kettenmatrix
k	Anzahl der Femurelemente vom proximalen Ende bis zum Beginn des Festigungsbereiches
$\vec{k}$	Richtung im kartesischen Koordinatensystem
L	Induktivität; Likelihood-Funktion
l	Länge; Anzahl der Finiten Femurelemente
M	Drehmoment
$\vec{M}$	magnetisches Dipolmoment
MMK	Magnetomotorische Kraft
M_s	Magnetisierung
m	Masse
$\vec{m}_k$	magnetischer Dipol
m'	längenbezogene Masse
N	Anzahl; Windungszahl
N_d	Demagnetisierungsfaktor
n	Ordnung eines Filters; Auflösung eines A/D-Wandlers; Nachgiebigkeit; Anzahl der Prothesenelemente, die über den Femur hinausragen
$\vec{n}$	Richtung des Normalenvektors der Oberfläche
n_R	Drehnachgiebigkeit
n_0	translatorische Nachgiebigkeit
n'	längenbezogene Nachgiebigkeit
p	Druck; Parameter einer quadratischen Funktion
$p(y_i\|\vec{\theta})$	Verteilungsdichtefunktion
Q	Gütefaktor; elektrische Ladung; Querkraft
q	Quantisierungsfehler; Parameter einer quadratischen Funktion
R	Radius
R_a	Lastwiderstand
$R(t)$	Referenztaktsignal
R_m	magnetische Reluktanz
r	Verarbeitungsrate eines Betriebssystems; mechanische Reibungsimpedanz
$\vec{r}$	Feldpunkt
$\vec{r}_0$	Bezugspunkt
S	Störabstand; mechanische Dehnung
$S(x)$	Rayleigh-Funktion
s_{33}	elastische Materialkonstante
s	Abstand zur Nullschicht

t	Zeit
t_n	Leitbahndicke
T	Takt- oder Abtastperiode; mechanische Spannung
U	elektrische Spannung
$u(y)$	Messunsicherheit
V_0	Gleichspannungsverstärkung
V_m	Magnetische Spannung
v	Geschwindigkeit
W	Energie
$W_k(x)$	örtliche Amplitudenverteilung der Eigenmode k
w	normierte Auslastung digitaler Komponenten; Balkenbreite
$w(x,t)$	orts- und zeitabhängige Auslenkung
$\underline{X}_n$	Fourierkoeffizienten
$\underline{X}(\omega)$	spektrale Amplitudendichte
$x(k)$	Eingangswertefolge
x	x-Komponente des Ortsvektors in kartesischen Koordinaten
$\vec{\tilde{x}}$	x-Komponenten der Sensorpositionen
Y_r	magnetisch-rotatorischer Wandlerfaktor
$Y_{\mathrm{t,mag}}$	magnetisch-translatorischer Wandlerfaktor
$y'(x)$	korrigierter physikalischer Messwert
$\hat{y}'(x)$	Amplitude des korrigierten physikalischen Messwertes
$y(k)$	Ausgangswertefolge
$\underline{Z}_i$	elektrische Quellenimpedanz
$\underline{Z}_e$	Impedanz des belasteten Serienschwingkreises
z	Höhe im Zylinderkoordinatensystem
z_R, z_D	Abstand in z-Richtung zum Ringstrom im exakten bzw. approximierten Dipolmodell
$z(k)$	Überführungsfunktion
$\underline{z}$	mechanische Impedanz
z_0	Bezugswellenimpedanz; Abstand von der Stirnfläche eines Magneten
α	Phasenwinkel
α_0	Winkel im Zylinderkoordinatensystem
α_1	magnetischer Wandlerkoeffizient
α_i	Richtungskosinus
β	Wellenzahl
$\beta^{\gamma,2}$	Materialkonstante für scherende Verformung

ϵ	Permittivität
ε	Massenverhältnis
η	Verlustfaktor; normierte Kreisfrequenz
Φ	Magnetfluss
φ	Phasenwinkel
$\varTheta$	Trägheitsmoment
ϑ	Temperatur
θ	Parameter im Prozessmodell; Winkel im Kugelkoordinatensystem
λ	Magnetostriktion
μ_d	normierter elektrischer Messwert
μ'_d	korrigierter elektrischer Messwert
μ	Permeabilität
μ_0	magnetische Feldkonstante $= 4\pi \cdot 10^{-7}\mathrm{N/A}^2$
μ_r	relative Permeabilität, Permeabilitätszahl
µ	Mikro-
ν_s	Poisson-Konstante
ξ	Auslenkung
ρ	Dichte; Biegeradius
σ	Standardabweichung; Leitfähigkeit
τ_C	Zeitkonstante der Kapazität
τ_L	Zeitkonstante der Induktivität
$\Phi_{A,B}$	Steuertakt
φ	Neigungswinkel
χ	magnetische Suszeptibilität
Ω	Skalierungsfaktor
$\varOmega$	Winkelgeschwindigkeit
ω	Kreisfrequenz
ω_0	Kennkreisfrequenz
ω_A	Ausschwing- bzw. Eigenkreisfrequenz
ω_r	Resonanzkreisfrequenz bei rein reeller Quellenimpedanz
ω_e	Resonanzkreisfrequenz bei rein reeller Serienkreisimpedanz
$\omega_{r,e}$	Resonanzkreisfrequenz beim Betragsminimum der Serienkreisimpedanz
$\omega_{r,B}$	Resonanzkreisfrequenz beim Betragsmaximum der Spannungsübertragungsfunktion des Serienkreises

Abkürzungsverzeichnis

µC	⟨engl.⟩ Microcontroller
2D	zweidimensional
3D	dreidimensional
A/D	Analog-/Digital
ACU	⟨engl.⟩ Adress Computation Unit
AlN	Aluminiumnitrid
ALU	⟨engl.⟩ Arithmetic Logic Unit
AMA	Arbeitsgemeinschaft Messwertaufnehmer
APM	⟨engl.⟩ Advanced Power Management
ASCII	⟨engl.⟩ American Standard Code for Information Interchange
ASIC	⟨engl.⟩ Application Specific Integrated Circuit: Anwendungsspezifische Integrierte Schaltung
BG	Berufsgenossenschaft
BMBF	Bundesministerium für Bildung und Forschung
BOD	Bilirubin-Oxidase Drahtkathode
BSP	⟨engl.⟩ Buffered Serial Port
CAN	⟨engl.⟩ Controller Area Network
CE	⟨franz.⟩ Communautés Européennes
CFX	Bezeichung für eine programmierbare 24-bit-Block-Gleitkomma-CPU mit zwei auf Parallelität ausgelegten MAC-Kernen
CHI	chronische Herzinsuffizienz
CMOS	⟨engl.⟩ Complementary Metal-Oxide semiconductor: komplementärer Metall-Oxid-Halbleiter
CRC	⟨engl.⟩ Cyclic Redundancy Check
CSP	⟨engl.⟩ Chip Size Package
CTS	⟨engl.⟩ Clear to Send
DAE	⟨engl.⟩ Differential Algebraic Equation
DC	⟨engl.⟩ Direct Current
DCD	⟨engl.⟩ Data Carrier Detect
DCO	⟨engl.⟩ Digitally Controlled Oscillator
DECT	⟨engl.⟩ Digital Enhanced Cordless Telecommunications
DGL	Differentialgleichung

DIN	Deutsches Institut für Normung
DOF	⟨engl.⟩ Degree of Freedom
DSP	Digitaler Signalprozessor
DSR	⟨engl.⟩ Data Set Ready
DSSP	⟨engl.⟩ Digital Sensor-Signal-Processor
DTR	⟨engl.⟩ Data Terminal Ready
ECC	⟨engl.⟩ Error Correction Code
EDF	⟨engl.⟩ European Data Format
EDX	⟨engl.⟩ Energy Dispersive X-ray Spectroscopy
EEG	Elektroenzephalogramm
EEPROM	⟨engl.⟩ Electrically Erasable Programmable Read-Only Memory
EF	Eigenfrequenz
EKG	Elektrokardiogramm
EMG	Elektromyogramm
EOG	Elektrookulogramm
FE	Finite Elemente
FFT	⟨engl.⟩ Fast Fourier Transform
FIFO	⟨engl.⟩ First In First Out
FPGA	⟨engl.⟩ Field Programmable Gate Array
FR4	Materialkennung für mit Epoxidharz getränkte Glasfasermatten
GMA	Gesellschaft Mess- und Automatisierungstechnik
GOx	Glucose-Oxidase
HEAR	Hardwarebeschleuniger für WOLA- und FFT-, und Vektoroperationen und Filterung
HL	⟨engl.⟩ High-Low
I/O	⟨engl.⟩ Input/Output
I2C	auch I^2C; ⟨engl.⟩ Inter-Integrated Circuit
IEC	⟨engl.⟩ International Electrotechnical Commission
IEEE	⟨engl.⟩ Institute of Electrical and Electronics Engineers
IMEX	Intrakorporale und extrakorporale modulare Mikrosystemplattform
ISO	⟨engl.⟩ International Organization for Standardization
ITA	⟨engl.⟩ Industry Technical Agreement
ITES	Implantierbares telemetrisches Endosystem
JCGM	⟨engl.⟩ Joint Committee for Guides in Metrology
JFET	⟨engl.⟩ Junction Field Effect Transistor

JPG	⟨engl.⟩ Joint Photographic Experts Group (Bildformat)
LSB	⟨engl.⟩ Least Significant Bit
LTO	⟨engl.⟩ Low Temperature Oxide
MAC	⟨engl.⟩ Multiplication-Accumulation
MD5	⟨engl.⟩ Message-Digest Algorithm 5
MFC	⟨engl.⟩ Macro Fiber Composite
MIPS	⟨engl.⟩ Million Instructions Per Second
MIT	⟨engl.⟩ Massachusetts Institute of Technology
MMC	⟨engl.⟩ Multi Media Card
MOCVD	⟨engl.⟩ Metal Organic Chemical Vapour Deposition
MOSCITO	⟨engl.⟩ Modular System for Constraint Nonlinear Microsystems Optimization
NAND	⟨engl.⟩ Not AND
NASA	⟨engl.⟩ National Aeronautics and Space Administration
NFC	⟨engl.⟩ Near Field Communication
NOR	⟨engl.⟩ Not OR
PC	⟨engl.⟩ Personal Computer; Einzelplatzrechner
PDM	Pulsdauermodulation
PGP	⟨engl.⟩ Pretty Good Privacy
PLD	⟨engl.⟩ Programmable Logic Device
PLL	⟨engl.⟩ All-Digital Phase Locked Loop
PLL	⟨engl.⟩ Phase Locked Loop
PMOS	⟨engl.⟩ p-Channel Metal-Oxide Semiconductor
PROTEL	Hüftprothese mit telemetrischer Funktionsüberwachung (BMBF-Projekt)
PTFE	Polytetrafluorethylen
PVDF	Polyvinylidenfluorid
PWM	Pulsweitenmodulation
PZT	Blei-Zirkonat-Titanat
RFID	⟨engl.⟩ Radio Frequency Identification
RI	⟨engl.⟩ Ring Indicator
RISC	⟨engl.⟩ Reduced Instruction Set Computer
ROM	⟨engl.⟩ Read-Only Memory
RTS	⟨engl.⟩ Request to Send
RXD	⟨engl.⟩ Receive Data
SC	⟨engl.⟩ Switched Capacitor
SiO_2	Siliziumdioxid
SmartSens	Passives drahtloses Sensornetzwerk fur Anwendungen in der Medizintechnik

SMD	⟨engl.⟩ Surface Mount Device
SPICE	⟨engl.⟩ Simulation Program with Integrated Circuit Emphasis
SPIE	⟨engl.⟩ Society of Photographic Instrumentation Engineers, heute: International Society for Optical Engineering
TbFe/FeCo	Terbium-Eisen/Eisen-Kobalt
TEDS	⟨engl.⟩ Transducer Electronic Datasheet
TXD	⟨engl.⟩ Transmit Data
UART	⟨engl.⟩ Universal Asynchronous Receiver Transmitter
UDS	Unfalldatenspeichersystem
UV	Ultraviolettes Licht
UWB	⟨engl.⟩ Ultra Wideband
VDE	Verband Deutscher Elektrotechniker
VDI	Verein Deutscher Ingenieure
VIM	⟨engl.⟩ International Vocabulary of Metrology
WLAN	⟨engl.⟩ Wireless Local Area Network
WOLA	⟨engl.⟩ Weighted Overlap Add
XML	⟨engl.⟩ Extensible Markup Language

1. Einleitung

Dem Fortschritt in der Medizintechnik oder auch *Biomedizinischen Technik* bringt der Mensch naturgemäß ein großes Interesse entgegen. Für die Medizin werden dabei einerseits neue technische Methoden und Geräte entwickelt und bereitgestellt und andererseits biologische und technische Probleme mit ingenieurwissenschaftlichen Methoden gelöst [296]. Gegenwärtig revolutionieren Biomolekularisierung, Miniaturisierung und Computerisierung die Medizintechnik [57]. Besonders innovative und kapitalintensive Geräte werden der Hochtechnologiemedizin zugeordnet. Dazu zählen neue chirurgische Werkzeuge, aktive Implantate und bildgebende Verfahren im OP, ebenso wie Zelltherapien oder das Tissue Engineering. Bei letzterem werden verletzte Haut, Knorpeln, Knochen oder Blutgefäße durch synthetisches Gewebe ersetzt [251].

Mikrosysteme werden in der *in vivo*-[1]Diagnostik, dem in vivo–Monitoring und in der Therapie eingesetzt. Mit neuen funktionalen Mikroimplantaten können intrakorporale Größen dauerhaft gemessen und auch ausgewertet werden. Wie in fast allen technischen Systemen von der Kommunikationstechnik bis zur Automatisierungstechnik hat die Digitaltechnik auch in der Medizintechnik Einzug gehalten und sich durchgesetzt. Die Entwicklungen in der Halbleiter- und Mikrosystemtechnik ermöglichen zudem die Verlagerung analoger und digitaler Signalverarbeitungseinheiten an den Sensor oder Aktor. Die immer kleiner werdenden Baugruppen stellen immer größere Rechenleistungen und Speicherkapazitäten bereit. Beim Miniaturisierungsgrad übertreffen die Mikrosysteme der Medizintechnik die Mikrosysteme der Automobilindustrie oder der Automatisierungstechnik. Durch die langwierigen und teuren medizinischen Zulassungsverfahren sind sie deutlich später marktpräsent.

Solche digitalen Mikrosysteme können Messwerte bereits im Körper analysieren und mit Medikamentengaben oder einem Notruf reagieren. In Kombination mit drahtloser Datenübertragung kann ein Netzwerk intelligenter Sensoren und Aktoren mit verteilter Rechenkapazität, auch *Wireless Body Area Network* genannt, aufgebaut werden [106]. Nur auf der Basis der *Messung* der Vitalparameter ist eine objektive Beurteilung der Vitalfunktionen möglich. Die Speicherung der Messwerte in der elektronischen Patientenakte und die Vernetzung medizinischer Einrichtungen erhöhen die Leistungsfähigkeit des Medizinbetriebes und der Diagnostik.

Anwendungen finden Mikrosysteme derzeit im Körperinnern (*intrakorporal*) unter anderem als multifunktionale Katheter, Miniaturkameras, Blutzuckermeßgeräte (Glukosesensoren) oder Insulinpumpen. Das am häufigsten implantierte mikroelektronische System ist mit weltweit ca. 600 000 Stück der Herzschrittmacher [307]. Seit etwa 1980 helfen Cochlea-Implantate bei der teilweisen Wiederherstellung des Hörvermögens und seit 1997

[1] lat. *in vivo* „im Lebendigen“, hier: innerhalb des lebenden menschlichen Körpers

Deep Brain Stimulators (DBS) bei der Unterdrückung des Tremors von Parkinsonpatienten [204]. Derartige Systeme werden gemäß der VDE Initiative MikroMedizin unter dem Oberbegriff der *funktionalen Mikro-/Nanoimplantate* zusammengefasst [16].

Extrakorporal finden beispielsweise Hörgeräte, Photoplethysmographie-Sensoren zur Pulsmessung, EKG-Monitoring-Systeme oder Beschleunigungssensoren zur Lage- und Bewegungserfassung eine zunehmende Verbreitung (siehe z.B. [51, 121, 192]). Bei der Schlafüberwachung werden neben Elektrokardiogramm (EKG) und Patientenlage noch das Elektroenzephalogramm (EEG), das Elektrookulogramm (EOG) zur Bestimmung der Augenaktivität, das Elektromyogramm (EMG) des Kinns und beider Beine, der Atemfluß der Nase, die abdominale und thorakale Atembewegung sowie ein Mikrofon zur Erfassung des Schnarchens benötigt [111, 276]. Eine drahtlose Verbindung von extrakorporalen und implantierbaren Sensoren und Aktoren mit einer zentralen Verarbeitungs- und Auswerteeinheit verringert nicht nur den Verdrahtungsaufwand am Patienten, sondern gestattet auch den Verzicht auf Leitungen in den Körper. Das damit verbundene Infektionsrisiko wird dadurch stark verringert.

Eine Wirtschaftlichkeit bei der Fertigung kann nur durch eine Spezialisierung einzelner Hersteller auf Teilprozesse und -technologien erreicht werden. Die Konsequenz ist ein modularer Aufbau der Hardware mit genormten Schnittstellen an den Modulgrenzen. Wichtige drahtgebundene oder drahtlose Schnittstellen zwischen den verschiedenen Systemkomponenten sind digital ausgeführt und weitgehend international standardisiert, beispielsweise im Profibus oder CAN-Bus, Bluetooth oder Zigbee. Anders sieht dagegen noch die Situation bei Sensoren aus. Herstellerspezifische Schnittstellen prägen hier das Bild. Diese sind hinsichtlich Pegel und Versorgungsspannungen untereinander nicht kompatibel [76]. Das ist ein Grund für die Ausführung medizintechnischer Systeme in Form von Insellösungen. Die in Abschnitt 2.1 vorgestellten Beispiele verdeutlichen einerseits die Einzigartigkeit jedes Entwurfs, andererseits aber auch die Gemeinsamkeiten der Baugruppen und Schnittstellen.

Eine Standardisierung der Systemkomponenten und Schnittstellen engt die Hersteller nicht ein, sondern verkürzt Entwicklungszeiten und erleichtert den Marktzugang. Aufgrund ihrer Flexibilität und flachen hierarchischen Strukturen haben kleine und mittlere Unternehmen die besten Voraussetzungen, um hochtechnologische medizintechnische Produkte herzustellen. Gleichzeitig bieten sich diesen Unternehmen deutliche Wachstumschancen, auch auf ausländischen Märkten, und eine spürbare Anzahl an Arbeitkräften kann langfristig gebunden werden. Einheitliche Schnittstellen sind somit die Voraussetzung für eine Vielfalt von völlig neuartigen kompakten, miniaturisierten, portablen und integrierten Diagnosegeräten. Aus diesem Grund wurde 2002 das Infrastrukturprojekt „Implantierbare und extrakorporale modulare Mikrosystemplattform (IMEX)“ von PD Dr. B. Clasbrummel und vom Autor initiiert. Im Mittelpunkt des IMEX-Projektes stand die Entwicklung eines biomedizintechnischen Mikro-Baukastensystems. Wichtige Systemmodule und Schnittstellen sind im Abschnitt 3 zusammengestellt.

Die Biokompatibilität ist neben den Anforderungen an Form und Größe für spezifische Applikationen eine besondere Anforderung an Medizinprodukte. Die äußere Schicht muss bei implantierbaren Systemen eine zuverlässige Erfassung von gewünschten physiologischen Parametern aus der aggressiven Umgebung (z.B. dem Blut) sicherstellen und Fremdkörperreaktionen vermeiden. Fremdkörperreaktionen können sowohl den Organismus schädigen als auch eine Datenerfassung beeinträchtigen, z.B. bei Druck- oder Chemosensoren. Wenn eine völlig hermetische Abkapselung nicht gewährleistet werden kann, muss die Aufbau- und Verbindungstechnik biokompatibel sein. Dieses eigenständige Fachgebiet wurde in die vorliegende Arbeit nicht mit aufgenommen.

Der Entwurf sensorischer funktionaler Implantate kann mit klassischen Methoden, bei denen die Produktentwicklung eine Abfolge von Prototypenfertigung und anschließender Neukonstruktion in mehreren Zyklen ist, nicht mehr bewerkstelligt werden. Auf diese Weise kann das komplexe Zusammenwirken verschiedener physikalischer Phänomene mit elektronischen Teilsystemen in funktionalen Mikroimplantaten nicht beherrscht werden. Hinzu kommt die ständig wachsende Funktionalität medizintechnischer Systeme, die in Software oder in Hardware implementiert werden kann. Für Digitalschaltungen sind dabei neben dem Entwurfsaufwand nur drei Parameter von Interesse: die Fläche der integrierten Schaltung, ihre Verlustleistung und ihre Taktfrequenz [262]. Weitere Gründe für den Bedarf an neuen Entwurfsmethoden sind die hohen Erwartungen an Zuverlässigkeit und Genauigkeit medizintechnischer Systeme.

Der Schlüssel für einen effizienten Entwurf des Systems ist seine virtuelle Entstehung und sein virtueller Einsatz. Geeignete Simulationsmethoden erlauben seine Optimierung im Entwurfsstadium und die effiziente Vorausberechnung der Eigenschaften eines Produkts während seiner Lebensdauer. Neben geeigneten Verhaltensmodellen sind Methoden der modellgestützten Messtechnik zur Validierung der Modelle dafür die wichtigste Voraussetzung.

Mit der verfügbaren Hardware und der Vielzahl rechnergestützter Methoden und Werkzeuge können heute praktisch alle technischen Systeme vorausberechnet und virtuell entworfen werden. Wegen der Spezialisierung der Software auf einzelne Teilprobleme ist die Kopplung von Simulationsprogrammen typisch. Ein Beispiel für den Entwurf eines intelligenten Drucksensors mit gekoppelter Simulation ist das Praktikum Mikrosystementwurf am Institut für Halbleiter- und Mikrosystemtechnik. Die Aufbau- und Verbindungstechnik eines solchen Drucksensors für den Einsatz als implantierbares telemetrisches Endosystem (ITES) war Aufgabe im gleichnamigen Projekt, das vom Autor mit bearbeitet wurde. Das System ist in Abschnitt 2.1.1 beschrieben. Neuere Methoden zielen auf die Unterstützung von Entwicklungsingenieuren kleinerer und mittlerer Unternehmen ohne Simulationsabteilung in Form der Kombinierten Simulation. Sie verbindet mehrere Simulationsmethoden auf Anwenderebene als Voraussetzung für eine Unabhängigkeit von Spezialprogrammen.

Diese Arbeit erörtert das systematische Vorgehen beim Entwurf sensorischer funktionaler Mikroimplantate. Dazu ist die Arbeit in einen Übersichtsteil (I) und einen Anwendungsteil (II) untergliedert. Im Übersichtsteil werden gegenwärtige Anwendungen funktionaler Mikroimplantate in Abschnitt 2.1, ihre Funktionalität in Abschnitt 2.2 und ihr Aufbau in Kapitel 3 übersichtlich dargestellt. Diese Darstellung ist die Basis für das Architekturmodell bei der Bescheibung der Systemanforderungen mit einer Strukturierten Analyse als Teil des Systementwurfes, der Thema von Kapitel 4 ist. Neben den Anforderungen an die Komponenten und gegenwärtiger Defizite werden auch Möglichkeiten der Signalverarbeitung aufgezeigt.

Eine zentrale Bedeutung beim Systementwurf kommt der Modellierung des Verhaltens und der Herstellung des Systems, seiner Komponenten und Elemente zu. Gegenwärtig stehen für die Modellierung und Simulation eine Vielzahl problemangepasster Simulationswerkzeuge zur Verfügung. Diese Vielfalt ist vom einzelnen Entwicklungsingenieur nicht beherrschbar. Unter den Methoden haben sich Lineare Netzwerkmethoden und Finite-Elemente-(FE-) Methoden behauptet. Lineare Netzwerkmethoden fördern im Gegensatz zu den FE-Methoden das physikalische Verständnis des Systemverhaltens. Aufgrund ihrer deutlich kürzeren Rechenzeiten verglichen mit FE-Methoden sind sie die erste Wahl bei Optimierungsaufgaben. FE-Methoden können demgegenüber auch nichtlineare Probleme bewältigen und sind genauer bei der Simulation. Eine vielversprechende Methode kombiniert die Netzwerkmethoden mit den Finite-Elemente-Methoden, so dass die Vorteile beider Methoden genutzt werden können. Diese Kombinierte Simulation ist eine der derzeit leistungsfähigsten Modellierungs- und Simulationstechniken. Die von Prof. Pfeifer und Dr. Starke systematisierte Methodik wird aktuell in der Arbeitsgruppe Elektromechanische Systeme am Institut für Halbleiter- und Mikrosystemtechnik weiterentwickelt und wurde 2011 mit der Sitzung „Combined Simulation of Electromechanical Systems“ der internationalen SPIE-Konferenz „Active and Passive Smart Structures and Integrated Systems V“ vom Autor zur Diskussion gestellt.

Im Anwendungsteil der Arbeit werden anhand von drei Entwicklungsbeispielen verschiedene Modellierungsmethoden erprobt und diskutiert. Es handelt sich dabei um Systementwicklungen zur Überwachung der Knochenbruchheilung mit Hilfe eines piezomagnetischen Biegesensors, zur Lockerungsdetektion von Hüftprothesen und zur intrakorporalen Positionserkennung. Bei den ersten beiden Systemen ist eine geeignete Anregung des Messobjektes – also der Prothese oder der Knochenplatte – Voraussetzung für die Erhebung eines Befundes. Die verschiedenen Modelle werden in den Kapiteln 5 und 6 vorgestellt. Darunter sind neue Netzwerkmodelle zur Beschreibung des Femur-Prothesen-Verbundes in Abschnitt 5.3.4, von Flachspulen in Abschnitt 6.3.7.3 und von piezomagnetischen Wandlern in Anhang 6.3.7. Sie haben Eingang in die Lehre der elektromechanischen Netzwerke gefunden [190].

Ein kurzer Ausblick in Kap. 8 beschließt die Arbeit. Fett markierte Literaturstellen weisen auf Veröffentlichungen des Autors hin, in denen Teilschritte des Entwurf oder des Aufbaus der in der Arbeit beschriebenen Systeme ausführlicher dargestellt sind.

Teil I: Anwendungen, Aufbau und Entwurfsmethodik

2. Sensorische Mikrosysteme in der Medizintechnik

2.1. Aktuelle Anwendungen funktionaler Mikroimplantate

Funktionale Mikroimplantate unterstützen die Wiederherstellung motorischer, rezeptorischer oder physiologischer Körperfunktionen als Bestandteil von Therapie und Rehabilitation. Weitere Einsatzgebiete sind die Analytik, Diagnostik und Prophylaxe. Dazu messen diese sensorischen Mikrosysteme Vitalparameter und andere elektrische, mechanische, thermische, akustische und chemische Größen. In den folgenden Abschnitten werden einige der in Bild 2.1 aufgelisteten Anwendungen funktionaler Mikroimplantate vorgestellt. Diese sind für den Verbleib im Körper über mehrere Tage bis hin zu einigen Jahren bestimmt.

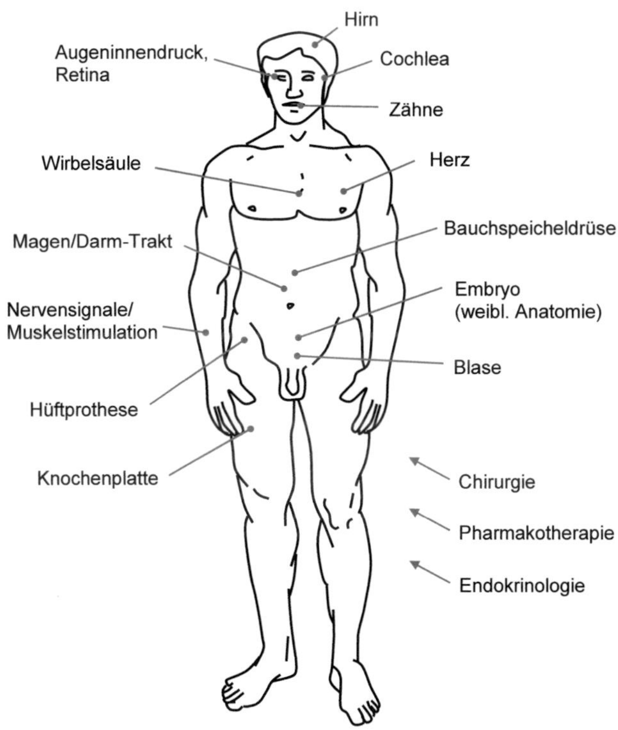

Bild 2.1.: Einsatz aktuell erprobter oder zugelassener funktionaler Mikroimplantate

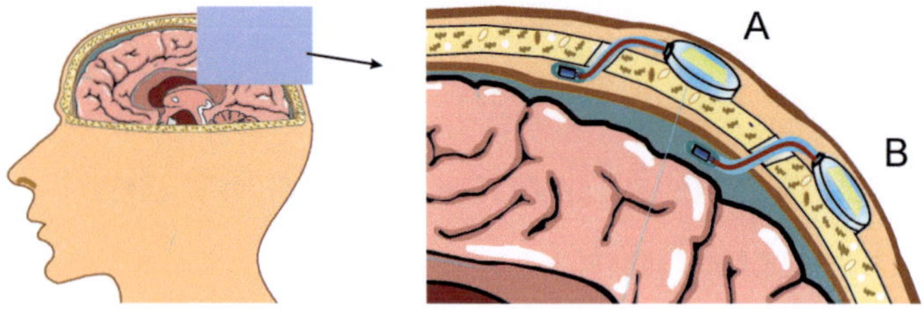

Bild 2.2.: Mögliche telemetrische intrakranielle Druckmessung mit einem implantierbaren telemetrischen Endosystem im Epiduralraum (A) oder im Subarachnoidealraum (B) der Hirnhaut [62] (mit freundlicher Genehmigung von B. Clasbrummel, Zollernalb-Klinikum Balingen)

Im Rahmen der Verbundprojekte „Implantierbares Telemetrisches Druckmesssystem (ITES)“, “Telemetrische Augeninnendruckmessung (GLAUKOM)“, „Hüftprothese mit telemetrischer Funktionsüberwachung (PROTEL)“ und „Passives drahtloses Sensornetzwerk für Anwendungen in der Medizintechnik (SmartSens)“ war der Autor an der Erforschung und Entwicklung funktionaler Mikroimplantate beteiligt. Sie werden ausführlicher vorgestellt. Andere bekannt gewordene funktionale Mikroimplantate werden zusammenfassend mit Blick auf ihre Komponenten und Aufgaben analysiert.

2.1.1. Implantierbares Telemetrisches Druckmesssystem

2.1.1.1. Einsatzfelder

Intrakorporale Drücke sind neben der Körpertemperatur die am häufigsten genutzten Vitalparameter in der medizinischen Diagnostik und Therapie. Die intrakorporale telemetrische Druckmessung hat nach Clasbrummel [38], Habermehl [102] und Audet et al. [12] potentielle Anwendungen bei der:

- minimalinvasiven Blutdruckmessung für die Therapie der Hypertonie (Bluthochdruck) und von Herzfehlern,
- minimalinvasiven Hirndruckmessung nach Schädelhirntrauma, Blutung oder Hydrocephalus (krankhafte Erweiterung der Ventrikel des Gehirns),
- quantitativen Blutflussmessung, wenn der Sensor neben dem Gefäß plaziert wird,
- intrauterinen Druckmessung während der Schwangerschaft mit Ableitung des fetalen Herzschlags,
- Augeninnendruckmessung beim Glaukommonitoring (Grüner Star),
- Messung des Gewebedrucks als Voraussetzung für die Diagnose des Kompartmentsyndroms (Verminderung der Gewebedurchblutung)
- Steuerung künstlicher Harnblasen oder zur Miktionskontrolle künstlicher Darmverschlusssysteme,
- Messung des Bandscheibendrucks.

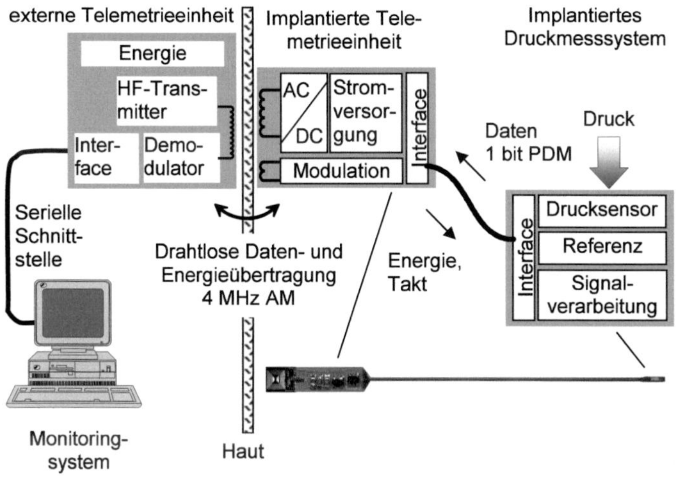

Bild 2.3.: Telemetrisches Endosystem nach [62]

Derzeit erfolgt die Blutdruckmessung auf Intensivstationen invasiv über einen in einer Arterie liegenden Katheter. Ein Lumen leitet die Pulswelle zu einem externen Drucksensor. Eine solche direkte Druckmessung ist der indirekten Messung mit Hilfe einer Druckmanschette am Oberarm überlegen, da in kürzeren Intervallen gemessen werden kann und die Messung genauer ist. Durch den ständig offen Zugang an der Einführungs- oder Punktionsstelle besteht Thrombose- und Infektionsrisiko. Aus medizinischer Sicht gibt es daher Interesse an einem vollständig implantierbaren telemetrischen Endosystem. Dabei gilt es zu bedenken, dass ein solches System ebenfalls operativ wieder entfernt werden muss.

2.1.1.2. ITES-System

Im Umfeld der Mikrosystemtechnik sind seit Beginn des neuen Millenniums mehrere implantierbare telemetrische Diagnosesysteme entwickelt worden und haben den Stand von Funktionsmustern erreicht [126]. Dazu zählt auch das in den Jahren 1997-2000 innerhalb des ITES-Verbundprojektes von Forschungsinstituten und Industrieunternehmen entwickelte Mikrosystem. Es besteht aus einem kapazitiven Drucksensor mit monolithisch integrierter Signalvorverarbeitung und einer Telemetrieeinheit zur Energie- und Datenübertragung [181]. Die zwei Komponenten sind räumlich getrennt und durch eine feinstleiterstrukturierte flexible Folie miteinander verbunden. Bild 2.3 zeigt das System zusammen mit den externen Komponenten. Der Sensor kann am Messort platziert werden, z.B. im Innern einer Arterie oder des Gehirns. Wegen der geringen Reichweite des Demonstrators von wenigen Millimetern wurde die Telemetrieeinheit subkutan angeordnet, d.h. im unmittelbar unter der Haut liegenden Binde- und Fettgewebe (Bild 2.2). Der Sensor wird damit gleichzeitig über die Folie mechanisch verankert. Die Reichweite kann durch eine größere Spule oder durch eine Verringerung der Verlustleistung der Sensorelektronik erhöht werden.

2.1.1.3. Kapazitiver Absolutdrucksensor

Für das ITES-System wurde ein kapazitiver Absolutdrucksensor in Oberflächenmikromechanik entworfen und hergestellt [61]. Das Schlüsselelement ist eine in Bezug auf die mechanische Spannung optimierte 1 µm dicke Polysiliziumschicht, die eine druckempfindliche Platte darstellt. Der Sensor wurde in einem 8-Masken MOS-kompatiblen Prozess gefertigt. Der Ätz- und der Trockenprozess sind gut steuerbar und führen nicht zum Sticking (engl. für Anhaften) der Platte auf dem Substrat nach dem Trocknen. Die Einfachheit des Prozesses und die geringen Abmessungen des Sensors sichern eine gute Reproduzierbarkeit der Platte und geringe Toleranzen der Funktionsparameter des Sensors. Der Nachteil der einfachen Prozessabfolge besteht in der nichtdielektrischen Isolation der Substratelektrode mit einem PN-Übergang. Die Ungleichmäßigkeit der LTO-Schicht auf dem thermischen Oxid führt zu einer höheren Offset-Kapazitätsvariation.

Auf dem Sensor-ASIC wurden 16 Einzelsensoren der Abmessungen 75 µm × 75 µm zur Sensorkapazität C_x parallelgeschaltet. Die gleiche Anzahl von Elementen wurde verwendet, um die druckunempfindliche Kapazität C_0 für die Offsetkompensation zu realisieren. Diese Elemente haben prinzipiell den gleichen Aufbau wie die Sensorelemente mit dem Unterschied, dass alle Schichten auf der Polysilizium-Platte verbleiben, die beim Sensor entfernt werden. Der Drucksensor zeigt eine nichtlineare Abhängigkeit der Kapazität vom Druck, die über die Durchbiegungsfunktion der Platte berechnet werden kann.

Die Dicke des 0,8 mm breiten und 2 mm langen Chips von 0,625 mm liegt in der Größenordnung der Breite des Sensors. Bei Bedarf kann der Wafer durch Rückseitenätzung bis auf eine Dicke von 0,1 mm weiter abgedünnt werden. Der Mikrodrucksensor begründet aufgrund seiner einfachen Fertigungstechnologie, die sich in den Standard-CMOS-Prozeß einbinden lässt, und seiner internen Signalaufbereitung eine neue Generation von Sensoren, die eine Vielzahl neuer Anwendungsfelder eröffnet [115]. Die Simulation des Herstellungsprozesses und der Plattenverbiegung sind Teil des Praktikums „Mikrosystementwurf“ am Institut für Halbleiter- und Mikrosystemtechnik [172].

2.1.1.4. SC-Oszillator als aktive Messschaltung

Die aktive Messschaltung wurde von Eggers in einem kommerziellen 0,7 µm CMOS-Prozess mit analogen Schaltungserweiterungen einschließlich Poly-Si-Substrat-Kondensatoren, hochohmige Poly-Si Widerstände und low-V_T PMOS-Transistoren entworfen und hergestellt [62]. Die Messschaltung arbeitet als Kapazitäts-Tastverhältnis-Wandler und basiert auf den Switched-Capacitor-(SC-)Schaltungen von Cichocki und Unbehauen sowie Yin, Zhang und Li [61, 34, 311]. Eine ausführliche Erklärung der zugrunde liegenden Arbeitsweise von geschalteten Kapazitäten gibt Seifart [259, S. 355 ff.].

Kern des in Bild 2.4 gezeigten Wandlers ist ein Dreieck-Rechteck-Generator [259, S. 416]. Das Dreiecksignal erzeugt ein Integrator, dem je nach Anstiegsrichtung eine positive oder negative Eingangsspannung zugeführt wird. Der Generator zählt zur Klasse der Kippschwinger, bei denen ein Kondensator, hier C_F, abwechselnd aufgeladen und wieder entladen wird. Solche Oszillatoren werden auch als Relaxationsoszillatoren bezeichnet. Die Relaxation bezieht sich auf den Gleichgewichtszustand des Oszillators, den er bei Energiezufuhr verlässt und zu dem er anschließend wieder zurückkehrt. Im Gleichgewicht befindet sich der Oszillator, wenn der Kondensator entladen ist.

In der vorliegenden Schaltung steuern die Takte Φ_A und Φ_B die Eingangsspannung des

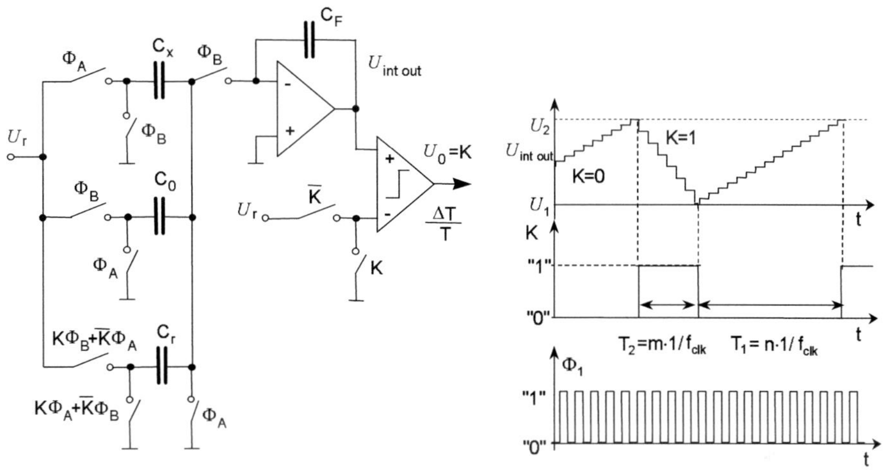

Bild 2.4.: Schaltung und Signale des SC-Wandlers [61]

Integrators über MOS-Schalter, die Sensor-Kapazität C_x, Offset-Kompensationskapazität C_0 und die Referenzkapazität C_r. Die beiden Takte sind zeitlich verschoben und nicht überlappend. Das Rechteck-Ausgangssignal K des Komparators – gleichzeitig pulsweitenmoduliertes (PWM-)Ausgangssignal des Wandlers – steuert dabei auch die Umladung von C_0. Beim Zustand K = „0“ sind die Referenzkapazität C_r und C_x parallelgeschaltet, beim Zustand K = „1“ die Kapazitäten C_r und C_0. Mit jedem aktiven Takt Φ_B erhöht sich die Ausgangsspannung des Operationsverstärkers $U_{\text{int out}}$ um

$$\Delta U_{\text{int out}+} = \frac{C_x - C_0 + C_r}{C_F} U_r$$

bzw. verringert sich um

$$\Delta U_{\text{int out}-} = \frac{C_x - C_0 - C_r}{C_F} U_r$$

bis die jeweilige Referenzspannung erreicht ist. Daraufhin schaltet der Komparator in den anderen Zustand. Die Verweildauern in den Zuständen K = „0“ und K = „1“ betragen $T_1 = n/f_{clk}$ und $T_2 = m/f_{clk}$. Mit $U_2 = U_r$ und $U_1 = 0$ ist

$$n = \frac{U_r}{\Delta U_{\text{int out}+}} = \frac{C_F}{C_x - C_0 + C_r}$$

und

$$m = \frac{U_r}{\Delta U_{\text{int out}-}} = \frac{C_F}{C_x - C_0 - C_r} .$$

Daraus resultiert die Pulsweitenmodulation dT:

$$dT(C_X) = \frac{\Delta T}{T} = \frac{T_1 - T_2}{T_1 + T_2} = \frac{C_X - C_0}{C_r} = \frac{\Delta C}{C_r} .$$

Die Anzahl der Spannungssprünge in jedem Integrationszyklus bestimmt die theoretisch erreichbare Auflösung des Oszillators. Seine Übertragungsfunktion ist nahezu unabhängig von der Referenzspannung; diese muss aber stabil sein während eines Wandlungszyklus'. Die Sensitivität und der Messbereich der Oszillatorschaltung sind durch den Wert der On-Chip-Kapazität C_r begrenzt. Die integrierte Schaltung des Demonstrators liest die Offset-kompensierte Kapazität $\Delta C = C_x - C_0$ des Drucksensors mit einer Auflösung von 10 bit = 0,1 % bei einer Abtastrate von 100 Samples/s aus. Die Schaltung benötigt eine 3,5 V Spannungsversorgung bei ca. 100 μA und einen 125 kHz-Takt, den die Telemetrieschaltung bereitstellt [62].

2.1.1.5. Telemetrie

Die Telemetrieschaltung führt eine Datenreduktion des PWM-Signals des Sensors durch, kodiert das Signal und moduliert es. Die Datenübertragung erfolgt mittels passiver Absorptionsmodulation transkutan über die induktive Telemetrieverbindung. Aus dem 4 MHz Hochfrequenzfeld bezieht und stabilisiert die Telemetrie die 3,5 V Versorgungsspannung und den 125 kHz Takt für die Leseelektronik. Im ITES-Projekt wurde eine On-Chip-Spule auf einem Siliziumsubstrat verwendet. Da die Reichweite der Telemetrie vom Durchmesser der Flachspule begrenzt wird, wäre für größere Reichweiten – angestrebt werden hier einige Zentimeter – auch eine große Siliziumfläche erforderlich. Um die Kosten des Systems zu senken, muss bei einer Weiterentwicklung des Systems eine andere Spulenvariante gefunden wurden. Außerhalb des Körpers sind die Sendespule und das Schreib-/Lesegerät angeordnet, die mit einem PC über die serielle Schnittstelle verbunden werden. Die Modulschnittstellen sind in Bild 2.3 mit enthalten.

2.1.1.6. Aufbau- und Verbindungstechnik

Ein flexibler Träger leitet das PWM-Signal zur Telemetrieeinheit sowie das Taktsignal und die Versorgungsspannung von der Telemetrieeinheit zum Sensor. Der Träger besteht aus 50 μm dickem Polyimid und ist 100 mm lang. Auf ihm sind die vier Leitbahnen mit nur 60 μm Breite und 75 μm Abstand angeordnet [180]. Der Demonstrator mit dem in Drahtbondtechnik ankontaktierten busfähigen Sensorchip ist in Bild 2.5 dargestellt. Eine Glob-Top-Vergussmasse schützt die Bonddrähte, die Spulenwindungen und Teile der Chips und sichert die mechanische Stabilität. In dieser Ausführungsvariante wurde der Träger unter Verwendung einer UV-härtenden flüssigen Deckschicht passiviert. Der Auftrag erfolgte auf Vorder- und Rückseite des komplett bestückten Trägers. Die Oberflächenspannung der Flüssigkeit sorgte für die Ausbildung eines elliptischen Querschnitts.

In der Massenfertigung ist die Flip-Chip-Technik, bei der die aktive Chip-Oberfläche an die Folie über Lothügel oder -bumps ankontaktiert wird, wegen der höheren Zuverlässigkeit und geringeren erzielbaren Aufbauhöhe dem Drahtbonden vorzuziehen. Die Montage der ungehäusten Chips ist ebenfalls mittels Trägerfilmtechnik möglich. Hierbei werden die für die Ankontaktierung an die Bondpads der Chips vorgesehenen Leitbahnen überwiegend durch nasschemisches Ätzen hergestellt. Die Enden der Leitbahnen sind passend zum Padlayout der Chips freitragend in einer die Chipmontage zulassenden Aussparung angeordnet. Durch Thermokompression bzw. Lötprozesse werden diese Leitbahnenden mit den Bondpads der Chips verbunden. Typisch für die Applikation dieses Prozesses ist eine Modifizierung der Chippads.

Für den Einsatz beim in-vivo Monitoring ist eine abschließende biokompatible Schicht auf dem Sensorchip Voraussetzung. Sie muss so beschaffen sein, dass sie nur einen gerin-

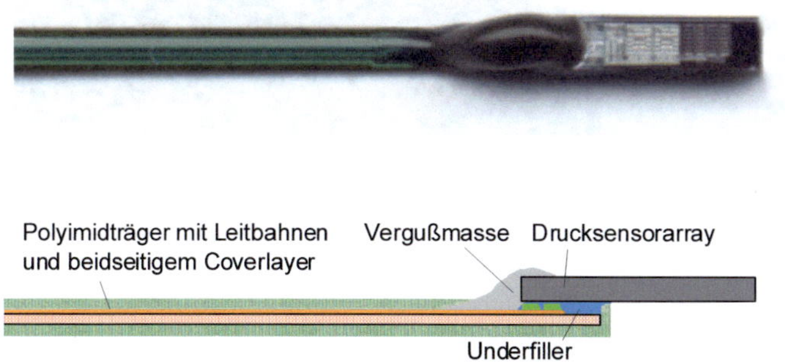

Bild 2.5.: Drucksensorarray auf einer flexiblen feinstleiterstrukturierten Leiterplatte (mit freundlicher Genehmigung der ETD GmbH, Dresden)

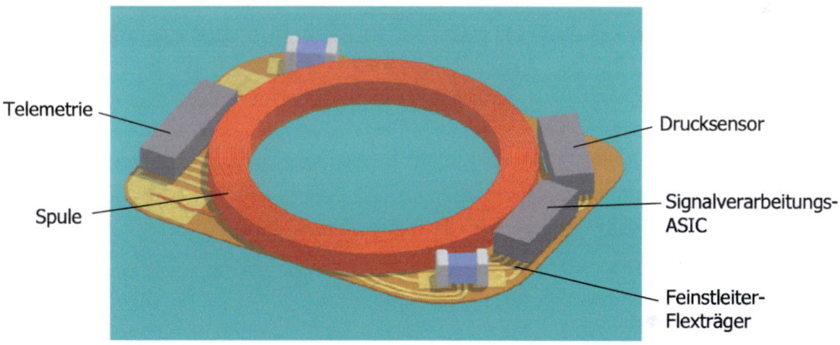

Bild 2.6.: Einsatz des Drucksensorarrays in einer künstlichen Linse zur Augeninnendruckmessung (mit freundlicher Genehmigung der ETD GmbH, Dresden)

gen Einfluss auf die Ankopplung des Druckes an die Sensormembran bzw. -platte hat. Für die Beschichtung des Prototyps wurde ein Silikonelastomer verwendet. Dabei handelt es sich um dicht gepackte, stark miteinander verknüpfte Ketten. Die mechanische Stabilität solcher Silikonelastomere kann durch Hinzugabe von amorphem (nicht kristallinem) Siliziumdioxid eingestellt werden.

2.1.1.7. Beurteilung des Systems

Das ITES-System markierte durch die vollständige Implantierbarkeit, den passiven Betrieb und die geringen geometrischen Abmessungen bei seiner Vorstellung eine neue Klasse funktionaler Mikroimplantate. Größere Reichweiten dieses batterielosen Systems lassen sich durch eine Verringerung der Sensor- und Elektronikleistungsaufnahme und durch eine Vergrößerung der Transponderspule erzielen. Die Umsetzung des analogen Messsignals in ein pulsweitenmoduliertes Signal ist beispielgebend für telemetrische Sensoren. In medizinischen Anwendungen ist ein wichtiger Aspekt die Verankerung des Sensors am Messort. Das Problem ist hier durch die Unterteilung in Sensoreinheit und Telemetrieeinheit und die Verankerung der Telemetrieeinheit gelöst. Beide Komponenten sind durch einen flexiblen Träger verbunden. Das System verdeutlicht auch die Probleme der biokompatiblen Beschichtung miniaturisierter funktionaler Implantate bei gleichzeitiger Gewährleistung der Einkopplung der Messgröße. Derzeit erfordert die Beschichtung einen unverhältnismäßig hohen Aufwand. Hier ist auf neue Technologien und Materialien zu orientieren, wie sie die biokompatible Aufbau- und Verbindungstechnik erforscht [306, 285].

2.1.1.8. Andere Systeme

Liegt der Messort noch in der Reichweite des externen Readers oder wird ein anderes Prinzip der Energieversorgung genutzt, können Sensor und Telemetrie zusammen in einem Gehäuse untergebracht werden. Ein solches Mikroimplantat mit den Abmessungen 3 mm × 9 mm × 1,5 mm wurde von Remon Medical vorgestellt. In einer klinischen Studie wurde damit postoperativ die Behebung von abdominellen Aortenaneurysmen überwacht [70]. Dem Implantat wird mittels Ultraschall Energie zugeführt. Der Ultraschall erzeugt an einer piezoelektrische Platte eine elektrische Spannung. Diese permanent zugeführte Energie reicht nicht für den Betrieb der Elektronik und die Übertragung der Messung aus, so dass Ladung zunächst in einem Kondensator akkumuliert werden muss. Aus diesem Grund können Messwerte bei der vorgestellten klinischen Studie nur etwa alle 3 bis 15 min übertragen werden.

Eine Silikonkapsel zur Platzierung in der Verzweigung eines Blutgefäßes wurde von Mokwa und Schnakenberg vorgestellt [205]. Die Kapsel mit einem Durchmesser von 2 mm und einer Länge von 30 mm wird von drei selbstexpandierenden Schwenkarmen in Position gehalten. In die Kapsel sind ein telemetrischer Sensorchip und eine Zylinderspule mit Ferritkern integriert. Der Sensorchip enthält in Oberflächenmikromechanik hergestellte kapazitive Drucksensoren. Wie im ITES-System sind mehrere Sensorelemente parallelgeschaltet und ebenfalls eine Anzahl von Referenzelementen vorhanden. Der Abstand zwischen Druckmembran und Substrat beträgt weniger als 1 µm.

2.1.2. Augeninnendruck-Messsystem

Eine weitere Anwendung findet ein implantierbarer Drucksensor bei der Messung von Augeninnendrücken [14, 61]. Eine Erhöhung des Augeninnendrucks kann beispielsweise durch Störungen im Kammerwasserabflusssystem hervorgerufen werden. Diese als Glaukom oder Grüner Star bezeichnete Erkrankung gilt als wichtigster Risikofaktor für eine Schädigung des Sehnervs. Bei fortgeschrittenem Krankheitsverlauf wird dies anhand einer zunehmenden Aushöhlung des Sehnervkopfes an seiner Austrittsstelle sichtbar. Die Folgen einer Schädigung von Nervenfasern sind eine nachlassende Sehfähigkeit, charakteristische Gesichtsfeldausfälle und im Extremfall eine Erblindung des Auges. In den Industrieländern ist das Glaukom die Hauptursache für die Erblindung.

Ein erhöhter Augeninnendruck kann medikamentös behandelt werden; Voraussetzung ist aber die genaue Kenntnis des Innendrucks. Dieser unterliegt im Tagesverlauf starken Schwankungen. In der Nacht und am zeitigen Morgen können relative Spitzenwerte von bis zu 70 mmHg auftreten, wobei der Normaldruck unterhalb von 22 mmHg liegt. Mit den konventionellen Messmethoden hat der behandelnde Arzt nur ein bruchstückhaftes Bild vom Druckverlauf. Eine Alternative bieten künstliche Linsen mit integriertem Druckmesssystem.

Bild 2.6 zeigt ein im Verbundprojekt GLAUKOM entwickeltes System. Die Schaltung ist mit der des ITES-Systems vergleichbar [61]. Die Bauelemente sind in SMD- und Flip-Chip-Technologie auf einem 100 µm dicken, starren FR4-Substrat angeordnet. Dieser Träger besitzt an der Stelle der Pupille eine Öffnung, durch die hindurchgesehen werden kann. Er wird in eine modifizierte künstliche Polymethylmethacrylat-(PMMA-)Linse eingeschlossen. Die Sendespule für die Energie- und Datenübertragung wird in ein Brillengestell integriert. Die Messwerte tastet das System 30 mal pro Sekunde ab und bettet sie in das 128-bit ISO-Übertragungsprotokoll mit 32 Taktzyklen je Datenbit ein. Das externe Readersystem filtert die Messwerte mit einem Tiefpass, um zufällige Störungen zu verringern.

Eine Gemeinschaftsentwicklung vom Fraunhofer-Institut IMS und der RWTH Aachen nutzt einen flexiblen Träger mit einem Durchmesser von ca. 10 mm, der beim Einsetzen während des operativen Eingriffs gefaltet werden kann [204]. Daher kann das Implantat mit Standard-Techniken eingesetzt werden. Voraussetzung dafür ist auch die flexible Ausführung der Linse, weshalb diese aus Silikon besteht. Die gesamte Elektronik und die Sensoren sind auf einem Chip integriert, der an die mittels Mikrogalvanik hergestellte Goldspule ankontaktiert ist. Ebenso wie das ITES-System handelt es sich um einen passiven Transponder, der die Messwerte durch Lastmodulation übermittelt.

Aktuell arbeiten die Fa. Sensimed und STMicroelectronics an der Integration eines Dehnmessstreifens und einer Antenne in eine Kontaktlinse. Der Reader soll vom Patienten um den Hals getragen werden. Das System schließt über die indirekt gemessene Krümmung des Augapfels auf den Augeninnendruck zurück und speichert den Messwert über 24 Stunden. Es ist für eine kurzzeitige Überwachung des Augeninnendruckes gedacht.

2.1.3. Intelligente Hüftprothese

2.1.3.1. Motivation

In Europa werden jährlich mehr als 150.000 und in den USA mehr als 300.000 Hüftendoprothesen implantiert. Eine Prothesenlockerung tritt derzeit bei 5-10 % der Patienten mit Hüft- oder Kniegelenksprothesen nach etwa 2 bis 10 Jahren ein. Die Folgen sind Schmerzen und eine fehlende Belastbarkeit des betroffenen Beines. Eine solche Implantatlockerung kann in der Regel nur durch eine Revisionsoperation mit möglichen Komplikationen behoben werden, was eine große Belastung für den Patienten bedeutet. Die Kosten einer solchen Revision betragen etwa 10.000 Euro.

In Bezug auf die Prothesenverankerung gibt es in der Hüftendoprothetik unterschiedliche Lösungen. Zur Unterstützung der Verankerung bzw. Stabilisierung während der Neubildung des kortikalen Femurknochens kann die Prothesenoberfläche speziell beschichtet werden. Dazu beschießt beispielsweise der Hersteller Aesculap in einer Vakuum-Kammer die oxydfreie Prothesenoberfläche im oberen proximalen Drittel mit Reinst-Titanpulver. In der Folge entsteht eine raue, mikroporöse Oberfläche (Plasmapore® -Schicht) mit hoher Stabilität [3]. Die nach ca. 3 Monaten auftretende Stabilisierung der Prothese wird als sekundäre Stabilisierung bezeichnet. Eine primäre Stabilisierung des Prothesenschafts im Femur wird sofort nach einer OP bereits durch eine Keilwirkung im kortikalen Knochenbereich erzeugt. Da der Knochen nur in Teilflächen der Plasmapore®-Beschichtung einwachsen kann und sich der Knochen ständig im Umbauprozess befindet, unterliegen die Verankerungsverhältnisse einer ständigen Änderung. Durch diese und weitere Einflussfaktoren auf die Verankerungsstabilität der Prothese kann nicht generell gesagt werden, wann eine Prothese fest verankert ist und ab wann von einer Lockerung zu sprechen ist. Klinisch treten überwiegend proximale Prothesenlockerungen auf. Die Erfahrung zeigt, dass radiologisch offensichtlich lockere Prothesen oft nur sehr schwer explantiert werden können und radiologisch offensichtlich noch relativ feste Prothesen (bei klinischer Indikation zum Wechsel) häufig leicht explantiert werden können[1].

Die Unzuverlässigkeit einer frühzeitigen Lockerungserkennung mit Hilfe der Radiographie, Arthrographie und Szintigraphie wurde u.a. von Li, Jones und Gregg diskutiert [150]. Bei der Radiographie wird ausgenutzt, dass Knochen mehr Röntgenstrahlung absorbieren als Weichteile und damit auf dem Röntgenbild dunkler erscheinen. Nicht knochige Bestandteile von Gelenken können durch Spritzen eines Kontrastmittels bei der Arthrographie im Röntgenbild hervorgehoben werden. Die Szintigrafie bedient sich radioaktiv markierter Stoffe, die sich im zu untersuchenden Zielorgan oder Skelett anreichern und von denen dann Aufnahmen gemacht werden. Als alternative Methode zur Erkennung von Prothesenlockerungen wurde die Vibrationsanalyse von Chung, Pratt und Babyn vorgeschlagen [33], auf die im weiteren eingegangen wird. Es wird erwartet, dass die Vibrationsanalyse im Vergleich zur Röntgenanalyse ein besseres Gesamtbild der Festigkeit Knochen/Prothese vermittelt, insbesondere bei nicht zementierten Prothesen.

2.1.3.2. Lockerungserkennung von Hüftprothesen mittels Schwingungsanalyse

Bei der Lockerungserkennung von Hüftprothesen mittels Schwingungsanalyse wird davon ausgegangen, dass die Eigenfrequenzen des Femur-Prothesen-Verbundes Rückschlüsse auf den Verankerungszustand zulassen. Dabei sind Prothese und Femur durch Eigenschwingungsmoden von axialen, Torsions- und Biegeschwingungen charakterisiert. Für jede dieser Schwingungsformen existiert eine unendliche Anzahl von Eigenfrequenzen und Eigenschwingformen. Sie werden durch die wirkenden Randbedingungen, Abmessungen und Materialeigenschaften des schwingenden Körpers beeinflusst. Die Schwingungseigenschaften des Femurs werden somit auch durch die fest im Knochen verankerte Prothese bestimmt, während der lockere Prothesenteil einen separaten schwingungsfähigen Körper darstellt. Je nach Lockerungsgrad der Prothese ändern sich die Eigenfrequenzen dieses Körpers und des Femurs, was die Grundlage der Lockerungsdetektion bildet. Resonanzfrequenzen sind nur im physikalisch nicht auftretenden verlustfreien Fall identisch mit den Eigenfrequenzen. Bei auftretender Dämpfung unterscheiden sich nicht nur die Resonanzfrequenzen von den Eigenfrequenzen, sondern auch die Resonanzfrequenzen in den Spektren der Geschwindigkeit und der Beschleunigung.

Rosenstein et al. veröffentlichten Spektren, die Unterschiede zwischen fest verankerten und lockeren Prothesen aufwiesen [240]. Li et al. [150, 151] führten Experimente am frei schwingenden Femur-Prothesen-Verbund durch, wobei das distale Drittel des Femurs mit einem Shaker angeregt und die Beschleunigung am Trochanter gemessen wurde. Sie schlussfolgerten anhand der Spektren, dass speziell die fortgeschrittene Lockerung zuverlässig mit der Vibrationsanalyse detektiert werden kann, die Methode aber nicht sensitiv genug ist, um eine frühzeitige Lockerung zu erkennen. Georgiou und Cunningham verglichen die Ergebnisse von Vibrationsanalysen mit Radiographien in 23 Fällen, in denen Patienten mit implantierten Hüftprothesen über Schmerzen klagten, die Röntgenaufnahmen aber keine Hinweise auf Prothesenlockerungen boten [86]. Als Kriterium für

[1] berichtet von PD Dr. Bernhard Clasbrummel

eine Prothesenlockerung wurde das Auftreten von Oberwellen herangezogen, die auf eine Deformation der anregenden Sinusschwingung hindeuteten. Die Untersuchungen ergaben eine Sensitivität der Vibrationsanalyse von 80 % und eine Spezifität (Richtig-Negativ-Rate) von 89 % verglichen mit der Radiographie. Qi et al. untersuchten die Eigenfrequenzen und Eigenmoden des Femur-Prothesen-Verbundes bei ungedämpfter Schwingung mit Hilfe von Finite-Elemente Modalanalysen [229]. Die Ergebnisse zeigten, dass diese Methode die Prothesenlockerung zuverlässig erkennen kann, wenn mehr als ein Drittel des Prothesenschaftes nicht verankert ist. Bis zu einer Verankerungslänge des Prothesenschaftes von einem Fünftel kann eine Lockerung noch erkannt werden, allerdings nicht mehr zuverlässig. Sie empfehlen die generelle Durchführung einer postoperativen Vibrationsanalyse, um ein Referenzspektrum für spätere Vergleiche zu erhalten. Prothesenlockerungen sind dann durch die Verschiebung der Eigenfrequenzen oder der Phasenwinkel im Spektrum zu erkennen.

Zweifellos stellt eine fehlende Verankerung des Prothesenschaftes von einem Fünftel bis zu einem Drittel eine gravierende Lockerung dar. Die Vibrationsanalyse wird im Vergleich zur derzeit üblichen Radiographie als einfaches, zuverlässiges und preiswertes Werkzeug angesehen. Die Sensitivität und Spezifität dieses Verfahrens wird durch die eingesetzten Sensoren und Signalverarbeitungsverfahren bestimmt und ist Gegenstand zukünftiger klinischer Untersuchungen.

2.1.3.3. Systemkonzept des Diagnosesystems

Das Schwingungsanalyse-Diagnosesystem besteht aus einem in die Prothese integrierten und einem externen Teil, wie in Bild 2.7 gezeigt und in [169] vorgestellt. Der Femur wird durch einen elektrodynamischen Shaker angeregt, der am oder nahe des medialen Femurcondylus befestigt ist. Ein programmierbarer Funktionsgenerator gefolgt von einem Audioverstärker generiert das sinusförmige Anregungssignal im interessierenden Frequenzbereich der ersten Resonanzfrequenzen des Femur-Prothesen-Verbundes. Die Anzahl der Anregungsfrequenzen gibt aus Gründen der Elektronik-Architektur der externe Controller vor, der den Messprozess steuert. Ein handelsüblicher mikromechanischer Beschleunigungssensor in der Prothese misst die Schwingungen; sein Ausgangssignal richtet ein Lock-In-Verstärker phasenempfindlich gleich. In die Prothese ist ein RFID-(Radio Frequency Identification)-Transponder-ASIC mit frei programmierbarem 16-Bit-Mikrocontroller integriert [226]. Der Controller synchronisiert den Lock-In-Verstärker, setzt mit einem Analog-Digital- (A/D)-Wandler das Ausgangsignal um und überträgt die Daten über sein Telemetrieinterface zur externen Readerstation. Diese versorgt die Prothesenschaltung über das Hochfrequenzfeld mit Energie, der Frequenz- und Phaseninformation zur Lock-In-Synchronisation. Da im Gegensatz zu einem digitalen Standard-Messsystem nur die Ausgangsspannung des Lock-In-Verstärkers je Anregungsfrequenz übertragen werden muss und nicht die gesamte Abtastreihe, spart der Einsatz dieser speziellen aktiven Messschaltung Übertragungszeit und -kosten. Die RFID-Telemetrie arbeitet dabei mit einer Frequenz von 125 kHz, die Energie- und Datenübertragung erfolgt über eine einzelne externe Spule nach dem Prinzip eines lose gekoppelten Transformators. Der Controller in der externen Readerstation überträgt die empfangenen Lock-In-Ausgangssignale zusammen mit den dazugehörigen Frequenzen und Phasen an einen PC, der die Darstellung, Auswertung und Speicherung der Spektren übernimmt.

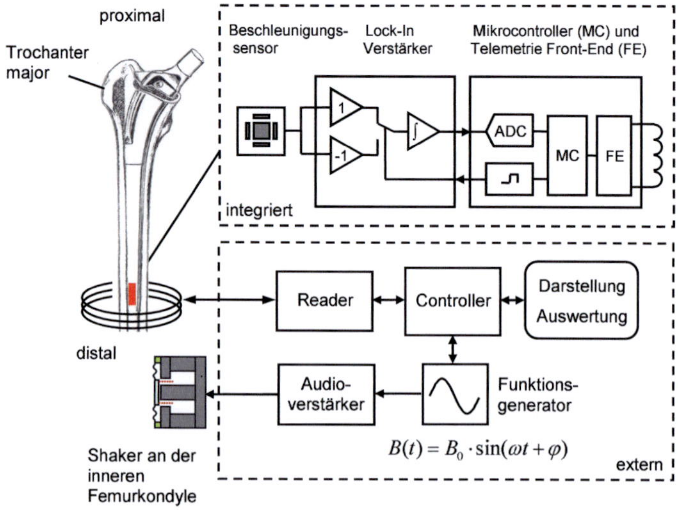

Bild 2.7.: Systemkonzept für die Prothesenanregung und drahtlose Lock-In-Messung

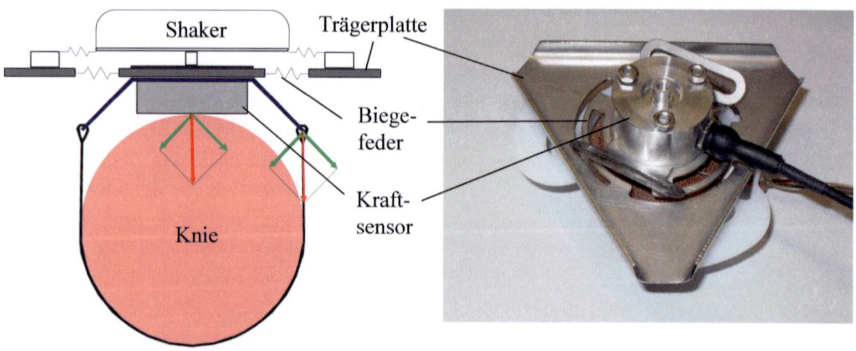

Bild 2.8.: Aufbau zur Femuranregung mit dem Shaker

2.1.3.4. Schwingungsanregung

Die Schwingungsanregung des Femur-Prothesen-Verbundes erfolgte elektrodynamisch mit einem Shaker, der am Knie mit Kontakt zum inneren Femurcondylus befestigt wird. An dieser Stelle ist der Energieeintrag in den Knochen größer, als im Bereich des Trochanter major. Auf der proximalen Seite in Beckenbereich ist das subkutane Fettgewebe stärker ausgebildet. Aus Kostengründen wurde ein handelsüblicher elektrodynamischer Shaker (RM02) ausgewählt. Zur Ankopplung der Schwingungen an den Femur wurde eine spezielle Vorrichtung konstruiert[2], die Bild 2.8 zeigt [165, 175]. Die Vorrichtung entkoppelt über drei Biegefedern mit großer Nachgiebigkeit die Anregungsschwingung von der Trägerplat-

[2]Konstruktion S. Richter, IHM

te. Die Platte nimmt außerdem die Biegefedern des Shakergehäuses auf, die den gleichen Zweck erfüllen. Eine statische Druckkraft von 11 N wurde über ein Luftkissen im Bereich der Kniekehle eingestellt und mit einem Kraftsensor gemessen, der im Anregungspfad liegt. Der Shaker benötigt Ansteuersignale, die ein integrierter Standard-NF-Verstärker TDA1519 mit einer Leitung von mind. 5 W bereitstellt. Der mit einem Gain-Phase Meter HP 3375A gemessene Frequenzgang ist zwischen 100 Hz und 10 kHz nahezu konstant und entspricht den Anforderungen.

Die Lage des Kraftsensors im Anregungspfad wird als kritisch angesehen, da aufgrund des Messprinzips ein zusätzliches resonantes System eingebracht wird. In einer verbesserten Lösung wurde eine aufblasbare Manschette, sonst zur Blutdruckmessung eingesetzt, zum Zweck der Errichtung des notwendigen Anpressdruckes angepasst[3]. Dadurch konnte auf den Kraftsensor verzichtet werden.

2.1.3.5. Lock-In-Verstärker als aktive Messschaltung

Für den verwendeten Beschleunigungssensor ADXL202E ist von Analog Devices bei einer 3 V Versorgungsspannung eine Sensitivität von 167 mV/(ms^{-2}) bei einem Messbereich von ± 2 g angegeben. Eine an der Prothese der Masse $m = 0{,}12\,\text{kg}$ wirkende Kraft von 1 mN bewirkt eine Beschleunigung von max. 0,85 mg, so dass die Amplitude der Sensorausgangsspannung max. 142 µV beträgt. Das sind weniger als 1/2300 des Messbereiches des Sensors. Die bei Modellversuchen[4] ermittelte Resonanzüberhöhung liegt zwischen 10 und 50. Das Grundrauschen des Sensors von 200 µms$^{-2}/\sqrt{\text{Hz}}$ überdeckt das Nutzsignal.

Da das Anregungungssignal ein stationäres Sinussignal ist, konnte zur Auswertung des stark gestörten Messsignals ein Lock-In-Verstärker eingesetzt werden[5]. Er wurde in die Prothese integriert. Der Verstärker ist schematisch in Bild 2.9 gezeigt und wird kurz erklärt. Vom Messsignal $B(t) = B_0 \sin(\omega t + \varphi)$ wird über den Schalter entweder das invertierte oder das nichtinvertierte verstärkte Messsignal zu einem Tiefpassfilter geleitet. Erfolgt die Umschaltung ohne Phasenversatz ($\varphi = 0$) zum Sensorsignal durch den rechteckförmigen Referenztakt

$$R(t) = \frac{4}{\pi}\left\{\sin(\omega t) + \frac{1}{3}\sin(3\omega t) + \frac{1}{5}\sin(5\omega t) + \dots\right\},$$

so ist das Ergebnis der dann multiplizierten Signale $A_1 = B(t) \cdot R(t)$ mit

$$\sin\alpha \sin\beta = \frac{1}{2}\left(\cos(\alpha - \beta) - \cos(\alpha + \beta)\right)$$

das gleichgerichtete Messsignal $A_1 = B_0|\sin(\omega t)|$:

$$A_1 = \frac{2 \cdot B_0}{\pi} + \frac{4 \cdot B_0}{\pi}\left\{-\frac{1}{3}\cos(2\omega t) - \frac{1}{15}\cos(4\omega t) - \frac{1}{35}\cos(6\omega t - \varphi) - \dots\right\}.$$

Alle anderen Frequenzkomponenten des Signals werden bei unterschiedlichen Phasenlagen umgeschaltet. Für sie ergibt sich im Idealfall der Mittelwert Null. Beim Auftreten eines Phasenversatzes φ ist das Ausgangssignal des Tiefpasses $A_2 = 2B_0/\pi\cos(\varphi)$ proportional zur Amplitude B_0 und dem Kosinus einer vorhandenen Phase φ. Der Tiefpass vollzieht die

[3] nach einem Vorschlag von Dr. Jettkant, Bochum

[4] Messung durch Dr. Jettkant, Ruhr-Universität Bochum

[5] nach einem Vorschlag von Dr. Ruwisch, Ruwisch und Kollegen Berlin

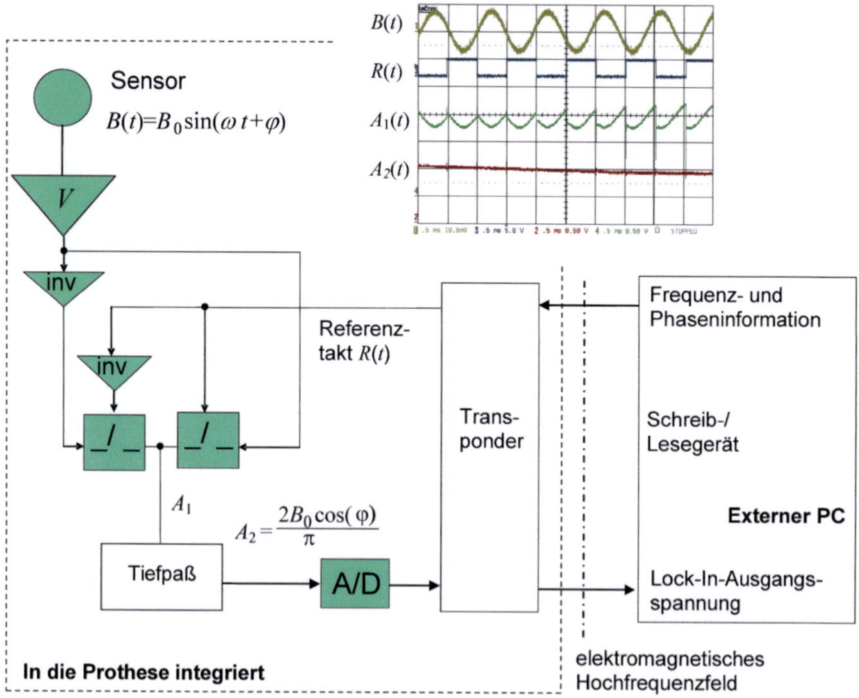

Bild 2.9.: Digitaler Lock-In-Verstärker

Trennung von Nutzsignal und Störsignalen durch die Mittelung der Wechselanteile. Da die Phase φ zwischen Messsignal und Referenzsignal $R(t)$ durch den Messaufbau bestimmt wird, muss sein Maximum durch Veränderung der Phase gesucht werden. Dazu verzögert der Prothesencontroller definiert das Referenzsignal, dass er durch Teilung aus der 125-kHz-Taktfrequenz gewinnt. Der Teilungsfaktor kann auf der Grundlage eines Kalibrierungsexperimentes eingestellt werden, mit dem die Übertragungsfunktion des Anregungssystems bestimmt wird. Mit der Taktfrequenz wird ebenfalls der Funktionsgenerator-IC auf der Anregungsseite getaktet, so dass eine Synchronisation des Lock-In-Verstärkers gegeben ist.

In Bild 2.9 sind die am Demonstrator gemessenen Signale mit dargestellt. An den Eingang wurde ein sinusförmiges Signal gelegt. Es weist zum Referenztakt einen geringfügigen Frequenzunterschied auf. Die Wirkung der Gleichrichtung bei zunehmender Phasenverschiebung kann anhand von Signal A_1 beobachtet werden. Während zu Beginn der Messung bei übereinstimmender Phase das Signal A_1 nur aus den negativen Halbwellen besteht, so führt die Phasenverschiebung von 90 Grad am Ende der Messung zum Durchschalten je der Hälfte der negativen und der positiven Halbwelle. Über den Zeitraum der Messung ändert sich somit der Mittelwert von A_1, den der Tiefpass an A_2 bereitstellt. Im realisierten Lock-In-Verstärker wurde ein negierender Tiefpass verwendet, daher verringert sich die Amplitude von A_2, obwohl der Mittelwert ansteigt. Als Integrationszeit

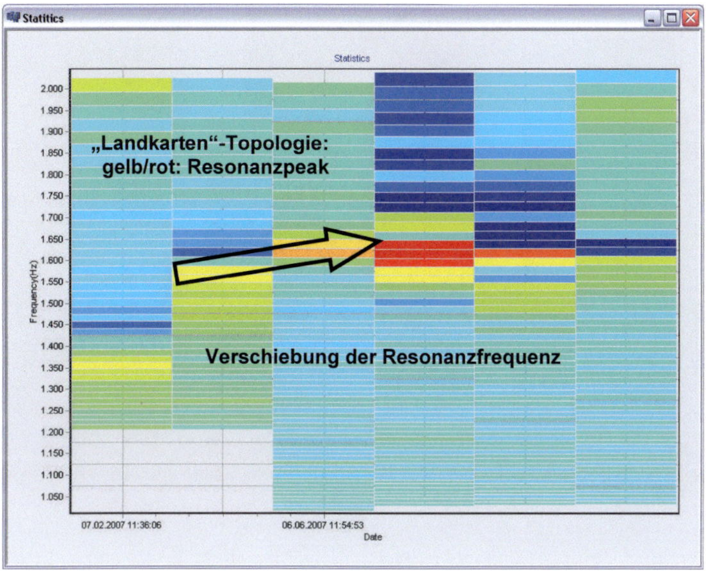

Bild 2.10.: Spektrogramm der Lock-In-Ausgangsspannung in der Demonstratorsoftware mit Daten eines Handversuches

wurden in der vorliegenden Schaltung 300 ms gewählt; dies sind 900 Halbperioden eines harmonischen 1,5 kHz-Signals.

Die Ausgangssignale des Lock-In-Verstärkers sind schwieriger auszuwerten, als die Amplitudenspektren des Gain-Phase-Meters, da das jeweilige Maximum des Lock-In-Spektrums auch phasensensitiv ist. Geeignet erscheint hier die Darstellung der Frequenz über der Zeit in einem Spektrogramm. Die grüne Farbe kennzeichnet — wie in einer topographischen Darstellung — die Werte der Lock-In-Ausgangsspannung um Null, die blaue negative Werte und die rote/braune positive Werte, wie in Bild 2.10 zu sehen. Eine solche Darstellung unterstützt den Diagnostiker bei seiner Entscheidung, ebenso wie automatische Werkzeuge, die die theoretische Lage der Maxima für verschiedene Lockerungszustände berechnen.

2.1.3.6. Demonstratoraufbau

Die Lösung für die Integration des Sensors, der Signalaufbereitung und der Telemetrie zeigt Bild 2.11 zusammen mit der externen Readerspule mit einem Durchmesser von 180 mm im kleinen Bild. Hüft-Implantate sind wegen der eingeschränkten Platzverhältnisse im Patienten in Verbindung mit sehr hohen Lasten bei den täglichen Aktivitäten — 3-faches Körpergewicht beim Gehen und >achtfaches Körpergewicht beim Stolpern — hohen Belastungen ausgesetzt. Die Norm ISO7206 legt das vom Implantat geforderte Limit der Dauerfestigkeit fest. Sie wird bei der Anordnung der gesamten Elektronik inklusive Sensor und Telemetriespule im distalen Ende des Prothesenschaftes eingehalten. Die Transponderspule ist in einem separaten Gehäuse biokompatibel umhüllt und

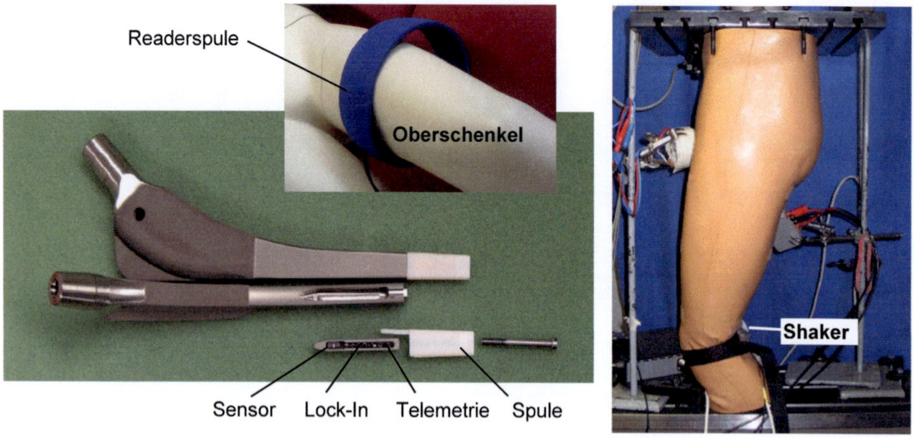

Bild 2.11.: Prototyp der intelligenten Hüftprothese sowie Positionen der Readerspule und des Shakers am künstlichen Oberschenkel

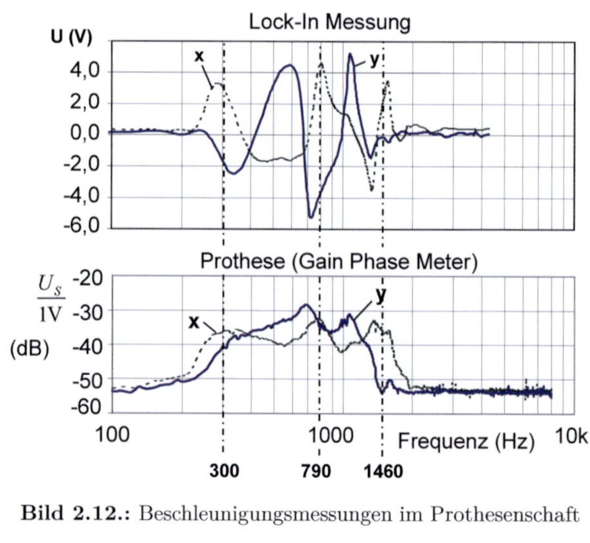

Bild 2.12.: Beschleunigungsmessungen im Prothesenschaft

ersetzt das distale Ende der Prothese. Der Prototyp wurde unter Verwendung eines für 3D-Plots üblichen Materials hergestellt. Die Elektronik findet in einem eigenen Gehäuse Platz, das aus dem gleichen Material wie die Prothese besteht und biokompatibel versiegelt werden kann. Prothesen, Spule und Elektronikgehäuse sind verschraubt, um die Schwingungsankopplung an den Beschleunigungssensor sicherzustellen.

2.1.3.7. Experimente

Zu Testzwecken wurde eine intelligente Prothese so in einen künstlichen Femur in einem Oberschenkelmodell einzementiert, dass das distale und das proximale Ende keine Verbindung zum künstlichen Femur haben[6]. Auf diese Weise soll eine proximale Prothesenlockerung modelliert werden. Während der Messung war der Prothesenkopf nicht fixiert, so dass er frei schwingen konnte. Der Shaker wurde mit einem Klettband am Knie befestigt und die Druckkraft von 11 N mit Hilfe des Kraftsensors eingestellt. Bild 2.12 zeigt die in x- und y-Richtung mit einem ADXL202-Beschleunigungssensor, einem Ortec 9503-SC Lock-In-Verstärker und einem HP3375 Gain-Phase-Meter gemessenen Spektren. Es sind drei Resonanzüberhöhungen in x-Richtung festzustellen. Von Qi wurde bei FEM-Untersuchungen des ungedämpften (gewebelosen) Femur-Prothesen-Verbundes festgestellt, dass das Frequenzband ab 2500 Hz besonders sensitiv gegenüber einer Prothesenlockerung ist [229]. Durch die im hier verwendeten Versuchsaufbau auftretende Dämpfung konnten mit diesem Versuchsaufbau nahezu keine Resonanzüberhöhungen in diesem Band gemessen werden.

Am 19.01.2008 wurde eine präparierte „Bicontact S"-Prothese mit Transponder in der Pathologie Bergmannsheil Bochum durch Dr. Sommer implantiert. Im Ergebnis wurde festgestellt, dass bei entsprechend hohen Shaker-Leistungen die Hauptschwingungsebene am distalen Prothesenende angeregt werden und im menschlichen Körper telemetrisch registriert werden kann. Lockerer Zustand und fester (zementierter) Zustand konnten durch die Messung unterschieden werden.

2.1.3.8. Beurteilung des Systems

Im Projekt PROTEL wurden Untersuchungen zur Lockerungsdetektion bei Hüftprothesen durchgeführt und ein System zur drahtlosen Messung von Prothesenschwingungen entworfen und aufgebaut. Die TU Dresden entwickelte dabei zusammen mit den Projektpartnern das Systemkonzept für einen implantierbaren Sensor, führte Grundlagenuntersuchungen zur Prothesenanregung und Signalverarbeitung durch, entwarf und realisierte dazu Hard- und Software. Auf dieser Basis wird das System kurz eingeschätzt.

Die Messung der modellierten Lockerung belegt die Funktionstüchtigkeit des Messverfahrens und der integrierten Messelektronik für den präparierten Fall. Die erhaltenen Lock-In-Ausgangssignale sind für die ärztliche Befundung noch aufzubereiten. Der Lock-In-Verstärker bietet Potenzial zur Auswertung kleinerer Schwingungsamplituden. Damit werden auch Verfahren der Prothesenanregung interessant, die nur kleine Auslenkungen der Prothese erzielen. Als gravierendes Problem wird die bei den Bochumer Messungen festgestellte Dämpfung der Schwingungen ab etwa 1,5 kHz angesehen, da hier das von Qi definierte sensitive Frequenzband beginnt.

Die Modellierung der Femuranregung mittels Shaker und des Femur-Prothesen-Verhaltens sind Thema in Kapitel 5. Dazu wurde auch ein mechanisches Netzwerkmodell des Femur-Prothesen-Verbundes durch den Autor entwickelt. Die Analysen zeigen eine hohe Sensitivität der Resonanzfrequenzen in Bezug auf die an Prothese und Femur wirkenden Randbedingungen. Daraus resultiert die Notwendigkeit einer Messvorschrift, die ausreichend reproduzierbare Messbedingungen gewährleistet. Um auch geringe Verschiebungen der Resonanzfrequenzen verfolgen zu können, ist ein geringer Frequenzabstand zwischen

[6] Ausführung durch Dr. B. Jettkant, Ruhr-Universität Bochum

den Anregungsfrequenzen wünschenswert. Um die daraus resultierende große Zeit für das Durchlaufen des gesuchten Spektralbereiches zu verringern, müssen intelligente Verfahren implementiert werden. Deren Aufgabe ist die gezielte Suche der Resonanzfrequenzen auf der Basis des letzten bekannten Lockerungszustandes.

Der Autor ist der Ansicht, dass sich eine abschließende Beurteilung des Messverfahrens nur auf der Basis umfangreicher klinischer Untersuchungen vornehmen lässt. Es kann jedoch festgestellt werden, dass die Befundung mit Hilfe dieses Verfahrens nur anhand aufgezeichneter vorangegangener Messungen durchgeführt werden kann.

Für den Prothesenhersteller bedeutet der Aufbau eine Änderung der Fertigungstechnologie, der mit erhöhten Zertifizierungskosten verbunden ist. Die Sterilisation von Elektronik und Spule bedingt ebenfalls einen zusätzlichen Aufwand. Diese Kosten dürften dennoch unter den Kosten unnötiger Revisionsoperationen liegen und sich das System damit rentieren.

2.1.4. Osteosyntheseplatte mit integriertem Biegesensor

2.1.4.1. Motivation

In Deutschland verunglücken jährlich etwa 9 Millionen Personen. In den meisten Fällen dominieren Knochen- und Gelenkverletzungen die Dauer der Rehabilitation. Die natürliche Knochenbruchheilung mit externer Kallusbildung wird als indirekte oder sekundäre Knochenbruchheilung bezeichnet. Sie entwickelt sich in der Regel bei konservativer Knochenbruchheilung oder bei Osteosyntheseverfahren, die ein gewisses Maß an mechanischer Bewegung im Knochenbruchspalt erlauben [96, 40, 37]. Im Gegensatz dazu fehlt bei der primären Knochenbruchheilung der Kallus, was mit einer lange andauernden Bruchheilung einhergeht [305, 221]. Die Zulassung von Mikrobewegungen durch dynamischere Fixationsverfahren hat sich daher als förderlich für den Heilungsprozess erwiesen. Experimentelle und klinische Untersuchungen zeigen, dass bei einer kallösen Bruchheilung ein frühzeitigerer Durchbau der Frakturzone erfolgt, was eine zeitigere Belastbarkeit des Knochens ermöglicht [195, 290, 35].

Ein generelles Problem ist eine verzögerte oder ausbleibende Bruchheilung (Pseudarthrose). Pseudarthrosen entstehen beispielsweise am Unterarm nach einer Plattenosteosynthese in $20 - 30\,\%$ der Fälle. Diese Komplikation ist am Oberarm und Oberschenkel geringer, jedoch liegt die Pseudarthrosenrate auch hier bei mehr als $5\,\%$. Eine Messung oder Abschätzung der Elastizität des Osteosyntheseverbundes eröffnet die Möglichkeit, eine Pseudarthrose frühzeitiger zu erkennen und Patienten eine erneute Operation zu empfehlen. Dieses kann die Dauer des Heilungsverlaufes insgesamt verringern, was insbesondere für Personen, die im Arbeitsleben stehen, wichtig ist [37].

2.1.4.2. Messung der Verbiegung der Knochenplatte

Der Fortgang des Heilungsprozesses über mehrere Wochen ist an einer kleineren Verbiegung der Knochenplatte bei definierter oder extern gemessener Belastung erkennbar. Die Messungen von Mikrobewegungen in der Medizin erfordert die eindeutige Feststellung von Längenänderungen (Dehnungen) im Bereich weniger Mikrometer. Neuartige Werkstoffe, die auf eine solche Längenänderung mit einer merklichen Änderung der magnetischen Eigenschaften reagieren, wurden in den letzten Jahren entwickelt und gehören zur Klasse der *piezomagnetischen* Materialien. Mit piezomagnetischen Materialien können sowohl

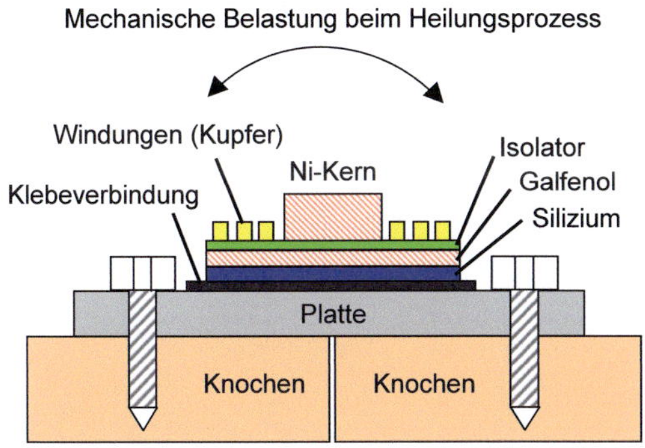

Bild 2.13.: Arbeitsmodell des Resonanzsensors

Sensoren, als auch Aktoren aufgebaut werden. Spielen die aktorischen Eigenschaften keine Rolle, so spricht man auch von *magnetoelastischen* Materialien. Galfenol oder Terfenol sind solche Werkstoffe, deren Eigenschaften sowie die Möglichkeiten zur Abscheidung in Form dünner Schichten gegenwärtig weltweit untersucht werden. Die Änderung der magnetischen Eigenschaften bietet zudem die Möglichkeit der Gestaltung eines drahtlos abfragbaren Sensors.

2.1.4.3. Drahtloses Messsystem

Zum Aufbau eines magnetoelastischen Biegesensors wurde GalFeNOL, eine Legierung aus Eisen und Gallium, als Sensormaterial gewählt. Es kombiniert signifikante Magnetostriktion (ca. 400 ppm bei einkristallinen Schichten) mit guten mechanischen Eigenschaften. Bei einer Zusammensetzung dieser Legierung von 81,6 % Eisen und 18,4 % Gallium ($Fe_{81,6}Ga_{18,4}$) weist es eine signifikante Änderung der relativen Permeabilität bei mechanischer Belastung auf.

Der Aufbau in Bild 2.13 zeigt das Arbeitsmodell des Sensors. Das Galfenol befindet sich unter den Windungen einer Sensorspule, deren Induktivität durch die Permeabilität der Galfenolschicht bestimmt wird. Die Windungen sind rechteckig ausgelegt und durch eine nichtleitende Schicht elektrisch vom leitfähigen Galfenol isoliert. Durch die geringe Dicke der Isolationsschicht weist die Anordnung auch eine hohe Eigenkapazität auf. Die Auswertung der Induktivitätsänderung des magnetoelastischen Wandlerelements kann über die Verstimmung der Resonanzfrequenz der Planarspule erfolgen, die beim hergestellten Sensor im MHz-Bereich liegt. Durch eine parallelgeschaltete Kapazität kann die Resonanzfrequenz auch verringert werden. Nach der Klassifikation von Wandlern handelt es sich bei einem solchen *LC-Resonanzsensor* um einen elektromechanischen Wandler mit Hilfsenergie bzw. einen aktiven Wandler, da die elektrisch abgegebene Leistung nicht vom mechanischen System eingebracht wird.

Als Träger für den Sensor wurde ein Siliziumwafer verwendet. Aufgrund seiner geringen Leitfähigkeit im undotierten Zustand, seiner hohen magnetischen Reluktanz bzw. der mit Luft vergleichbaren relativen Permeabilität, seiner guten Elastizität und sehr glatten Oberfläche ist Silizium das ideale Trägermaterial. Für erste Versuche wurde der Sensor auf die Knochenplatte geklebt. Aus der Platte wurde dafür eine plane Fläche herausgefräst.

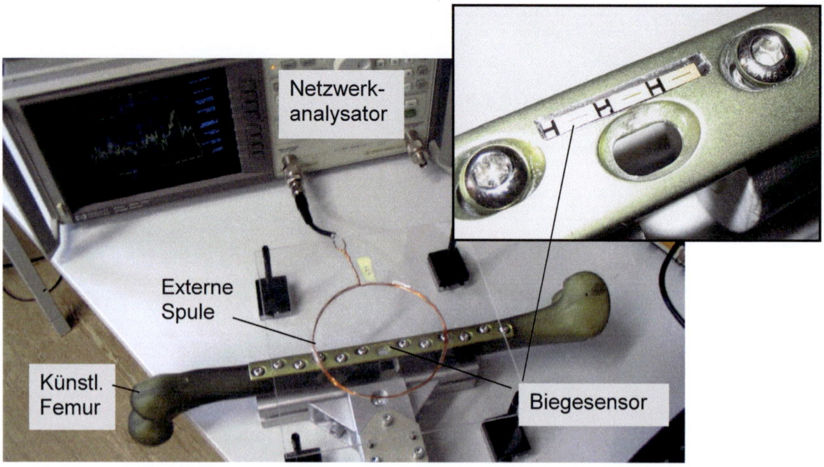

Bild 2.14.: Künstlicher Femur und Anordnung zur drahtlosen Bestimmung der Resonanzfrequenz des Biegesensors

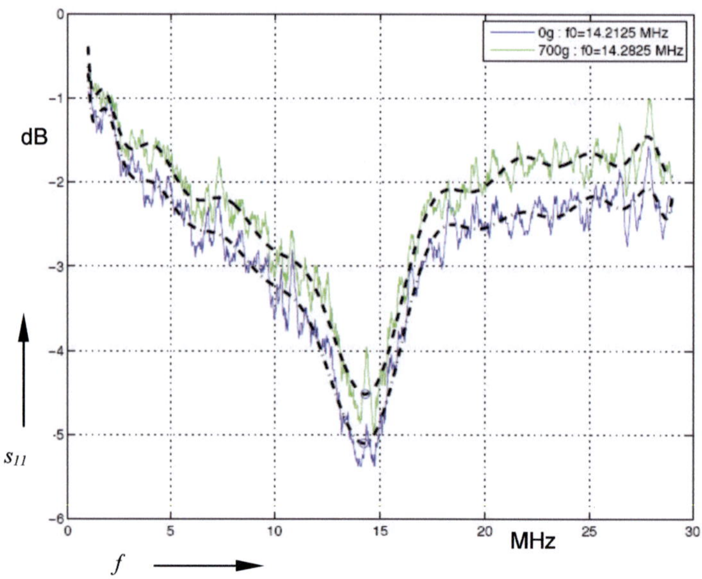

Bild 2.15.: Reflexionsmessung am Sensor mit und ohne Belastung des Sensors. Die Resonanzfrequenzänderung beträgt etwa 70 kHz [77].

Sie nimmt den Sensor auf, wie in Bild 2.14 gezeigt. Angesichts der metallischen Umgebung des Sensors ist zusätzlich ein magnetischer Schirm notwendig, der zwischen Sensor und Platte angeordnet werden muss.

Bei der drahtlosen Auswertung der Induktivitätsänderung besteht die Aufgabe der Anregung der Resonanzschwingung in der Planarspule über das magnetische Feld. Dazu dient eine externe Spule, an die eine Wechselspannung angelegt wird. Je nach Auswerteverfahren wird die Spannung über der externen Spule oder über einer separaten Detektorspule gemessen. Die Auswertung kann im Zeitbereich oder im Frequenzbereich erfolgen. Im Zusammenhang mit kapazitiven Wandlerelementen sind Schaltungen bekannt, die die Änderung der Admittanz des Resonanzkreises ausnutzen, um ein amplitudenanaloges Signal zu erzeugen. Es hat sich gezeigt, dass diese Schaltungen keine Vorteile gegenüber Brückenschaltungen aufweisen [146, S. 147].

Bild 2.14 zeigt einen in der Mitte geteilten und an einer Knochenplatte fixierten künstlichen Femur. Über der modellierten Bruchstelle befindet sich der Biegesensor. In einer Entfernung von einigen Zentimetern vom Sensor wurde die externe Spule angeordnet, die mit einem Netzwerkanalysator für Messungen im Frequenzbereich verbunden ist. In Abschnitt 6.5 ist ein weiterer Aufbau beschriebenen, der eine definierte Verbiegung des Sensors ermöglicht. Der Sensor ist dabei auf einem Titanstreifen aufgeklebt. Wie in Bild 2.15 zu sehen, führte eine Last von 7 N an diesem Aufbau zu einer Änderung der Resonanzfrequenz von 70 kHz. Die überlagerten Störungen wirken sich auf die aus dieser Messung automatisch bestimmte Resonanzfrequenz aus. Bei größeren Entfernungen der Detektorspule vom Sensor verschlechtert sich das Signal-Rauschverhältnis und somit der Messfehler. Die maximale Reichweite des Messverfahrens ergibt sich aus dem maximal zulässigen Messfehler. Detaillierte Beschreibungen der Sensorherstellung und -eigenschaften vermittelt Kapitel 6.

2.1.4.4. Beurteilung des Systems

Fortschritte in der Diagnostik und Therapie während eines Bruchheilungsverlaufes werden in Zukunft durch Messungen der biologischen und mechanischen Umgebung von Bruchzonen erwartet. Das vorliegende System will diese Umgebung von Bruchzonen näher erfassen, indem präzise die effektive Elastizität des Osteosyntheseverbundes gemessen wird. Berücksichtigt werden muß zu Beginn der Bruchheilung zudem der überbrückte Bruchbereich, die genaue Breite des Frakturspaltes und eine effektive Abstützung der Fragmente. Im Zeitverlauf wird wahrscheinlich die entstehende Kallusmuffe eine wesentliche Stabilisatorfunktion aufnehmen, weswegen die Messung der Plattenverbiegung als günstiges Maß für ein Monitoring von Bruchzonen erscheint [37]. Wie bei der Vibrationsanalyse von Hüftprothesen ist die Aufzeichnung und Speicherung der Messungen erforderlich, um den Heilungsprozess anhand der Messungen zu beurteilen.

Bei der drahtlosen Bestimmung der magnetischen Eigenschaften gestatten höhere Frequenzen, z.B. 10-100 MHz, einen kleineren Aufbau, induzieren aber nicht vernachlässigbare Wirbelströme im menschlichen Körper [246]. In einigen medizintechnischen Systemen auf der Basis elektromagnetischer Felder, vor allem im Bereich der Bildübertragung, werden trotzdem Übertragungsfrequenzen bis 800 MHz genutzt und die Dämpfung in Kauf genommen. Die dann aktiv arbeitenden Implantate senden mit einer relativ großen Leistung.

Nach derzeitigem Stand muss der externe Reader zur Anregung des Sensors eine große Sendeleistung bereitstellen und sich die Sendespule im Abstand von einigen Zentimetern zum Sensor befinden. Anders als beim Hüftprothesen-Transpondersystem kann die Sendespule hier in Form einer Rahmenspule von einigen Zentimetern Durchmesser auf die Haut des Patienten gegenüber dem Sensor aufgelegt werden. Während der Messung führen daher Kabel vom Reader zur Sendespule, was die Beweglichkeit des Patienten einschränkt. Das Problem kann umgangen werden, wenn der Reader batteriebetrieben ist und vom Patienten getragen werden kann. Themen weiterer Entwicklungen sind die Vergrößerung der Reichweite durch eine gezielte Flusskonzentration in der elastomagnetischen Schicht, die Erhöhung des Gütefaktors und der Einsatz spezieller Signalverarbeitungsverfahren, wie des Boxcar-Integrators.

Ungeklärt ist der Ablauf zur Gewinnung reproduzierbarer und vergleichbarer Messungen. Denkbar ist eine definierte Belastung und Entlastung der Bruchstelle. Bei einem Beinbruch können dies im einfachsten Fall einige Schritte des Patienten im Behandlungszimmer sein. Die über die Resonanzfrequenz gemessene Verbiegung zeigt dann die Belastungsmaxima in ihrer Zeitfunktion. Mit fortschreitendem Heilungsprozess muss sich die Verbiegung verringern und damit auch die Amplitude der Verbiegungs-Zeitfunktion. Kann dieser Effekt nicht beobachtet werden, so ist dies ein Indikator für eine Pseudarthrose.

2.1.5. Cochlea-Implantat

Gehörlosigkeit (Taubheit) kann durch eine Störung des Innenohres bedingt sein. Die Hörschnecke (Cochlea) wandelt dort beim Normalhörenden akustische in elektrische Signale um, die der Hörnerv an das Gehirn weiterleitet. Ist die Cochlea funktionslos oder stark beeinträchtigt, dann kann mit einem Cochlea-Implantat-System[7] wieder ein gewisses Maß an Hörfähigkeit erreicht werden. Dies gilt für spätertaubte Erwachsene ebenso wie für Kinder mit einer angeborenen Innenohrstörung. Mit Cochlea-Implantaten wurde erstmalig ein Ersatz für den Verlust eines menschlichen Sinnes etabliert.

Als Aktor wird ein Elektrodenträger mit Elektroden in die Cochlea eingebracht, die mit speziellen Reizströmen den Hörnerv stimulieren. Die Reizströme liefert ein Implantat, dass im Schädelknochen verankert wird [55]. Das Implantat erhält die erforderliche Energie und Information über ein Hochfrequenzfeld und besitzt zu diesem Zweck eine Empfangsspule und Elektronik.

Die Sendeelektronik ist bei einigen Systemen hinter dem Ohr befestigt. Sie steuert die externe Sendespule an, die der subkutanen Empfangsspule gegenüber angeordnet ist. Die von einem Miniaturmikrofon aufgenommenen Signale passt ein integrierter Sprachprozessor an die Empfindlichkeit der Hörnerven des jeweiligen Patienten an. Die aufwändige Konfiguration und Programmierung des Systems spricht für eine Datenhaltung auf dem PC. Sie ist Teil der jeweiligen Herstellersoftware und somit auch durch große qualitative Unterschiede gekennzeichnet. Eine einheitliche externe Schnittstelle zum Implantatsystem bzw. Sprachprozessor existiert nicht.

Aufgrund der geringen Anzahl von Elektroden, die mehreren zehntausend Nerven gegenüberstehen, ist nach der Operation eine Hör- und Spracherziehung erforderlich. Der Sprachprozessor wird dabei ebenfalls eingestellt. Teilweise kann dazu auch Information aus dem Implantat zum Sprachprozessor übertragen werden. Die Programmierung des Sprachprozessors mit einem PC erfolgt über Infrarotstrahlung oder Hochfrequenz.

Die Batterien des externen Systems müssen in kurzer Abfolge, je nach Typ etwa wöchentlich, gewechselt werden. Neuere Geräte besitzen Akkumulatoren, die über Nacht

[7] auch als Cochlea<u>r</u>-Implantat bezeichnet, cochlear engl.: die Innenohrschnecke betreffend

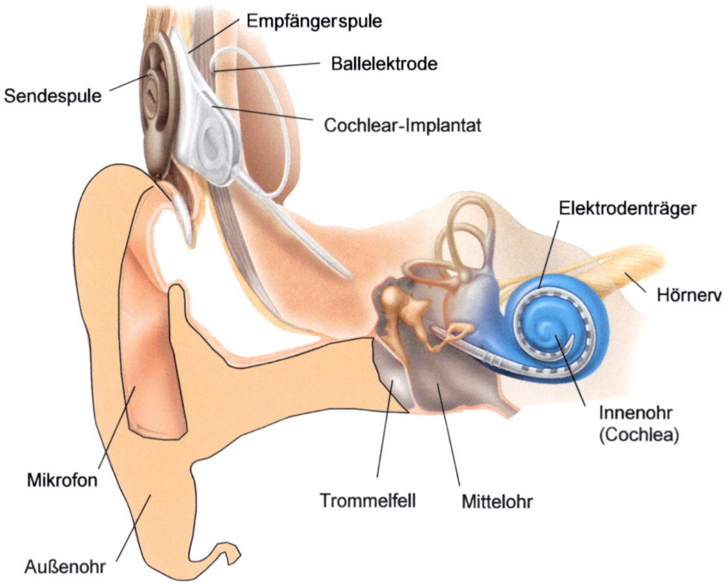

Bild 2.16.: Cochlear-Implantat-System nach [41]

aufgeladen werden können. Ein Ziel bei der Weiterentwicklung der Systeme ist die Verringerung des Leistungsbedarfs des Implantats und des externen Audioprozessors. Verbesserte Elektrodenträger zielen auf eine deutliche Erhöhung der Elektrodenanzahl, die entsprechend angesteuert werden müssen.

2.1.6. Retina-Implantat

Nach Aussage der Weltgesundheitsorganisation waren 1997 mehr als 8 Million Menschen durch eine Netzhautdegeneration blind, meistens verursacht durch Makula lutea-Degeneration (d.h. des Punktes des schärfsten Sehens der Netzhaut) und Retinitis pigmentosa pigmentosa durch Vererbung oder spontane Mutation. Bei den Patienten, die unter Retinitis pigmentosa leiden, degenerieren die fotorezeptiven Zellen (Stäbchen und Zapfen) innerhalb einiger Jahre. Auf diese Weise wird das Gesichtsfeld immer kleiner mit dem Ergebnis der absoluten Blindheit [204]. In Deutschland sind etwa 12000 Patienten daran erblindet.

Erfolgreiche Versuche der elektrischen Stimulation des visuellen Cortex, u.a. durch Brindley und Lewin in den 1960er Jahren [26], bildeten die Grundlage für eine Reihe von Entwicklungen von visuellen Prothesen. Erst mit Hilfe der Mikrosystemtechnik gelang in den letzten 20 Jahren der Aufbau erster implantationsfähiger Prototypen. Dabei wurden mehrere Ansätze verfolgt, die Mokwa und Meyer in [204, 205, 206, 201] vorstellen. Darunter sind Versuche einer belgische Gruppe, den optischen Nerv mit einer Cuff-Elektrode zu reizen. Ein anderer Ansatz ist, die retinalen Neuronen elektrisch anzuregen. Dieser Ansatz ist nach derzeitigem Stand vorteilhafter. Studien haben herausgefunden, dass ca.

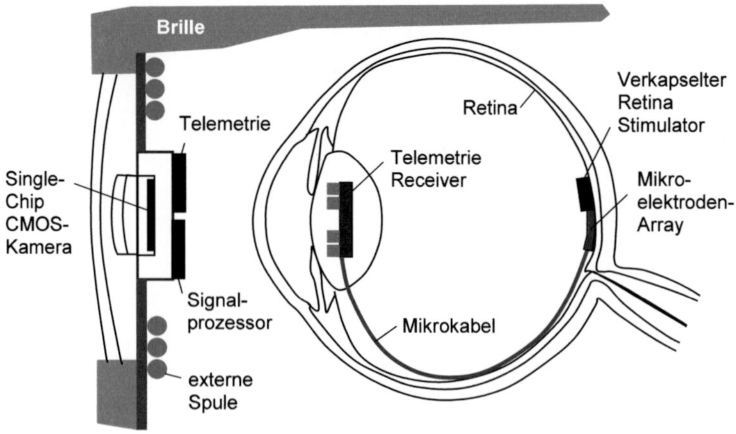

Bild 2.17.: Systemkonzept zur epiretinalen Stimulation nach [140]

30 % der retinalen Ganglienzellen von Patienten mit Retinitis pigmentosa selbst nach einigen Jahren der Blindheit noch arbeiten. Es konnte gezeigt werden, dass die elektrische Anregung der Ganglienzellen innerhalb des Auges an der inneren Oberfläche der Retina Sichtempfindungen hervorbringen kann. Es scheint daher möglich, die degenerierten Fotorezeptoren durch elektrische Anregung der Ganglienzellen zu überbrücken. Für alle anderen Krankheiten wie Grüner Star oder Netzhautablösung kommen Netzhaut-Implantate bislang nicht in Frage.

Zwei Konzepte wurden international zur Stimulation der retinalen Nervenzellen verfolgt: die subretinale und die epiretinale Stimulation. Bei der subretinalen Stimulation wird das Implantat mit den Stimulationselektroden hinter den retinalen Nervenzellen platziert. An dieser Stelle befinden sich die Zapfen und Stäbchen. Jeder Elektrode sind zwei Photozellen und eine Verstärkerschaltung zugeordnet. Die Photozellen nehmen das ins Auge einfallende Licht auf. Deren verstärkte Ausgangsspannung reizt die gleichen Nervenzellen, die bei Menschen mit intakter Netzhaut Informationen von den Photorezeptoren erhalten. Somit wird das Informationsverarbeitungsnetzwerk der Netzhaut auf natürlichem Wege genutzt. Das Implantat ist bei Umgebungshelligkeiten von 10 bis 100.000 Lux funktionsfähig.

Ein aktuell in der klinischen Erprobung befindliches Implantat vereinigt auf einem Mikrochip die Photozellen, Verstärkerschaltungen und Elektroden [316]. Der Chip hat Außenabmessungen von ca. 3 mm und eine Dicke von ca. 50 µm. Auf ihm sind ca. 1.500 Pixelfelder mit einer Größe von $70 \times 70\,\mu m^2$ und je zwei Photozellen angeordnet. Das Systemkonzept sieht vor, die Energie über ein magnetisches Wechselfeld bereitzustellen. Für eine erste klinische Prüfung wird sie über feine Drähte von außen zugeführt. Das gesamte Implantat ist mit Ausnahme des Stimulationschips in Silikon eingekapselt. Das Implantat hat eine Länge von ca. 20 mm, eine Breite von 3 mm und Dicke zwischen 0,1 mm und 0,5 mm. Nur die rechte Hälfte des Implantats wird unter die Netzhaut gelegt; der linke, dickere Anteil wird von außen auf den Augapfel genäht und mit der Bindehaut überzogen. Mit dem Implantat lässt sich ein Gesichtsfeld von 12° erzielen.

Der zweite international verfolgte Ansatz ist die epiretinale Stimulation. Bild 2.17 zeigt einen typischen Vertreter dieses Ansatzes. Die Stimulationselektroden werden hierbei innerhalb des Auges mit der retinalen Ganglionzellschicht in Kontakt gebracht. Die derzeit in der Entwicklung befindlichen Systeme nehmen mit einer externen Kamera Umgebungsbilder auf und wandeln die Bildinformationen mit einem Retina Encoder in Stimulationskommandos um. Da die Eigenschaften der Netzhaut bei jedem Patienten unterschiedlich sind, muss der Retina Encoder für jeden Patienten individuell eingestellt werden. In mehreren Einstellsitzungen werden die technischen Parameter des Encoders auf die Bedürfnisse des Implantatträgers angepasst und optimiert. Die Stimulationskommandos werden drahtlos zum Retina Stimulator in das Augeninnere übertragen. Die externe Komponente, in die die Kamera eingebaut ist, ähnelt einer Brille. Eine weitere Komponente nimmt die Batterien zur Stromversorgung und einen Mikrocomputer auf, der die Bilddaten umwandelt. Diese Komponente ist zum Tragen an einem Hüft- oder Schultergürtel vorgesehen. Die beiden externen Komponenten müssen über ein Kabel miteinander verbunden werden.

Systeme beider Ansätze befinden sich in der klinischen Erprobung. Patienten sollen Finger zählen und Hindernisse unterscheiden können, beispielsweise, ob es sich um einen Menschen oder eine Tür handelt. Schon eine räumliche Auflösung von 1° Sehwinkel kann die Lebensqualität der Patienten erheblich verbessern. Eine Prognose, wann und ob Patienten lesen oder allein in die Stadt gehen können, ist zum jetzigen Zeitpunkt nicht möglich.

2.1.7. Weitere intrakrorporale Mikrosysteme

Das Spektrum weiterer möglicher Einsatzgebiete medizinischer Mikrosysteme umfasst nach Clasbrummel und Muhr [39]:

- physikalische und chemischen Sensoren mit komplexen Analysesystemen,
- biologische Systeme, z.B. künstliche Organe wie Leber oder Niere,
- aktive Systeme, neben Herzschrittmachern und Innenohrimplantaten auch Neuroprothesen, implantierbare Medikamentendosiersysteme, Katheter, Endoskope und mikrochirurgische Instrumente) sowie
- sensorkontrollierte Robotersysteme.

Dementsprechend groß ist die Bandbreite aktueller Entwicklungen auf diesem Gebiet. Beispielsweise gewinnen Mikrosysteme in Form schluckbarer Kapseln zur in-vivo-Messung verschiedener Parameter im gastrointestinalen (Magen-Darm-)Trakt zunehmend an Bedeutung. Neben der seit vielen Jahren im klinischen Einsatz befindlichen Videopille wird an Systemen zur pH-Wert-, Temperatur- und Druckmessung gearbeitet, siehe z.B. [227, 278, 128, 9]. Den bislang vorgestellten Systemen ist gemeinsam, dass eine Batterie die Stromversorgung sicherstellt und dass die Daten über magnetische und elektromagnetische Felder übertragen werden. Dabei wird auch das 433 MHz-Frequenzband genutzt.

Flexible, elektroenzymatische Glucosesensoren wurden von [129] et al. für die Implantation in das subkutane Gewebe entworfen und aufgebaut. Das System ist marktreif und wurde in einer klinischen Studie gestestet [193]. In der Studie wurde das kontinuierliche Glucosemonitoring mit einer Insulinpumpentherapie kombiniert.

In das Blickfeld von Forschung und Entwicklung sind auch Sensoren für die Blutflussmessung gerückt. Verschiedene Messprinzipien dieser Anemometer wurden bereits getestet, u.a. mit differenziellem Heißfilm, mikrooptomechanisch oder kapazitiv [152].

Magnetische Sensoren wurden von Tanase et al. zur Unterstützung der Navigation im Körper eingesetzt. Ein solches System verwendet einen dreidimensionalen (3D) magnetischen Sensor an einem Katheter [277]. Weitere intrakrorporale Mikrosysteme sind in den Reviews von Receveur [232], Mokwa [204] und Audet [12] zusammengestellt.

Laut eines VDE-Positionspapiers der VDE-Initiative „MikroMedizin“ [16] erschließen funktionale Mikroimplantate neue medizinische Anwendungsfelder, wie z.B.:

- bei der Adipositas-Therapie durch Stimulation des Sättigungsgefühls,
- die kontinuierliche Messung des Blutzuckers mit geregelter Gabe von Insulindosen,
- die Stimulation der Sakralnerven zur Behandlung von Inkontinenz und
- die Überwachung von Gewebeentzündungen zur Beschleunigung der Wundheilung.

Neue Technologien der Halbleiter- und Mikrosystemtechnik sind eine wesentliche Triebkraft für Entwicklungen in der Medizintechnik. Es ist zu erwarten, dass Netzwerke implantierter miniaturisierter Sensoren intrakorporale Größen messen, bei dauernder Verfügbarkeit einer Energiequelle auch aufzeichnen und mit einem externen Reader kommunizieren.

2.2. Aufgaben medizinischer Mikrosysteme

Nach der Vorstellung einiger aktueller funktionaler Implantate fasst der nächste Abschnitt die Aufgaben solcher Implantate in verallgemeinerter Form zusammen. Durch die Anordnung von großen Rechen- und Speicherkapazitäten direkt am Sensor können neuere Implantate Signalverarbeitungsalgorithmen abarbeiten und auch selbstständig reagieren [75]. Die Aufgaben reichen dabei von der einfachen Signalaufbereitung bis hin zur Erkennung von Erkrankungen. Integrierte Aktoren versetzen Implantate in die Lage, Medikamente zu verabreichen, gesteuerte Bewegungen auszuführen oder andersweitig zu reagieren. Aktorische Aufgaben und Aufbauten werden in dieser Arbeit nicht behandelt, sondern nur sensorische.

2.2.1. Messen

Das Messen ist die Hauptaufgabe sensorischer funktionaler Implantate. Messwerte dienen dem Arzt als objektives und quantitatives Hilfsmittel der medizinischen Diagnostik und Therapie. Sie erschließen Bereiche, die bisher nicht zugänglich waren. Das betrifft sowohl den Messort, die räumliche Verteilung, aber auch den zeitlichen Verlauf einer Messgröße.

2.2.1.1. Messkette

Den Signalfluss in einer typischen Messkette zeigt Bild 2.18 am Beispiel eines elektrischen Sensors für mechanische Größen. Bei den Messwerten wird in dieser Darstellung nicht zwischen einer analogen oder digitalen Repräsentation unterschieden. Der durch die A/D-Wandlung bedingte Minimalfehler ist Gegenstand von Abschnitt 3.5. Eine solche Messkette kann heute vollständig in einem intelligenten Sensor integriert werden.

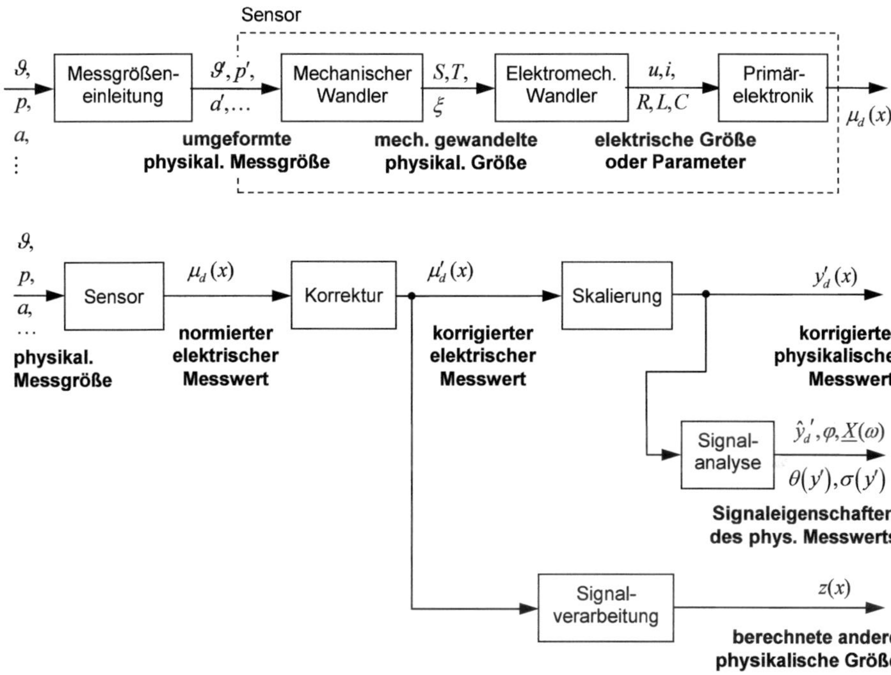

Bild 2.18.: Integrierbare Messkette mit einem elektrischen Sensor für mechanische Größen

Während des Messvorganges wird die zu messende physikalische Größe zum Teil in mehreren Schritten auf andere Größen abgebildet. Die Information über den Betrag der Messgröße kann dabei auch in eine Frequenz, einen Phasenwinkel oder einen anderen Informationsparameter der neuen Größe übertragen werden. Die Abbildung erfolgt durch *Wandler*. Wandler mit kontinuierlichem Eingangssignal und diskretem Ausgangssignal heißen auch *Umsetzer* [245].

Die physikalische Messgröße, wie Temperatur ϑ, Druck p oder Beschleunigung a, wird über eine biokompatible Schicht oder Häusung in den Sensor eingeleitet. Die Messung von Kraft, Druck und Beschleunigung erfolgt *indirekt* nach einer mechanischen Wandlung in eine Dehnung S, mechanische Spannung T oder einen Ausschlag ξ [209]. Ein elektromechanischer Wandler stellt einen elektrisch verwertbaren Zusammenhang zwischen der mechanisch gewandelten physikalischen Messgröße und einer der elektrischen Größen Stromstärke i und Spannung u oder einem elektrischen Parameter, wie Widerstand R, Induktivität L oder Kapazität C her. Die Primärelektronik erzeugt daraus einen störsicheren elektrischen Messwert μ_d. Dieser ist so normiert, dass er innerhalb eines definierten Wertebereichs liegt [224, 282].

Sensorsignale sind nicht für den Zweck der ärztlichen Beurteilung und Dokumentation geeignet. Eine Bedeutung erlangt ein Sensorsignal erst, wenn es in die interessierende physikalische Messgröße umgerechnet oder auch *skaliert* wird. Das Ergebnis der Skalierung gibt mit dem Produkt aus Zahlenwert und Einheit an, wie oft die Einheit in der interessierenden physikalischen Größe enthalten ist. Die Einheit wurde durch Übereinkunft festgelegt. Die Skalierung eines digitalen Messsignals ist im Allgemeinen mit einer Umwandlung der Festkommazahlen des A/D-Wandlers in Fließkommazahlen verbunden. Autarke Messsysteme nehmen diese Umwandlung typischerweise nicht vor, sondern operieren nur mit den Sensorsignalen, die sie analysieren, klassifizieren und übertragen. Die Umwandlung in den physikalischen Messwert erfolgt dann erst in externen Systemkomponenten, beispielsweise durch die Software auf dem Arzt-PC. In diesem Fall ist die externe Diagnosesoftware hardwareabhängig.

Eine Hardwareunabhängigkeit ist gegeben, wenn ein intelligenter Sensor, der als digitales Messgerät konfiguriert ist, über eine einheitliche Ausgabeschnittstelle verfügt. Zu diesem Zweck wurde das in Abschnitt 3.7.7 vorgestellte „Microsystem Data Format“ entwickelt. Es gestattet die Übertragung des skalierten physikalischen Messwertes zusammen mit der Einheit der physikalischen Messgröße. Darüber hinaus kann es die Informationen des elektronisches Datenblattes nach IEEE 1451.4 einschließen. Dazu zählen die Typbezeichnung, Seriennummer, Messgröße, Empfindlichkeit, Achsenrichtung, Kalibrierdatum oder der Messort. Weitere Informationen, die der Anwender erwartet, betreffen die Art und Weise der Verarbeitung der Messwerte und ob es sich um den korrigierten oder unkorrigierten Messwert handelt. Wenn der Mittelwert θ von n Messwerten eines Messintervalls übertragen wird, kann hier beispielsweise die Anzahl n mitgeliefert werden.

Den Mittelwert und andere Signalparameter, wie die Standardabweichung σ, die Amplitude $\hat{y}'_d$, der Phasenwinkel φ oder die Fourierkoeffizienten $\underline{X}(\omega)$ extrahiert eine lokale Signalanalyse. Andere physikalische Größen können mit zusätzlichen Signalverarbeitungsalgorithmen aus dem elektrischen oder physikalischen Messwert berechnet werden. Ein solcher intelligenter Sensor kann dann einfacher in die Messeinrichtung verschiedener Hersteller eingebunden werden, wie es das Plug&Play-Konzept anstrebt.

2.2.1.2. Wahrer Wert einer Größe

Unter dem wahren Wert einer Größe wird der Wert, der mit der Definition einer betrachteten speziellen Größe übereinstimmt, angesehen [20]. Der wahre Wert wäre das Resultat einer idealen Messung oder theoretischer Überlegungen. Ergebnisabweichungen können nicht vermieden werden. Durch sie ist der wahre Wert nicht ermittelbar. Ergebnisabweichungen werden durch Rückwirkungen des Messvorganges auf die Messgröße, durch äußere Störeinflüsse, innere Störeinflüsse und Rückwirkungen des Messwertempfängers verursacht [113].

Der wahre Wert wird auch *exakter* Wert genannt, wenn es sich um ein mathematisch-theoretisches Merkmal handelt. Man spricht auch von “einem” wahren Wert, da es viele Größenwerte geben kann, die mit der Definition einer betrachteten speziellen Größe übereinstimmen. Einer Messgröße kommt ein eindeutiger und damit wahrer Wert zu, wenn sie in einer Messaufgabe festgelegt und die Beschreibung der Messgröße vollständig ist [52].

2.2.1.3. Messunsicherheit

Das Messergebnis ist nur dann vollständig, wenn neben dem Messergebnis y' die Messunsicherheit $u(y)$ der Messung bekannt ist. Die doppelte Messunsicherheit gibt den Wertebereich an, in dem der wahre Wert der Messgröße Y mit einer gewissen Wahrscheinlichkeit liegt [255, 88]:

$$y' - u(y) \leq Y \leq y' + u(y)\,.$$

Das Ergebnis der Messung lautet somit

$$Y = y' \pm u(y)\,.$$

Erst die Kenntnis der Messunsicherheit ermöglicht dem Diagnostiker, die Genauigkeit einer Messung in die Diagnose einzubeziehen.

Der Ermittlung und die Angabe von Messunsicherheiten nach einer international einheitlichen Vorgehensweise dient der 1993 veröffentlichte und zuletzt 2008 überarbeitete ISO/BIPM-Leitfaden „Guide to the Expression of Uncertainty in Measurement (GUM)“ [200, 136]. Der GUM ist die verbindliche Grundlage zur Ermittlung der Messunsicherheit bei Kalibrierscheinen von akkreditierten Kalibrierlaboratorien, z. B. im DKD. Ziel des GUM ist allerdings nicht, die wahren Werte der Messgrößen mit Hilfe von Intervallen einzugrenzen oder zu lokalisieren.

Die Methoden, die der GUM zu diesem Zweck zur Verfügung stellt, behandelt entgegen den Regeln der traditionellen mathematischen Statistik systematische und zufällige Messeinflüsse einheitlich. Im Gegensatz dazu ist bekannt, dass Elementarfehlermodelle, in denen systematische Messabweichungen als definierendes Konstruktionselement eingesetzt werden, den Grundregeln der mathematischen Statistik nicht entsprechen und subjektive, eventuell stark verfälschte Korrelationswerte liefern [250, 97]. Dies ist einer der Gründe, weshalb der GUM von Seiten der wissenschaftlichen Messtechnik Kritik ausgesetzt ist. Gegenwärtig ist der GUM ein Standard, der international akzeptiert ist und nachvollziehbare Zahlenwerte liefert, die als Messunsicherheit bezeichnet werden. Die Verwendung der „Erweiterten Messunsicherheit“ des GUM mit dem empirisch gewählten Hilfsfaktor $k_p = 2$, mit dem die 1σ-Standard-Messunsicherheit des GUM multipliziert wird, gilt als praxisgerecht, um eine sinnvolle Messunsicherheit zu erzeugen [97]. Mit ihr kann der Anwender hantieren.

Ein Ziel der Sensorentwicklung ist die Verringerung der Messunsicherheit. Bereits bei der Auswahl des Sensorprinzips kann darauf Einfluss genommen werden. Geringe Messunsicherheiten können beispielsweise erreicht werden, wenn ein Sensor nach dem Kompensationsprinzip arbeitet. Bei Drucksensoren wird dazu ein Gegendruck mit Hilfe eines elektrodynamischen Wandlers erzeugt. Der Zusammenhang zwischen Kompensationskraft und Kompensationsstrom ist frei von Nullpunktsfehlern und streng linear [224].

2.2.1.4. Zeitabhängige additive Eigenfehler

Die Eigenstörungen eines Messgerätes enthalten determinierte und zufällige Anteile. Sie können beobachtet werden, wenn am Messgerät keine Messgröße anliegt. Die determinierten Anteile werden durch einen linearen Ansatz genähert und als zeitliche *Drift des Nullpunktes* bezeichnet. Die zufälligen Anteile beschreibt üblicherweise ein Leistungsspektrum bei angenommener mittelwertfreier Normalverteilung. Bei elektrischen Leitungsvorgängen in Festkörpern und Gasen ist grundsätzlich ein Spektralanteil $X \sim 1/f$ bei tiefen Frequenzen auf, wobei eine untere Grenzfrequenz bisher nicht nachgewiesen werden konnte [147]. Nach erfolgter Abtastung einer Folge von Messwerten können die Anteile durch eine Regressionsanalyse voneinander getrennt werden. Eine periodische Korrektur des Nullpunktes bei der Eichung oder Kalibrierung nach einem Zeitintervall der Messzeit T_M begrenzt das Leistungsspektrum bei Frequenzen $f < 1/T_M$. Damit wird auch mathematisch verhindert, dass das Leistungsspektrum bei $f = 0$ unendlich groß wird.

2.2.1.5. Eichung und Kalibrierung

Messungen in der Medizin unterliegen der gesetzlichen Eichpflicht. Damit schreibt der Gesetzgeber die Prüfung eines Messgerätes auf Einhaltung der zugrundeliegenden eichrechtlichen Vorschriften vor. Das betrifft insbesondere die Eichfehlergrenzen nach dem Eichgesetz. Eine Fehlergrenze ist die Angabe eines Fehlerbetrages, die *niemals* überschritten wird. In Deutschland ist die Eichung nach dem Eichgesetz eine hoheitliche Aufgabe. Erfüllt die Prüfung von Messgeräten die gesetzlichen Vorgaben nicht oder besteht keine Eichpflicht nach dem Eichgesetz, so stellt die Messgeräteprüfung eine Kalibrierung dar.

Der Messfehler[8] eines Messgerätes wird bei der Eichung und der Kalibrierung in einer Momentaufnahme festgestellt. Dazu wird die *Istkennlinie* im Vergleich zur linearen *Sollkennlinie*

$$\mu'_d(t) = B_S \cdot B_\mu \cdot \mu(t)$$

zwischen dem skalierten, korrigierten elektrischen Messwert μ'_d und der physikalischen Messgröße $\mu = \{\vartheta, p, a, \cdots\}$ mit der frequenzunabhängigen Empfindlichkeit oder Steilheit B_μ des Sensors und dem Skalierungsfaktor B_S *in einem Punkt* kontrolliert. Dazu ist die a priori-Kenntnis des zufälligen Fehlers bzw. des Vertrauensbereiches Voraussetzung, der wesentlich kleiner sein muss, als der *systematische Fehler*. Diese Messfehler, auch regelmäßige oder konstante Fehler genannt, sind reproduzierbar in Betrag und Vorzeichen unter gegebenen Einsatzbedingungen. Sie werden durch Ursachen hervorgerufen, die zeitlich konstant oder mit determinierter Zeitabhängigkeit auf den Messprozess wirken. Man unterscheidet statische und dynamische systematische Fehler. Die wichtigsten Ursachen für statische systematische Fehler sind nach Hart, Lotze und Woschni [107] u.a. eine Nullpunktverschiebung, eine Umkehrspanne, Kennlinienfehler, im Allg. Linearitätsfehler und Einflussgrößenfehler.

Der Messwert kann mit der ermittelten Abweichung additiv oder multiplikativ korrigiert oder auch *abgeglichen* werden. In der Definition des VIM von JCGM 2008 ist diese Berücksichtigung der ermittelten Abweichung zur Korrektur der abgelesenen Werte bei der anschließenden Benutzung des Messgerätes Bestandteil der Kalibrierung [199]. Die Begriffe Eichung und Kalibrierung beinhalten diesen Abgleich jedoch nicht zwangsläufig. Der Abgleich setzt voraus, dass es sich bei der festgestellten Abweichung des Messwertes vom wahren Wert um einen systematischen Fehler handelt.

Messen kann prinzipiell als ein zeitlich begrenzter Vorgang zwischen Kalibrierzyklen betrachtet werden. Dabei ist die Zeit, die zur Identifikation der Eigenschaften des Messgerätes zur Verfügung steht in der Regel viel kleiner, als die Messzeit [147]. Die Kalibrierung ist auch Thema in Abschnitt 2.2.3.

2.2.1.6. Korrektur von Linearitätsfehlern

Für Messgeräte kann eine Struktur abgeleitet werden, die

[8] Der Begriff „Fehler“ ist in der DIN-Norm 1319 teilweise durch „Abweichung“ ersetzt. In dieser Arbeit wird in Übereinstimmung mit internationalen Sprachregelungen die Bezeichnung „Fehler“ beibehalten.

- aus einem linearen dynamischen und einem nichtlinearen statischen Teilsystem oder
- aus zwei nichtlinearen statischen Teilsystemen, die durch ein lineares dynamisches System verbunden sind,

besteht. Hat das dynamische System Tiefpasscharakter, dann nähern sich dessen Übertragungsfaktoren für $f \to 0$ einem konstanten Wert. Mit einer sich hinreichend langsam ändernden Messgröße und Tiefpassfilterung des Messwertes können die Eigenschaften der nichtlinearen statischen Übertragungselemente bestimmt werden [147]. Die unkorrigierte Istkennlinie bei Normbedingungen wird *Basisfunktion* des Sensors genannt [282]. Sie wird durch allgemeine mathematische Ansätze beschrieben, die den gemessenen Kurvenverläufen quantitativ entsprechen.

Der Begriff der Linearität ist nicht genormt. Eine gebräuchliche Definition geht von einer Geraden aus, die durch den Nullpunkt und den konzipierten Messbereich verläuft. Die maximale Abweichung, die das Messgerät nicht überschreitet – die Fehlergrenze – gibt die Linearität F_L in Prozent des Messbereiches an [87]. Durch Anwendung der inversen Basisfunktion wird der Linearitätsfehler korrigiert. Bei dieser Vorgehensweise erhöht sich der Messfehler aufgrund der überlagerten zufälligen Störungen. Nur durch die Verwendung einer analytischen, physikalisch basierten Basisfunktion – anstelle der aus Messungen bestimmten – kann der Messfehler verringert werden. Die Aussagen gelten in modifizierter Form auch für die Aktoren. Hier gilt es, die Stellwerte mit der inversen Kennlinie vorzuverzerren, bevor sie an den Aktor ausgegeben werden. Parameter der Korrekturschaltungen oder Korrekturalgorithmen kann ein Halbleiterspeicher aufnehmen. Bei einer Speicherung in einem Flash-EEPROM können die Parameter bei einer Kalibrierung auch ausgetauscht werden. Oftmals ist die Korrektur systematischer Messfehler eine Aufgabe der aktiven Messschaltung, auf die in Abschnitt 3.4 näher eingegangen wird. Dazu sind eine Reihe analoger Spezialschaltungen entwickelt worden, wie der in Abschnitt 2.1.1.4 vorgestellte SC-Oszillator.

Bei bestimmten Sensoraufbauten gelingt es, den Linearitätsfehler konstruktiv zu kompensieren. Durch Gerlach wurde z.B. für Drucksensoren gezeigt, dass eine optimale Kompensation des Linearitätsfehlers zwischen Null und Nenndruck eintritt, wenn das Verhältnis des kubischen zum quadratischen Koeffizenten des Polynoms, das das nichtlineare Übertragungsverhalten des Polynoms beschreibt, genau $(-2/3)$ beträgt [87].

2.2.1.7. Korrektur von störgrößeninduzierten Fehlern

Das Übertragungsverhalten von Messgeräten wird von Störgrößen beeinflusst, die auf die Messeinrichtung einwirken. Wichtige Störgrößen sind Temperatur, Feuchte, Umgebungsdruck und elektromagnetische Feldgrößen. Ein Kriterium des Sensorentwurfs ist die Abschirmung von Störgrößen.

Eine Unterdrückung des Einflusses von Störgrößen bei gleichzeitiger Korrektur des Linearitätsfehlers kann bei Anwendung des *Differenzprinzips* erreicht werden. Dazu werden zwei sonst gleichartige Sensorelemente so angeordnet, dass sie durch die Messgröße komplementär ausgesteuert werden, während die Störgröße gleichsinnig wirkt [282, S. 159]. Die Messschaltung wird dann so ausgelegt, dass gleichsinnige Aussteuerungen unterdrückt werden. Elektrodynamische Mikrofone haben beispielsweise das Problem, das externe magnetische Störfelder, wie sie von stromführenden Netzleitungen herrühren, Störspannungen induzieren. Zur Kompensation der induzierten Spannungen wird eine fest stehende

Kompensationsspule in Reihe zur gegensinnig gewickelten Schwingspule geschaltet. Die bedeutendste Kompensationsanordnung ist die Brückenschaltung [146, S. 35].

2.2.1.8. Korrektur dynamischer Fehler

Dynamische systematische Messfehler resultieren aus der Verzögerung der Messsignale durch Energiespeicher in der Messeinrichtung. Die Übertragungsfunktion hängt daher beim realen Sensor auch von den Ableitungen der Messgröße nach der Zeit ab. Die dynamischen Eigenschaften der Messeinrichtung können im Zeitbereich oder im Frequenzbereich durch Kennfunktionen und Kennwerte charakterisiert werden. Der dynamische Fehler lässt sich bis zu einem gewissen Grad korrigieren, wenn das dynamische Verhalten des Messgerätes bekannt ist. Dazu wird dem realen System mit den Kennfunktionen $g(t)$ und $G(\mathrm{j}\omega)$ das Korrektursystem $g_k(t)$ bzw. $G_k(\mathrm{j}\omega)$ nachgeordnet. Die Korrektursysteme müssen stabil sein, d.h. in der rechten Halbebene des Pol-Nullstellen-Plans dürfen keine Pole vorhanden sein. Die Problematik der Dynamikkorrektur wird beispielsweise in [107] diskutiert.

Spezielle dynamische Messfehler, wie die Frequenzabhängigkeit des Übertragungsfaktors oder Kriechvorgänge diskutieren Pfeifer und Werthschützky im Zusammenhang mit Drucksensoren [224, 297].

2.2.1.9. Statistische Messsignalverarbeitung

Zu einer vollständigen Beschreibung der zufälligen Anteile der Eigenstörungen des Messgerätes gehören die Angabe des Leistungsspektrums sowie der Wahrscheinlichkeitsdichteverteilung des Störsignals. Der Störabstand gibt den Nennwert der Ausgangsspannung bezogen auf den Effektivwert der Störungen in einem logarithmischen Maß an [146]:

$$D = 20\lg\frac{u_N}{\tilde{u}_{\text{Stör}}}\,.$$

Bei der Entwicklung und Herstellung von Messgeräten werden diese üblicherweise sowohl bezüglich der Mess- als auch der Störgröße quasistatisch zyklisch zwischen zwei Grenzwerten angeregt. Technologisch ausgereifte Konstruktionen zeigen keine anregungsinduzierte Drift des Nullpunktes und des Übertragungsfaktors. Die Systemantworten schwanken zufällig um eine Ausgleichsgerade $\bar{y}(x)$. Diese kann durch lineare Regression bestimmt werden [147].

Statistische Größen, wie arithmetischer Mittelwert und Standardabweichung, können im intelligenten Sensor geschätzt werden. Dies ist bei Sensoren sinnvoll, deren Primärelektronik ein starkes thermisches Eigenrauschen zeigt. Die Fehlerschranken für eine gegebene statistische Sicherheit lassen sich durch Mittelwertsbildung nur proportional $1/\sqrt{N}$ zur Anzahl N der Messungen verkleinern. Damit verbunden ist eine Verringerung der Bandbreite der nutzbaren Sensorsignale; praktisch ist nur der statische Messwert nutzbar.

Die Berechnung des linearen Mittelwertes $\hat{\bar{x}}$ durch ein nichtrekusives Filter

$$\hat{\bar{x}} = \sum_{k=1}^{N} a_k \cdot x_{N-k}$$

mit den Filterkoeffizienten $a_k = 1/N$ und $a_0 = 0$ begrenzt die Bandbreite des Signals. Dadurch kann die Abtastfrequenz für den Mittelwert gesenkt werden. Der Platzbedarf bei der Speicherung des Mittelwertes wird somit verringert.

Vorteile hat die Betrachtung des messtechnischen Problems als statistisches Problem der Schätzung von Modellparametern. Sie ist Teil der Signalanalyse in Abschnitt 2.2.2. Die einzelnen Realisierungen y_i der Messwerte gelten dabei als Stichprobe aus einer Grundgesamtheit Y mit spezifizierter Verteilungsdichte $p(y_i|\vec{\theta})$ unter der Bedingung eines Parametersatzes $\vec{\theta}$ mit dem Mittelwert oder Erwartungswert $E(y_i)$ [243]. Aus den Verteilungsfunktionen wird die Likelihood-Funktion L gebildet:

$$L = p(y_1|\vec{\theta})p(y_2|\vec{\theta})\cdots p(y_n|\vec{\theta}) \tag{2.1}$$

Ein Punktschätzungsverfahren errechnet einen Schätzwert für die Parameter $\vec{\theta}$, der die Likelihood-Funktion maximiert. Die Bayes-Methode geht davon aus, dass es sich bei den Parametern um Zufallsvariablen mit bekannter Verteilungsdichte handelt. Bei der Maximum-Likelihood (ML)-Methode nimmt man außerdem an, dass diese Verteilungsdichten gleich sind, d.h. die einzelnen Parameter sind gleich verteilt [124]. Die ML-Methode liefert erwartungstreue, konsistente, erschöpfende und wirksamste Schätzungen [58]. Die Schätzwerte können bei kleinem Stichprobenumfang mit einem Bias behaftet sein, d.h. die oben genannten Eigenschaften gelten asymptotisch. Der Bias kann ggf. durch geeignete Transformationen beseitigt werden, wenn er sich als Problem erweist [243]. Sind die einzelnen Verteilungsfunktionen normalverteilt und statistisch voneinander unabhängig, dann können die Parameter nach der Methode der gewichteten kleinsten Quadrate geschätzt werden (Markov-Schätzung). Bei der Methode der kleinsten Quadrate wird angenommen, dass die Streuung der einzelnen Parameter gleich ist und somit auf die Wichtung verzichtet. Die Parameterschätzung erfolgt in zwei Stufen [15, S. 47]:

1. Definition einer Funktion $Q(\vec{\theta})$, die ein Maß für die Güte des Modells wiedergibt.

2. Bestimmung des Schätzwertes $\hat{\vec{\theta}}$, bei dem die Gütefunktion ihr Minimum oder Maximum erreicht. Der Berechnungsprozess wird auch Optimierung genannt.

Vorteilhaft ist die Abbildung der Messwerte in die Parameter aufgrund der oftmals deutlich geringeren Anzahl von Parametern im Vergleich zur Messwertanzahl. Daher ist sie mit einer Informationskomprimierung verbunden. Von Nutzen ist diese Abbildung auch deshalb, da die Streuung der Störungen, die die errechneten Parameter überlagern, geringer sein kann als die der Messwerte [23, 22]. Die Streuung der zufälligen Fehleranteile ist Teil der Messunsicherheit. Eine Berechnung und Speicherung der Streuung im intelligenten Sensor – siehe Abschnitt 3.1 – vervollständigt das Messergebnis. Der typische Aufbau eines funktionalen Mikroimplantats zur Erfüllung von Messaufgaben ist in Kapitel 3 beschrieben.

2.2.2. Signalanalyse

Das Ziel der Signalanalyse ist die Extraktion von Informationen aus dem Messsignal. Sie geht oft mit einer Informationsverdichtung einher. Im Allgemeinen ist die Zahl der berechneten Variablen geringer, als die Zahl der Eingangsvariablen. Beispielsweise werden zur Kurzzeitanalyse von Arrhythmien 6 Parameter aus Ruheaufzeichnungen über 30 Minuten des kontinuierlichen Blutdrucks und des EKG bestimmt [158]. Die damit verbundene Datenkompression ist verlustbehaftet (siehe Abschnitt 2.2.4). Die Interpretation erfolgt im Zeit- und Frequenzbereich. Die Signalanalyse ist der Mustererkennung bzw. Klassifikation vorgelagert. Als Informationsträger zwischen dem Signalanalysator und dem Klassifikator fungieren Signale, die Merkmale des Zustandes des Messobjektes beinhalten. Signalanalysatoren dienen der Merkmalsgewinnung. Zur Merkmalsgewinnung können signalgestützte Verfahren (z.B. Hüllkurvenberechnung, FFT) oder modellgestützte Verfahren (adaptive Filterung und andere Parameterschätzverfahren) [159, 164, 188, 170, 171, 186] eingesetzt werden. Ein wesentlicher Vorteil der lokalen Signalverarbeitung besteht in der Möglichkeit des Speicherns von Merkmalen, auf die für Langzeittrendanalysen zurückgegriffen werden kann. Die Zuordnung der Merkmale zu Fehlerklassen kann mit Schwellen-, Abstands- oder Fuzzyklassifikatoren erfolgen.

Die Hochsprachenbeschreibung, Verhaltenssimulation und Abbildung auf Hardwarearchitekturen — kurz Integration — von Signalanalysatoren ist Gegenstand der Dissertation des Autors [161]. Signalgestützte und analytisch modellgestützte Signalanalysatoren werden im ersten Teil der Arbeit theoretisch behandelt, wie z.B. die Entfaltung, Signalprädiktion, rekursive und iterative Parameterschätzer, mit und ohne Restriktionen für die Parameter. Im zweiten Teil der Arbeit stehen die Beschreibung der Algorithmen mit der Data Flow Language, die Überprüfung des Einflusses des Zahlenformates und die Architektursynthese im Mittelpunkt.

Die Vorteile der lokalen Signalanalyse demonstriert ein von Despang et al. vorgestelltes System zur nichtinvasiven kontinuierlichen Blutdruckmessung mit drahtlosem EKG und Photo-Plethysmographie-Sensor [50]. Das System berechnet aus der Laufzeit der Blutwelle vom Herzen bis zu einem Finger den Blutdruck. Es ist Bestandteil eines Body Area Networks [111].

2.2.3. Selbstüberwachung, Selbstkalibrierung und Rekonfiguration

Da ein Implantat zuverlässig arbeiten muss, ist eine Selbstüberwachung notwendig. Die reine Selbstüberwachung kann die Zuverlässigkeit nicht erhöhen, sondern erst die Kombination mit Maßnahmen der Rekonfiguration und Rekalibrierung. Für die Selbstüberwachung autarker Sensoren sind heute fünf Verfahren von Bedeutung: Redundanz, Referenz, Analyse des Messsignals, Analyse einer Störgröße und Analyse von Zusatzsignalen. Die Vor- und Nachteile der Verfahren stellt Müller [209] gegenüber.

Eine automatische *Rekonfiguration* setzt die Implementierung von mindestens drei in Redundanz betriebenen Sensoren voraus. Ebenso aufwändig ist die diversitäre Redundanz in Form verschiedener Messprinzipien bzw. Messverfahren. Auch wenn das Vorsehen von Redundanz eine sehr gute Erkennbarkeit verschiedener Störungsursachen ermöglicht, so ist dieses Verfahren mit einem hohem Aufwand verbunden.

Eine auch automatisch durchgeführte *Rekalibrierung* des Messsystems ist möglich, wenn eine Referenzgröße erzeugt wird. Eine vollständige Kalibrierung einer Messeinrichtung setzt die Beaufschlagung mit der Messgröße voraus, was bei implantierten Sensoren im Allgemeinen nicht möglich ist. Ein einzelner Messpunkt gestattet nur die Korrektur additiver Fehler. Besteht eine lineare Abhängigkeit des Ausgangssignales $y(x)$ vom Eingangssignal x einer Messeinrichtung, dann werden zu deren Korrektur zwei Referenzpunkte $\{x_1,y_1\}, \{x_2,y_2\}$ benötigt. Sie können bei aktiven Sensoren durch eine Variation der elektrischen Einflussgrößen generiert werden.

Das Verfahren der Rekalibrierung kann dahingehend erweitert werden, dass der Effekt von Störgrößen gezielt verstärkt wird. So kann z.B. eine Veränderung der elektrischen Federsteifigkeit elektrostatischer Wandler durch die Änderung der Abstimmspannung er-

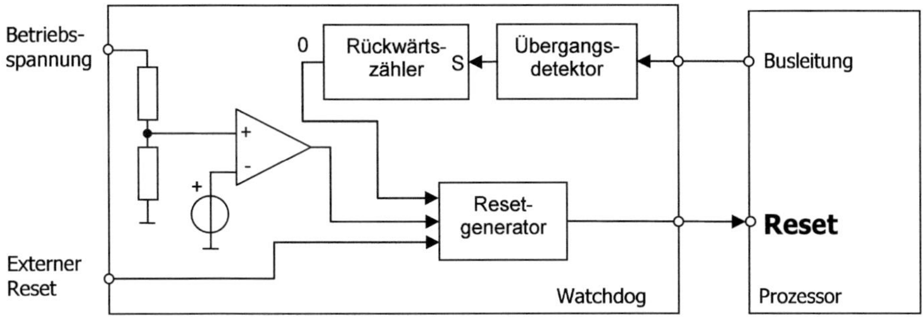

Bild 2.19.: Selbstüberwachung des Systems

reicht werden [90, S. 268]. Vorraussetzung für dieses Verfahren ist, dass die Störgröße möglichst unabhängig vom Prozess ist und einen reproduzierbaren Einfluss auf das Sensorübertragungsverhalten ausübt [209].

Für eine schnelle oder automatisierte Messsysteme ist es von Vorteil, wenn ein intelligenter Sensor nicht nur den Messwert weiter gibt, sondern diesen bereits im Sensor selbst auf eine Grenzwertüber- bzw. Grenzwertunterschreitung hin analysiert und das Ergebnis dieser *Plausibilitätsprüfung* meldet. Übergeordnete Ebenen können fehlerhafte Werte gleich verwerfen. Dadurch kann sowohl der Bandbreitenbedarf bei komplexen Systemen als auch die notwendige Verarbeitungsleistung verringert werden. Die Überprüfung führt der Prozessor durch einen Vergleich des aufbereiteten Messsignals mit entsprechenden Schwellwerten, komplexen Mustern oder modellbasierten Signaturen durch. In komplexe Auswertungen können auch Signale weiterer Sensoren einbezogen werden [299].

Neben dem Messsignal eignen sich Zusatzsignale und -größen zur Selbstüberwachung von Komponenten des Messsystems. Eine detaillierte Diagnose der Störungsursache bzw. der gestörten Baugruppe ist dann oftmals direkt möglich, ebenso die Veranlassung des Neustarts digitaler Systeme. Im Mikrocontroller oder Mikrocomputer übernimmt diese Aufgabe eine spezielle Schaltung, der Watchdog-Timer. Ein gängiges Konzept zeigt Bild 2.19. Der Watchdog-Timer überwacht den Signalpegel einer ausgewählten Busleitung, der sich innerhalb eines bestimmten Zeitraumes ändern muss. Das Selbstüberwachungskonzept muss berücksichtigen, dass sich Signalpegel auch bei einem Programmabsturz ändern können, beispielsweise wenn sich das System in einer Endlosschleife befindet. Eine hohe Überwachungssicherheit ist gegeben, wenn ein eigenes I/O-Port vorgesehen wird, ein HL-Übergang *innnerhalb* jeder Schleife und ein LH-Übergang *außerhalb* der Schleifen ausgegeben wird. Im Falle eines detektierten Programmabsturzes löst der Watchdog-Timer einen Systemneustart bzw. Boot-Vorgang aus. Darüber hinaus verwirklicht er auch die Funktion des Systemstarts nach dem Einschalten (Power-On-Reset), eine Betriebsspannungsüberwachung und verfügt über einen eigenen Masterreset-Eingang.

Die aktive Messschaltung oder der Prozessor können für Plausibilitätsprüfungen als Teil der Fehlererkennung herangezogen werden. Im Ergebnis steht fest, ob der durch einen Defekt oder eine zu große Drift entstandene Messfehler noch vertretbar ist. Ist die Vorgabe nicht erfüllt, dann kann die Implantatelektronik entsprechende Maßnahmen der Rekalibrierung oder Rekonfiguration auslösen.

2.2.4. Datenkompression

Die hochfrequente Abtastung von Sensorsignalen über längere Zeiträume führt zu einer erheblichen Datenmenge. In einem Sensornetzwerk ist die Datenmenge um ein Vielfaches höher, wie Tabelle 2.1 verdeutlicht. Nicht nur für die Speicherung der Daten, sondern auch schon für eine Reduzierung des Übertragungsvolumens bringt eine Kompression der Abtastwerte eine zum Teil deutliche Zeit- und Kostenersparnis. Diese kann mit Hilfe von verlustfreien und verlustbehafteten Verfahren vorgenommen werden.

Tabelle 2.1.: Datenmenge bei verschiedenen Abtastfrequenzen nach [291]

	Temperatursensor	Akustischer Sensor	Bildsensor
Abtastfrequenz	1 Hz	10 kHz	20 Bilder/s, 25k Pixel/Bild
Auflösung (Bit)	7	12	8
Daten/h	25 kbit	432 Mbit	14,4 Gbit
Daten eines Sensornetzwerkes (10 Sensoren)/h	250 kbit	4,3 Gbit	144 Gbit

Verlustfrei komprimierte Daten können vollständig wiederhergestellt werden. Häufig eingesetzte verlustfreie Verfahren sind nach Fischer et al. [49]:

- die *Lauflängenkomprimierung:* gleiche Zeichen, die mehrfach hintereinander vorkommen, werden nur einmal gespeichert, dazu die Anzahl der Vorkommnisse,
- der *Huffman-Algorithmus:* Zeichen, die häufig auftreten, werden mit weniger Bit kodiert, selten auftretende Zeichen mit mehr Bits. Das Ziel ist die Annäherung der durchschnittlichen Anzahl der Bits an die optimale Codelänge nach Shannon.
- *Wörterbuchbasierte Verfahren:* Zeichen werden über ein Wörterbuch kodiert. Ein statisches Wörterbuch ist bereits im Komprimierungsprogramm eingebaut, ein dynamisches Wörterbuch wird aus den zu komprimierenden Daten aufgebaut. Nach den Entwicklern Abraham Lempel und Jacob Ziv werden sie als LZ-Algorithmen bezeichnet (z.B. LZ77, LZ78, LZW). Das Packprogramm „gzip“ und das Bild-Dateiformat „gif“ verwenden den LZW-Algorithmus.

Die Kompression verlustfreier Verfahren ist datenabhängig und erreicht Raten von 2,5 bis 3 beim Canterbury und IBM-Set Test. Ein in [118] vorgestellter Algorithmus zur EKG-Komprimierung auf Basis des LZ-Verfahrens erzielt bei einer Toleranz von „0“ (verlustfreie Komprimierung) eine Kompressionsrate von 3,2.

Die LZ-Algorithmen sind sehr rechenzeitaufwendig. Ganze Sequenzen von Abtastwerten müssen mit allen Wörterbucheinträgen verglichen werden. Für Echtzeitanwendungen wurden daher Spezialschaltungen entwickelt, wie der Enhanced Lossless Data Compression (ELDC-3) IP-Core [85]. Diese Lösung nutzt Standard-SRAM für die Konstruktion des Wörterbuches. Der ASIC ist als erweiterte 32 Bit Architektur ausgelegt und umfasst ca. 30k Gate Equivalents. Die Komprimierung erreicht max. 1 Byte je Taktzyklus.

In einem European Space Agency-Projekt wurde ein ASIC entwickelt, der Daten verlustfrei mit dem Rice-Algorithmus komprimiert [287]. Der Rice-Algorithmus wurde für

Tabelle 2.2.: Vergleich verschiedener EKG-Kompressionsverfahren [118]

Methode	Kompressionsrate	Abtastfrequenz (Auflösung)	RMS Diff.
AZTEC[1]	10,0	500 (12)	28,0%
TP[2]	2,0	200 (12)	5,3%
CORTES[3]	4,8	200 (12)	7,0%
Fan/SAPA[4]	3,0	250	4,0%
Entropy Coding der 2. Differenzen	2,8	250 (10)	–
Peak Picking (Spline) mit Entropy Coding	10,0	500 (8)	14,0%
DPCM[5] – Delta Coding mit Schwellwert	4,0	300 (8)	–
DPCM – Linear Prediction	2,5	250 (12)	–
DPCM – Linear Pred, Interpl., Entropy Cod.	7,8	500 (8)	3,5%
Orthogonaltransformation – CT, KLT[6]	3,0	250	–

[1]Amplitude Zone Time Epoch Coding, [2]Turning Point Methode, [3]Coordinate Reduction Time Encoding System, [4]Coordinate Reduction Time Encoding System, [5]Coordinate Reduction Time Encoding System, [6]Kosinustransformation, Karhunen-Loeve-Transformation

die Komprimierung von Bilddaten empfohlen. Die Kompressionsrate erreicht bei 8 Bit-Bilddaten etwa 5-6 [138]. Der ASIC benötigt ca. 70k Gatteräquivalente und — ausgeführt in 0,6 µm TEMIC SCMOS2-Technologie — eine Leistung von 630 mW bei 20 MHz.

Mit verlustbehafteten Kompressionsverfahren lassen sich deutlich höhere Kompressionsraten erzielen, als mit verlustfreien. In der Literatur finden sich deshalb viele Vorschläge auch zur verlustbehafteten Komprimierung medizinischer Sensorsignale. Im Fokus liegen dabei unter anderem die Signale des Elektrokardiogramms. Extrakorporal gemessene EKG-Signale dienen der Beurteilung des Ablaufs der elektrischen Erregung des Herzens. Abhängig von der beabsichtigten Anwendung für die Daten sind eine Abtastfrequenz von 125 bis 500 Hz und eine Auflösung von 8 bis 12 Bit ausreichend. Extrakorporal kommen bis zu 12 verschiedene Elektroden zur Messung zum Einsatz. Selbst mit der niedrigsten Abtastfrequenz erzeugt eine einzelne Elektrode bei einer Auflösung von 8 Bit eine EKG-Datenmenge von 7,5 kByte pro Minute oder 450 kByte pro Stunde. Im anderen Extremfall erzeugen 12 Sensoren bei einer Abtastfrequenz von 500 Hz und einer Auflösung von 12 Bit eine Datenmenge von mehr als 30 MByte pro Stunde.

Tabelle 2.2 vergleicht die verlustbehaftete Komprimierung von EKG-Daten mit verschiedenen Verfahren. Die höheren Kompressionsraten, beispielsweise des AZTEC-Verfahrens führen teilweise zu einem Informationsverlust. Das rekonstruierte Signal ist wegen der Diskontinuitäten für den Kardiologen unbrauchbar [118]. Horspool und Windels schlagen daher einen verbesserten Komprimierungsalgorithmus auf LZ77-Basis vor, der die Wiederholeigenschaften des EKG-Signals ausnutzt. Das Verfahren erreicht eine Kompressionsrate von 22,5 bei einem quadratischen Fehler von 0,8 % und eine Rate von 31,4 bei einem Fehler von 1,6 %.

Intrakorporal gemessene EKGs werden gegenwärtig unkomprimiert verarbeitet. Zum Beispiel ermittelt ein P-Wellen-gesteuerte Schrittmacher die Vorhoffrequenz anhand der P-Welle des EKGs, die über die Elektroden aufgenommen wird. Die bislang bekannt gewordenen ASICs zur Datenkompression sind nicht für Anwendungen in energiearmen, autonomen Sensoren geeignet. Eine Implementierung als Softwarelösung auf der Prozessorplattform eines intelligenten Sensors ist gegenüber einer Spezialschaltung nicht energiesparender oder schneller.

Eine Reduktion der Bandbreite bzw. Abtastrate nach einer Komprimierung ist Voraussetzung für die Aufzeichnung über einen längeren Zeitraum bei begrenztem Speichervolumen. Besonders aus Messwerten gewonnene Merkmale können eine geringere Bandbreite als die Messwerte aufweisen. Ein einfaches verlustbehaftetes Komprimierungsverfahren ist die Mittelwertbildung. Sie findet u.a. bei der Aufzeichnung von Trends Anwendung (Abschnitt 2.2.5). Abhängig vom Anwendungsfall muss geprüft werden, ob der Informationsverlust bei verlustbehafteten Komprimierungsverfahren akzeptabel ist.

Neben der Komprimierung im Zeitbereich ist die Komprimierung im Amplitudenbereich eine Methode zur Verringerung des Datenaufkommens. Die Komprimierung im Amplitudenbereich eignet sich für Signale, bei deren nur die Signalform, aber nicht der Absolutwert der Amplitude von Interesse ist. Bei solchen Signalen kann der Dynamikbereich eingeschränkt werden, weshalb man von einer Dynamikkompression spricht. Speicher sind üblicherweise mit einer Breite von 8 Bit= 1 Byte oder 16 Bit = 1 Word organisiert. Wenn die Signale eines 24 Bit A/D-Wandlers auf einen Wertebereich von 16 Bit komprimiert werden, dann wird nur ein Word zur Verarbeitung und Speicherung benötigt.

In das internationale Interesse sind Kompressionsverfahren gerückt, die Messwerte ereignisgesteuert abtasten (Abschnitt 2.2.7). Diese Verfahren werden der verlustbehafteten Datenkompression zugeordnet. Sie erfordern einen geringen Hardwareaufwand und erzielen hohe Kompressionsraten.

2.2.5. Lokale Datenspeicherung

In einigen Fällen werden die zeitlichen Verläufe von Vitalparametern und anderen intrakorporalen Messgrößen über längere Zeiträume zur Befundung benötigt. Die für die Messung und Speicherung notwendige Energie kann intrakorporal derzeit nur von einer Batterie oder durch ein externes Hochfrequenzfeld bereitgestellt werden, wie in Abschnitt 3.8 untersetzt. Die lokale Aufzeichnung von Messwerten oder Merkmalen ist daher extrakoporalen Messgeräten und Netzwerken vorbehalten. Von Bedeutung ist die Speicherung von Sensordaten auch für die Signalprädiktion, die Datenkompression auf Netzwerkebene oder die Datenübertragung in verzögerungstoleranten Netzwerken (engl. Delay Tolerant Networks DTN's).

Für die nichtvolatile[9] Datenspeicherung haben sich bei Low-Power-Anwendungen Flash-Speicher durchgesetzt. Ihr Leerlauf- Energiebedarf ist extrem niedrig. Zudem besitzen sie eine große Speicherkapazität. Denkbar ist auch die Speicherung in energiearmen statischen RAMs. Das Löschen von Speicherblöcken vor dem Speichern ist dann nicht erforderlich und Schreibzyklen sind schneller. Voraussetzung für den Einsatz von RAMs ist aber die dauernde Spannungsversorgung, damit sie im Gegensatz zu den Flash-Speichern ihren Inhalt nicht verlieren.

Flash-Speicher sind als NAND- oder NOR-Flash klassifiziert, je nach Ausführung einer Speicherzelle. In Tabelle 2.3 ist der Energiebedarf verschiedener Flash-Speicher aus [194] aufgelistet. Es wird deutlich, dass der Toshiba 16 MB NAND Flash 21x effizienter arbeitet im Vergleich zum Telos NOR, 65x besser als der Hitachi MMC und 407x besser als

[9]nichtvolatil: nichtflüchtig; der Speicherinhalt bleibt auch ohne Betriebsspannung erhalten

der Atmel NOR. NOR Flash-Speicher haben eine geringere Speicherdichte als NAND-Speicher und benötigen mehr Energie für das Löschen und die Programmierung. Von Vorteil ist ihre geringe Direktzugriffszeit von weniger als 100 ns. Der NAND-Flash erlaubt im High-Speed Modus nur aufeinanderfolgendes Lesen und hat eine erheblich höhere Start-Latenz.

NAND-Zellen sind weniger zuverlässig als NOR-Zellen und erfordern den Einsatz von Fehlerkorrekturcodes (ECC). Ein Standardverfahren ist das CRC-Verfahren (Cyclic Redundancy Check). Es stützt sich auf Polynomdivisionen und kann relativ einfach in Hardware realisiert werden. Die Berechnung des Fehlerkorrekturcodes mittels Software erfordert etwa das Vierfache des Flash-Stromverbrauches. Gewollte Manipulationen können sich einer solchen Fehlererkennung entziehen. Ist mit Angriffen zu rechnen, dann müssen weitergehende Sicherheitsalgorithmen implementiert werden, wie z.B. die Hashfunktionen MD5[10] oder SHA[11]. Die Manipulation eines Textes wird dabei durch die Generierung eines einzigartigen Textes mit fester Länge durch eine Hashfunktion verhindert. Das kann ein Ausschnitt des gesamten Textes sein, der anschließend z.B. mit dem PGP[12]-Verfahren verschlüsselt wird. Er ist dann ein einzigartiger, unmanipulierbarer Fingerabdruck des Textes, der zusammen mit dem Text gesendet wird. Die Manipulation eines einzelnen Bits bewirkt ein komplett anderes Entschlüsselungsergebnis im Vergleich des Originaltextes, so dass diese aufgedeckt werden kann.

Tabelle 2.3.: Flash Energiebedarf je Byte (µJ) aus [194]

Hersteller	Read	Write	Löschen Bulk	Löschen (Seiten)	Total
Atmel NOR	0,26	4,3	2,36	n/a	6,92
Telos NOR	0,056	0,127	n/a	0,185 (256)	0,368
Hitachi MMC	0,06	0,575	0,47	0,0033 (16)	1,108
Toshiba 16MB NAND	0,004	0,009	n/a	0,004 (32)	0,017
Micron 512MB NAND	0,027	0,034	n/a	0,001 (64)	0,062

Wie in Abschnitt 2.2.4 thematisiert, ist der Speicherbedarf für die Aufzeichnung von Sensordaten bei hohen Abtastfrequenzen erheblich. Die Entscheidung für den Einsatz eines Kompressionsverfahrens ist vor allem davon abhängig, ob dafür genügend Energie und Rechenleistung vorhanden sind. Bei Einführung mehrerer Speicherebenen können Langzeittrends aufgezeichnet werden. Bild 2.20 zeigt den Signalfluss bei fünf Ebenen. In jeder Ebene werden in diesem Beispiel die Messdaten aus einem bestimmten Zeitbereich gemittelt und die Mittelwerte jeweils als neuer Wert in der nächsthöheren Ebene abgespeichert. Werden für die erste Ebene die Messwerte alle 14 Sekunden abgetastet oder Merkmale berechnet und werden jeweils 16 Werte gemittelt, dann verlängert sich das Abtastintervall nach viermaliger Wiederholung des Vorganges bereits auf 10,6 Tage. Bei einer Speichergröße von 2 kByte pro Ebene umfasst die fünfte Ebene bereits 59 Jahre an gemittelten Daten von Ebene Vier.

Das Auslesen der lokalen Speicher kann je nach Speichertiefe und Übertragungsgeschwindigkeit erhebliche Zeit in Anspruch nehmen. So benötigt das Auslesen von 256 MB

[10]MD5-Hash: Message-Digest Algorithm 5
[11]SHA: Secure Hash Algorithm
[12]PGP: Pretty Good Privacy

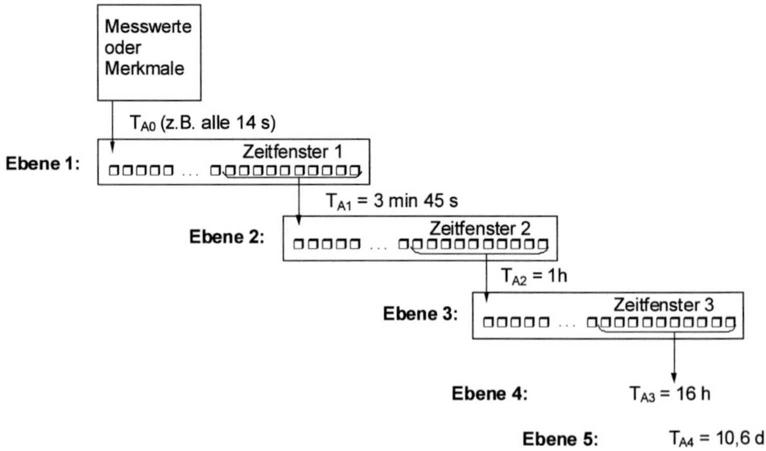

Bild 2.20.: Mittelwertspeicherung in mehreren Ebenen

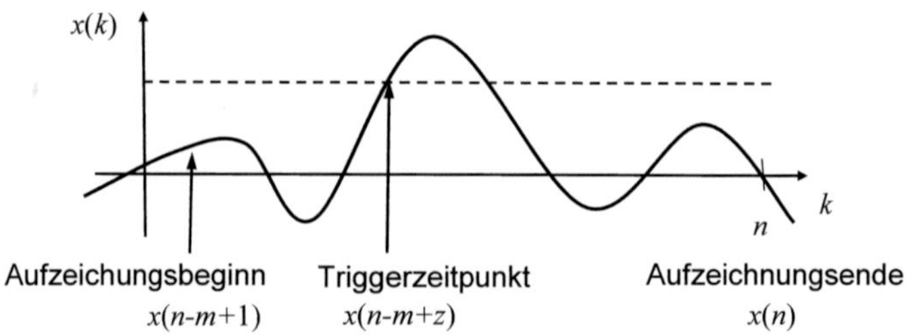

Bild 2.21.: Speicherung mit Vorgeschichte eines Ereignisses im Ringspeicher

Daten incl. Header[13] über eine Bluetooth-Verbindung mit 1 Mbps eine Zeit von 34 min.

Durch das begrenzte Speichervolumen muss die Aufzeichnung gesteuert werden. Wichtige Verfahren sind hier:

- der Aufzeichnungsstopp beim Erreichen des maximalen Speichervolumens,
- die logische Auslegung der Speichereinheiten als First-In-First-Out Ringspeicher, in dem jeweils die ältesten Daten durch neue Messdaten ersetzt werden und
- die ereignisgesteuerte Aufzeichnung.

Wenn das Ringspeicherprinzip mit einer Ereignissteuerung kombiniert wird, dann kann die Vorgeschichte eines Ereignisses verfolgt werden. Bild 2.21 verdeutlicht die Arbeitsweise. Ein Ereignis löst das definierte Ende der Aufzeichnung nach Speicherung von weiteren $m - z$ Messwerten aus. Der Vorgang wird auch als Triggerung bezeichnet. Gleichzeitig wird aber ein Teil der vor der Triggerung gespeicherten Messwerte erhalten. Bei m Speicherplätzen und Triggerung zum Zeitpunkt $(n - m + z)\Delta t_A$ mit der Abtastperiode Δt_A

[13]Header: Dateikopf, der Zusatzinformationen enthält

liegen die Messwerte $x(n-m+1)$ bis $x(n-m+z)$ vor dem Ereignis. Dieses Prinzip liegt u.a. dem Unfalldatenspeichersystem (UDS) zugrunde.

Die Speicherung von Messwerten in Flash-Speichern benötigt erheblich weniger Energie als das Senden über größere Entfernungen (siehe Tabelle 3.1). Daher ist die lokale Zwischenspeicherung von Messwerten für Anwendungen interessant, die über den Aufzeichnungszeitraum nur wenig Energie zur Verfügung haben, denen aber kurzzeitig hohe Energie zum Auslesen der Daten bereitgestellt werden kann.

2.2.6. Messungsidentifikation und -authentisierung

Für eine Archivierung von Messwerten müssen diese mit dem Messort und dem Messzeitpunkt gekennzeichnet werden. Während der Zeitpunkt der Messung automatisch mitgespeichert werden kann, erfordert die intrakorporale Speicherung des Messortes zusätzlichen personellen und technischen Aufwand. Diese und andere Zusatzinformationen benötigen Speicherplatz, spezielle Eingabesoftware und Übertragungsprotokolle. Ein für diesen Zweck entwickeltes Protokoll ist in Abschnitt 3.7.7 beschrieben.

Um einen unbefugten Zugriff Dritter auf medizinisch sensible Daten zu verhindern, gewinnen Verfahren der hard- oder softwaremäßigen Datenverschlüsselung und der Authentifizierung an Bedeutung. Im deutschen Sprachraum wird zwischen der *Authentisierung* des Benutzers am Server und der *Authentifizierung* durch den Server unterschieden. Der Benutzer wird für den Zugang zu den Daten autorisiert. Eine höhere Stufe der Datensicherheit ist gegeben, wenn in umgekehrter Weise die Echtheit der Messdaten authentifiziert wird. Je nach Einsatzgebiet kann die Verschlüsselung einfach konventionell erfolgen oder bis hin zum Gebrauch der digitalen Unterschrift reichen.

Das Problem der Datensicherheit beginnt jedoch nicht erst mit dem Senden und Empfangen von Nachrichten. Weit verbreitete Betriebssysteme öffnen Anwendungsprogrammen beliebige Ports für die Internetkommunikation. Separate Firewall-Programme übernehmen nun die Aufgabe, die Ports zu überwachen und ggf. zu schließen. Auf diesem Wege haben viele Viren den Weg über das Internet in die Nutzerrechner gefunden. Es ist daher nicht verwunderlich, dass Firmen, die sich auf solche Software spezialisiert haben, in den letzten Jahren überdurchschnittliche Wachstumsraten verzeichnen konnten.

Aufgrund der Komplexität von Verschlüsselungsverfahren ist ihre Software-Integration derzeit in intelligenten Sensoren nur eingeschränkt möglich. Die Abarbeitung des Ver- und Entschlüsselungsalgorithmus führt zu Komplikationen beim Echtzeitbetrieb, zudem sind große Programmspeicherressourcen erforderlich. Aus diesen Gründen ist eine Hardwarelösung sinnvoll [109, 95]. Die intrakroporale Verschlüsselung von Abtastwerten ist wegen des hohen Ressourcenbedarfs gegenwärtig unrealistisch. Verfahren der Identifikation und Authentisierung gewinnen aber aufgrund der zunehmenden Möglichkeiten der automatisierten Datenabfrage, Weiterleitung und Speicherung an Bedeutung.

2.2.7. Ereignisgesteuerte Messwerterfassung

Datenlogger und Transientenlogger sind als stationäre Geräte seit vielen Jahren im Einsatz. Datenlogger erfassen die Messwerte zu festen, einstellbaren Zeiten z.B. zur Temperatur- oder Luftfeuchtemessung. Häufig ist eine kontinuierliche Überwachung eines Prozesses bezüglich mehrerer Messgrößen (Multisensorsystem) erforderlich, tatsächlich werden die Daten aller Sensoren aber erst bei Eintreffen eines bestimmten Ereignisses benötigt.

Eine ereignisgesteuerte Messwerterfassung reduziert dabei den Energieverbrauch erheblich und vermindert gleichzeitig das Aufkommen an nicht benötigten Daten. Im einfachsten Fall wird das Multisensorsystem durch einen permanent messenden Sensor im Ereignisfall aktiviert. Dabei detektieren entweder eine Spezialhardware oder der Prozessor das Ereignis. Vor der Aktivierung befindet sich das Sensorsystem im Ruhezustand. Für eine Datenspeicherung und -auswertung ist ein leistungsfähiger Prozessor mit einer hohen Taktfrequenz notwendig. Im Ruhezustand des Systems können die Taktfrequenz verringert und nicht benötigte Schaltungskomponenten abgeschaltet werden. Die Ereignissteuerung muss daher mit einem Energiemanagement des Systems, erläutert in Abschnitt 3.9, gekoppelt sein. Erfolgt die Ereignisdetektion durch den Prozessor mittels entsprechender Signalverarbeitungsalgorithmen (z.B. Fouriertransformation), dann gestatten die Echtzeitanforderungen ggf. den Betrieb des Prozessors mit einer geringeren Taktfrequenz. Dadurch kann ebenfalls erheblich Energie eingespart werden.

Die Ereignissteuerung darf die Echtzeitfähigkeit des Systems nicht beeinträchtigen. Das entscheidende Kriterium ist die Antwortzeit des Systems. Das ist die Zeit, die das System benötigt, um alle zugehörigen Aufgaben ab der Signalisierung eines Ereignisses abzuarbeiten [145]. Mikrocontroller können auf zwei verschiedenen Wegen Ereignisse detektieren [262]. Beim *Polling* überprüft die Software durch eine regelmäßige Abfrage den Zustand eines Hardware-Moduls. Die Initiative geht hier von der Software aus. Beim Polling bestimmen die Hardwareverzögerung bis zum Setzen eines Software-Flags, die Verzögerung bis zum Abfragen des Flags und die Zeit bis zum Ende der Abarbeitung des zugehörigen Programmes die Antwortzeit. Beim zweiten Verfahren unterbricht die Hardware die Verarbeitung des gerade abgearbeiteten Programmes durch einen Hardware-*Interrupt*. Anschließend wird eine *Interrupt Service Routine* abgearbeitet.

Die Vorteile der Ereignissteuerung wurden von Olsson und Wise anhand der Erfassung von Nervenimpulsen demonstriert [215]. Mit Hilfe einer Detektionsschaltung für Impulsspitzen (Spikes) wurde die Amplitude und der Ausgangsort in einer Matrixanordung von Elektroden ermittelt und übertragen. Damit konnte eine durchschnittliche Kompression von 92 % erzielt werden. Die Detektionsschaltung hat mit 2,4 mW bei einer Taktfrequenz von 2,5 MHz einen hohen Energiebedarf, wobei kein Wert auf eine besonders energiearme Schaltung und Technologie gelegt wurde.

2.2.8. Lokale Regelung

Die sensornahe Signalverarbeitung kann auch Aufgaben der Regelung bewältigen, also die Berechnung von Stell- aus Soll- und Istgrößen. Damit kann sie Funktionen der biologischen Regelungssysteme wiederherstellen. Regelnde medizintechnische Systeme kooperieren mit den verbleibenden Körperfunktionen, steuern und optimieren autonom Prozesse. Ihnen ist das Prinzip der negativen Rückkopplung gemeinsam [296, S. 8]. Beispiele für regelnde Implantate sind gesteuerte Herzschrittmacher, die Pharmakotherapie, oder Ableitungssysteme bei Hydrocephalus. Moderne sensorgesteuerte Herzschrittmacher beziehen neben der Detektion der herzeigenen Erregung die gemessene zentralnervöse Sauerstoffsättigung und die über die Beschleunigung gemessene Körperbewegung in die Regelung der Stimulationssignale mit ein.

Die Regelungstechnik ist ein eigenständiges Wissenschaftsgebiet. Grundlagen der Regelungstechnik vermitteln z.B. die Lehrbücher von Lunze [155] und Brogan [27]. Regelungstechnische Aspekte beim Entwurf mechatronischer Systeme behandelt Janschek [125].

Kooperative und autonome Systeme in der Medizintechnik stehen im Mittelpunkt des Lehrbuches von Werner [296].

2.2.9. Unterstützung digitaler Schnittstellen

Intelligente medizinische Sensorsysteme verfügen für die Kommunikation mit anderen Systemkomponenten innerhalb eines Netzwerkes über eine drahtlose digitale Schnittstelle. Innerhalb eines autonomen Sensornetzwerkes übt eine Komponente als Master die Kontrollfunktion aus. Zum Zweck der Fernadministration und für die Fernüberwachung besitzt der Master noch eine Telematik-Schnittstelle. Damit kann er auf eine Basisstation in der Nähe des Patienten oder zukünftig auch auf globale Netze zugreifen.

Der Aufwand für das Erreichen der Kommunikationsfähigkeit übersteigt teilweise den der Signalverarbeitung. Für Standardschnittstellen, wie Bluetooth oder Ethernet, sind spezielle integrierte Schaltungen erhältlich, die sowohl die physische Schnittstelle, d.h. alle Leitungen mit den notwendigen Pegeln und Impedanzen, als auch die erforderlichen Schnittstellenprotokolle bereitstellen. Der Sensorprozessor kann mit ihnen z.B. über eine parallele oder serielle Schnittstelle kommunizieren. Einfache Schnittstellen, wie die I^2C, können als reine Softwarelösung auf dem Sensorprozessor implementiert werden.

Ein Problem der Datenübertragung ist die Vielzahl existierender Standards für das genutzte Datenformat. Typisch ist das Übertragen von Daten auf einen PC mit herstellerspezifischer Software und dazugehörigen Protokollen. Das kann dazu führen, dass bei Einstellung des Supports für die PC-Software auch ein intelligenter Sensor nutzlos werden kann, obwohl er voll funktionstüchtig ist. Das Ziel bei der Etablierung zukünftiger Übertragungsstandards besteht daher in einer maximalen Transparenz und Homogenität des Informationsaustauschs. Neue Komponenten, auch unterschiedlicher Hersteller, sollten im Sinne von Plug&Play durch das System automatisch erkannt werden können. Unter dieser und anderer Prämissen wurde ein Datenübertragungsstandard, der Flexibilität in Bezug auf die Datenmenge mit Strenge beim Datenformat verbindet, innerhalb des Infrastrukturprojektes „IMEX“ unter der Bezeichnung „Microsystems Data Exchange (MSD) Format“ entwickelt. In Abschnitt 3.7.7 wird er näher vorgestellt. Im internationalen Normenausschuss ist er unter IEC SC 62D/ WG 1 veröffentlicht.

3. Aufbau intrakorporaler signalverarbeitender Mikrosysteme

3.1. Mikrosystemarchitektur

Die Erfüllung der in Kapitel 2.2 genannten Aufgaben übernehmen sensorische und/oder aktorische und signalverarbeitende Mikrosystemkomponenten, die aus Funktions- und Form-Elementen mit Abmessungen im Mikro- und Nanometerbereich bestehen. Zur Erfüllung der Messaufgaben benötigt ein sensorisches funktionales Implantat mindestens einen Wandler und dessen Energieversorgung. Ein solches Implantat enthält keine elektronischen Komponenten und wird aus diesem Grund in der Transponderliteratur der Klasse der passiven Wandler zugeordnet. Die Zuordnung passiver und aktiver Prinzipien wird in Abschnitt 3.3 diskutiert. Der Verzicht auf elektronische Komponenten – und damit auf den Komfort lokaler Signalvorverarbeitung, Speicherung und digitaler Kommunikation – gestaltet den Aufbau solcher passiven Sensoren sehr übersichtlich. Bild 3.1 zeigt die Blockschaltung eines Messsystems mit passivem funktionalen Implantat. Die physikalische Messgröße erfährt typischerweise eine zweifache Wandlung ähnlich der Wirkungskette in einem Sensor in Abschnitt 2.2.1. Der zweite Wandler muss die Zwischengröße im Unterschied zu einem elektrischen Sensor nicht in elektrische Größen umwandeln. Hier kann beispielsweise auch die akustische Impedanz einer Anordnung geändert werden, wie im Ultraschall-betriebenen Drucksensor der ETH Zürich [83]. Zu dieser Klasse von Sensoren zählen SAW- (engl. Surface Acoustic Wave-) Sensoren [153, 212, 131] oder induktive Sensoren [267]. Ein induktiver Sensor ist auch die Basis des Biegesensors in Abschnitt 2.1.4.

Durch die Integration eines Analog-/Digitalwandlers mit vorgelagerter aktiver Messschaltung und einer digitalen Busschnittstelle werden Störeinflüsse bei der Datenübertragung praktisch ausgeschaltet. Ein solcher Aufbau wird als busfähiger Sensor bezeichnet. Ist ein Prozessor mit integriert, kann er die Messwerte lokal verarbeiten. Neben einer höherwertigen Signalverarbeitung gestatten digitale Methoden auch die Anwendung neu-

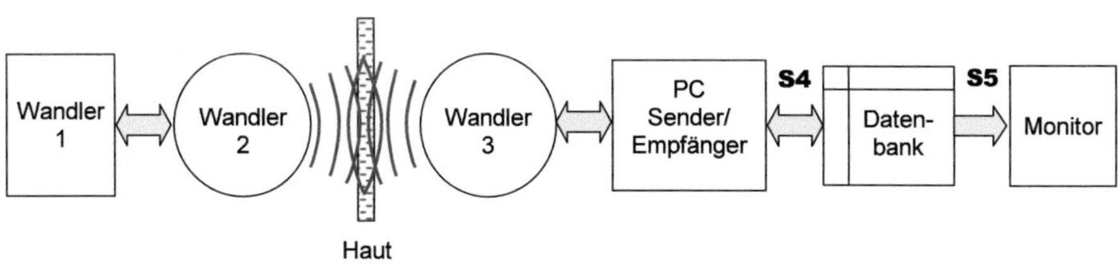

Bild 3.1.: Blockschaltung eines passiven funktionalen Implantats mit der Datenbankschnittstelle S4 und der Mensch-Maschine-Schnittstelle S5

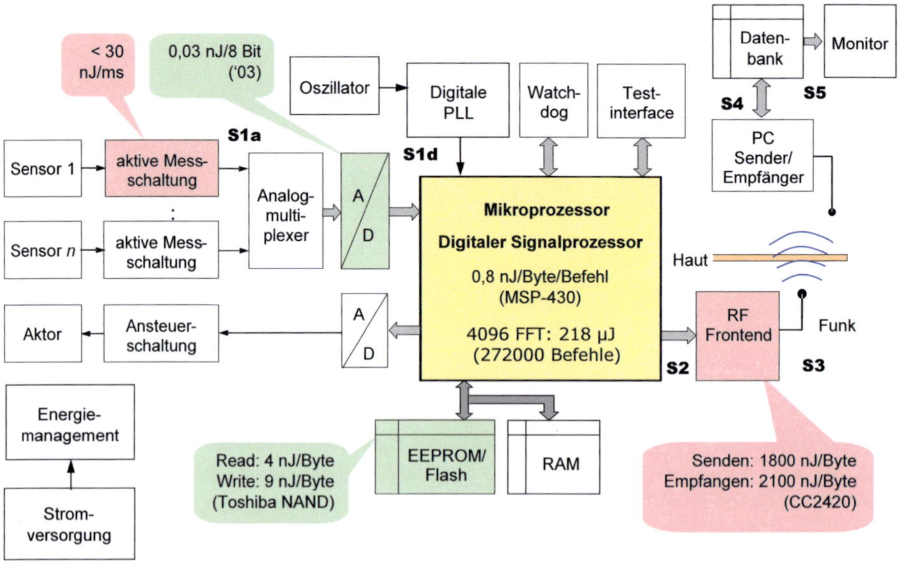

Bild 3.2.: Typische Blockschaltung eines aktiven funktionalen Implantats mit derzeit minimalem Energiebedarf der Hauptbaugruppen und den Schnittstellen S1a – analoge Sensorschnittstelle, S1d – digitale Sensorschnittstelle, S2 – drahtgebundene Busschnittstelle, S3 – drahtlose Busschnittstelle, S4 – Datenbankschnittstelle (Datenformat) und S5 – Mensch-Maschine-Schnittstelle nach der IMEX-Definition

er Verfahren der Informationsverdichtung. Durch die Anordnung der Schaltungskomponenten am Sensor werden solche Mikrosysteme auch als *intelligente Sensoren* bezeichnet. Ein intelligenter Sensor kann bereits die Korrektur von systematischen Messfehlern, wie einer nichtlinearen Kennlinie, Sensordynamik (Einschwingzeit oder Überschwingen), Nullpunktfehler, Hysterese oder temperaturbedingte Proportionalitätsfehler vornehmen oder zufällige Messfehler durch Berechnung statistischer Größen, wie den arithmetischen Mittelwert und die Standardabweichung, verringern [284]. Zudem können messtechnisch relevante Informationen sensornah gespeichert werden. Damit ist eine Automatisierung der Sensorkonfiguration durch Plug and Play und eine Vereinfachung der Informationshaltung möglich.

In diesem Kapitel werden die Architektur sensorischer funktionaler Implantate und ihre Komponenten spezifiziert und eingeordnet. Auf Schaltungsdetails wird verzichtet; im Rahmen dieser Arbeit könnte nur ein Bruchteil der in den letzten Jahren bekannt gewordenen sensorspezifischen Lösungen vorgestellt werden. Zusammenfassende Darstellungen aktueller Entwicklungen drahtloser Sensoren für medizinische Anwendungen erschienen u.a. von Mackensen [156], Moor [207] oder Arshak [8].

Bild 3.2 zeigt die Schaltungskomponenten eines typischen intelligenten Sensors. Kern der Schaltung ist ein Mikroprozessor oder digitaler Signalprozessor (DSP). Ein Mikroprozessor verarbeitet Daten bzw. Abtastwerte mit einer Arithmetisch Logischen Einheit (ALU) entweder On-line, d.h. direkt beim Eintreffen der Messwerte, oder Off-line im Block. Das Prozessorprogramm und aufzuzeichnende Ergebnisse speichert ein Flash-EEPROM, Variablen und Signale in einem Hintergrundspeicher und Operatoren in einem Vordergrundspeicher. Konstanten, z.B. vorberechnete Look-up-Tabellen, können auch in einem Read Only Memory (ROM) abgelegt sein. Als Hintergrundspeicher dient Random Access Memory (RAM). Den Speicherort berechnet eine Adress Computation Unit (ACU). Vordergrundspeicher sind Registerfelder, die der Prozessor direkt und damit innerhalb eines Taktzyklus' adressieren kann.

Signalprozessoren sind für die Verarbeitung von digitalen Signalen optimiert. Dazu enthalten sie im Vergleich zum Mikroprozessor zusätzliche Komponenten, wie einen Multiplizierer/Akkumulator (MAC) oder mehrere Hintergrundspeicher für ein beschleunigtes Laden der Operatoren. Anwendungsbereiche des MAC sind echtzeitfähige Filteroperationen und Transformationen. Interfacekomponenten stellen die Verbindung zu anderen Systemkomponenten, wie dem A/D-Wandler oder einem Buskoppler, her. Eine integrierte Schaltung, die neben dem Prozessor auch Interfacekomponenten enthält, wird auch Mikrocontroller genannt. Mikrocontroller sind praktisch Ein-Chip-Computersysteme, die häufig nur noch einen externen Quarz und einen Halbleiterspeicher benötigen. Der Begriff Controller wird für integrierte Schaltungen verwendet, die vorrangig für Steuerungsaufgaben eingesetzt wurden. Dazu sind in vielen Fällen eine geringe Verarbeitungsbreite von 8...16 Bit und kleine Speicher von einigen 10 kBit ausreichend. Der Befehlssatz dieser Controller ist zudem auf das Steuern einzelner Signalleitungen spezialisiert.

In der Peripherie des Prozessors ist vor den A/D-Wandler ein Analogmultiplexer geschaltet, wenn mehrere Sensorsignale verarbeitet werden müssen. Zur Vervollständigung der Messinformation kann ein Zeitgeber den Zeitpunkt der Messung liefern. Um Rechenleistung zu sparen, ist der Zeitpunkt kodiert. Bei einer Dekodierung im externen System ist die dortige Software von der Kodierung und damit hardwareabhängig.

Die Datenübertragung erfolgt drahtlos durch die Haut. Dafür sprechen medizinische Gründe und die Gefahr der Energieeinkopplung aus dem Niederspannungsnetz auf den Patienten. Bei drahtgebundener Daten- und Energieübertragung ist daher eine galvanische Trennung der Messsensorik von der Spannungsversorgung vorgeschrieben. Die Norm DIN EN 60601-1 legt als Prüfspannung 4 kV fest. Die Kosten der notwendigen Bauelemente können einige hundert Euro betragen [207].

Da funktionale Implantate eingehende Signale aufnehmen und automatisch beantworten, gelten sie auch als Transponder (engl. für Transmitter und Responder) [205]. Ein RF-Frontend organisiert die lokale oder globale drahtlose Verbindung mit einem externen Sende- und Empfangskopf oder Mobilfunknetz einschließlich der notwendigen Protokolle und Übertragungsverfahren. Neben dieser Schnittstelle sind mit Blick auf die notwendige Modularisierung funktionaler Mikroimplantate auch die anderen internen und externen Schnittstellen (**S1** bis **S5** in Bild 3.2) von Interesse. Sie werden in Abschnitt 3.7 kurz vorgestellt. Ein unentbehrliches Hilfsmittel für den Entwicklungsingenieur ist das Testinterface. Damit kann Einblick in die Registerbelegung des Prozessors genommen werden. Dieses Interface ist prozessorabhängig und nicht Bestandteil der weiteren Überlegungen. Die digitalen Komponenten setzen zudem ein Power-On Reset und eine Selbstüberwachung voraus. Die Wirkungsweise war Thema in Abschnitt 2.2.3.

Intrakorporale Komponenten besitzen aus Platz- und Sicherheitsgründen häufig keine Batterie. Sie können über ein magnetisches Hochfrequenzfeld, über Ultraschall, aus der Bewegungsenergie oder über andere in Abschnitt 3.8 vorgestellte Prinzipien mit Energie versorgt werden. Diese Klasse von funktionalen Implantaten wird den *passiven Trans-*

pondern zugeordnet. *Semiaktive* Transponder nutzen HF-Feldenergie für die Datenübertragung, während die Signalverarbeitungs- und Sensorkomponenten aus einer Batterie versorgt werden. *Aktive* Transponder erhalten ihre Energie komplett von einer Batterie.

3.1.1. Energiebedarf

Eine Untersuchung zum Energiebedarf der elektronischen Hauptbaugruppen eines drahtlosen aktiven Sensors von Mathur et al. [194] führte zu den in Tabelle 3.1 aufgelisteten Ergebnissen. Es zeigt sich, dass typischerweise die Sende- und Empfangsoperationen ein Vielfaches der Energie im Vergleich zu Prozessoroperationen und Flash-Speicheroperationen benötigen. Die Autoren leiten daraus die Empfehlung ab, Messwerte eher zu speichern, als zu übertragen. Dies ist vor allem für solche Anwendungen eine interessante Option, bei denen Messwerte oder Merkmale über längere Zeiträume mit wenig Energie aufgezeichnet werden müssen, wie in Abschnitt 2.2.5 thematisiert.

Tabelle 3.1.: Energiebedarf je Byte aus [194]

	MSP-430 Befehl	Toshiba NAND Read	Toshiba NAND Write	CC2420 Radio Tx	CC2420 Radio Rx
Energie (μJ/Byte)	0,0008	0,004	0,009	1,8	2,1
Faktor	1	5	11	2250	2600

Bild 3.2 vermerkt den aktuell erreichten oder avisierten Leistungsbedarf der elektronischen Systemkomponenten. Insgesamt müssen derzeit etwa ca. 100 μW bereitstehen. Da in autonomen Mikrosystemen nicht nur die zur Verfügung stehende Energie begrenzt ist, sondern auch die Restriktionen hinsichtlich der Wärmeabgabe im Körper eine geringe Leistungsaufnahme der Schaltungskomponenten fordern, ist ein Energiemanagement Bestandteil solcher Mikrosysteme. Diesem kann auch die Prozessortakterzeugung mit einer digitalen PLL zugeordnet werden. Sie ist in Abschnitt 3.9 näher beschrieben.

3.1.2. Modularisierungsansätze

Aufgrund ihrer Beschaffenheit unterscheiden sich die Modularisierungsansätze medizintechnischer Systeme von anderen Branchen [45, 179]. Sie sind durch eine teilweise extreme Miniaturisierung der Systemkomponenten charakterisiert, verbunden mit einem geringen Energieverbrauch. Verschiedene Systemkomponenten können auch räumlich verteilt sein und die Schnittstellen größere Entfernungen – im Sinne der Abmaße der Komponenten selbst – überbrücken.

Für einen hybriden Aufbau des Sensorsystems sprechen Kostenaspekte. Da bei den meisten Sensorprinzipien kein Bedarf an Submikrometerstrukturen besteht, eignen sich auch ältere Fertigungslinien für die Sensorherstellung. Die Sensorelektronik bedarf eines aktuellen Low-Power Low-Voltage CMOS/ BiCMOS-Prozesses mit Mixed-Signal-Bibliotheken, für einen Zellen-basierten, hochautomatisierten Entwurf. Als Zellen werden dabei vorgefertigte Layoutelemente bezeichnet. Das betrifft alle Elektronikkomponenten, die in Spezialschaltungen existieren. Die verschiedenen Prozesse können so separat optimiert werden. Dieser Vorteil ist allerdings mit einem erhöhten Aufwand für die Aufbau- und Verbindungstechnik, Testung und Kalibrierung verbunden. So werden auf den Chips zusätzliche Flächen für die elektrische Verbindung gebraucht. Die Zuverlässigkeit des Chipverbundes ist zudem geringer als die der monolithisch integrierten Schaltung. Aus diesen Gründen ist ein sorgfältiger Systementwurf entscheidend für die Kosten und die Zuverlässigkeit des Systems. Fortgeschrittene Aufbau- und Verbindungstechniken sind die Grundvoraussetzung für eine erfolgreiche Kommerzialisierung der Mikrosystemtechnik im Bereich der biomedizinischen Implantate [16].

Die Konsequenz dieser Spezialisierung ist ein modularer Aufbau der Hardware mit genormten Schnittstellen an den Modulgrenzen. Auf standardisierte Schnittstellen hat man sich international für die drahtgebundenen und drahtlosen Verbindungen zwischen den verschiedenen Systemkomponenten geeinigt, beispielsweise mit dem Profibus oder CAN-Bus, Bluetooth oder Zigbee (siehe Abschnitt 3.7). Anders sieht dagegen noch die Situation bei Sensoren aus. Herstellerspezifische Schnittstellen sind hinsichtlich Pegel und Versorgungsspannungen untereinander nicht kompatibel [76]. Einheitliche Schnittstellen in signalverarbeitenden Mikrosystemen sind somit die Voraussetzung für eine Vielfalt von völlig neuartigen kompakten, miniaturisierten, portablen und integrierten Diagnosegeräten.

3.2. Signalfluss bei diskreter Verarbeitung analoger Signale

Gegenüber der klassischen analogen Signalverarbeitung bietet die digitale Signalverarbeitung erhebliche Vorteile, wie höhere Stabilität, Zuverlässigkeit und Reproduzierbarkeit, höhere Flexibilität, einfachere Umsetzung von Varianten, Änderungen oder Erweiterungen sowie die Anwendung neuer Auswertemethoden.

Bei der diskreten Verarbeitung durchläuft das Messsignal die Messkette in Bild 3.3 und wird durch die Komponenten der Messkette geändert. Als erstes Glied der Messkette reduziert ein Anti-Aliasing-Tiefpass höherfrequente Anteile des Messsignals. Als Kriterium dient das Abtasttheorem von Shannon. Es besagt, dass ein Signal mit einer maximalen Frequenz f_{max} durch eine Abtastung mit der Frequenz $f_s > 2 \cdot f_{max}$ vollständig beschrieben und rekonstruiert werden kann. Die halbe Abtastfrequenz ist auch als Nyquist-Frequenz bekannt. Für Tiefpassfilter kann die Übertragungsfunktion

$$\underline{B}(p) = \frac{V_0}{\Pi_k \left(1 + a_k \underline{P} + b_k \underline{P}^2\right)}, \quad \underline{P} = \mathrm{j}\Omega = \mathrm{j}\frac{\omega}{\omega_g} = \frac{p}{\omega_g}$$

mit der 3-dB-Grenzfrequenz $\omega_g/(2\pi)$ und der Gleichspannungsverstärkung V_0 angegeben werden [259, S. 342]. Das Filter hat die *Ordnung* n der höchsten Potenz von $\underline{P}$ bei ausmultipliziertem Nenner, wenn n Tiefpassglieder rückwirkungsfrei in Kette geschaltet

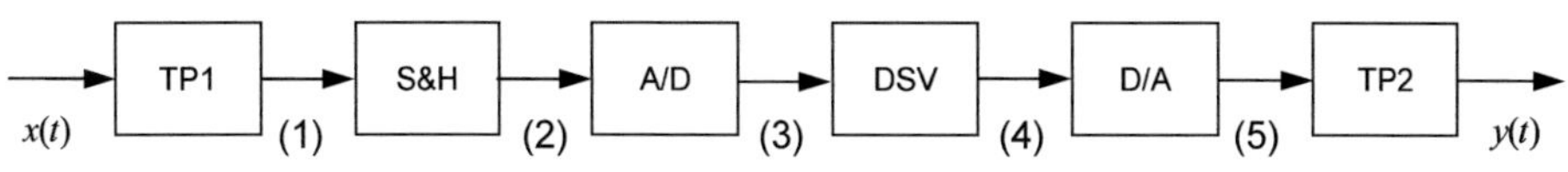

Bild 3.3.: Signalfluss in einem System zur diskreten Verarbeitung analoger Signale nach [117] mit den Komponenten TP1: Anti-Aliasing-Tiefpass, S&H: Abtast- und Halteschaltung, A/D: Analog-/Digitalwandler, DSV: digitales Signalverarbeitungssystem, D/A: Digital-/Analogwandler, TP2: Rekonstruktionstiefpass

werden. In großer Entfernung von der Grenzfrequenz fällt der Amplitudenfrequenzgang mit $n \cdot 20$ dB/Dekade ab. Die Koeffizienten a_k und b_k definieren den Filtertyp. Man unterscheidet Bessel-Filter, Butterworth-Filter und Tschebyscheff-Filter. Aufgrund des endlichen Abfalls des Amplitudenganges wird praktisch mit etwa $f_s \geq 5 \cdot f_{max}$ abgetastet.

Die sich an TP1 anschließende Abtast- und Halteschaltung bereitet das analoge Signal für die Analog-/Digitalwandlung vor. Die Abtast- und Halteschaltung setzt die Spannung U_{C_s} eines Kondensators C_s mit dem analogen Eingangssignal $x(t)$ gleich. Zum Zeitpunkt $t - k\Delta t$ wird das Eingangssignal abgetrennt und die Spannung U_{C_s} für die Dauer der Wandlung Δt konstant gehalten. Die Zeitdauer Δt ist die Abtastperiode. Das Messsignal liegt am Knoten (2) zeitdiskret und wertekontinuierlich vor[1]. Die Abtastwerte werden mit der Delta-Distribution

$$\delta(t) = \begin{cases} \infty & : \quad t = 0 \\ 0 & : \quad t \neq 0 \end{cases} \qquad \text{mit} \qquad \int_{-\infty}^{\infty} \delta(t)\,\mathrm{d}t = 1$$

in der Form

$$x_A(t) = x(t) \sum_{k=-\infty}^{\infty} \delta(t - k\Delta t) = \sum_{k=-\infty}^{\infty} x(k\Delta t)\,\delta(t - k\Delta t)$$

dargestellt [117, S. 18].

Der A/D-Wandler schränkt anschließend auch den Wertebereich des digitalen Signals im Knoten (3) auf eine endliche Anzahl diskreter Werte ein. Die Konsequenzen benennt Abschnitt 3.5. Die digitalen Signale verarbeitet ein Automat $A = (X,Y,Z,f,g)$ mit dem Eingabealphabet X, Ausgabealphabet Y, der endlichen Menge von Zuständen $Z, |Z| < \infty$, der Überführungsfunktion $z(k+1) = g(z(k),x(k)), g : Z \times X \rightarrow Z$ und der Ergebnisfunktion $y(k) = f(z(k),x(k)), f : Z \times X \rightarrow Y$. Die Funktionen f und g sind im Allgemeinen nichtlinear und zeitvariant. Für die Zeitdauer zwischen dem Start des Algorithmus und der Bereitstellung der Ergebnisse kann ein maximaler Wert angegeben werden. Diese Rechenzeit ist architekturabhängig. Da implantierbare medizinische Mikrosysteme im Echtzeitbetrieb arbeiten, darf die Zeitspanne einen vorgegebenen Wert nicht überschreiten.

Die weitere Speicherung, Übertragung und Anzeige der verarbeiteten Messwerte erfolgt digital. Für analoge Ausgaben und Steuerungen kann das analoge Signal $y(t)$ vollständig durch Interpolation rekonstruiert werden. Dazu ist es ausreichend, das mit ω_g bandbegrenzte Ausgangssignal eines Digital-/Analogwandlers $u(k\Delta t)$ hinreichend kurz mit der Breite $\tau \ll 1/f_g$ auf einen Tiefpass mit der Grenzfrequenz ω_g zu leiten. Dann ist die Ausgangsspannung des Tiefpasses

$$y(t) \sim \sum_{k=-\infty}^{\infty} u(k\Delta t)\,2\,f_g\,\mathrm{si}\,\omega_g(t - k\Delta t)$$

dem gewünschten Signalverlauf proportional [117].

Die Analyse dieses Signalflusses ergibt, dass für die Konfiguration der digitalen Signalverarbeitungskomponenten

[1] Da dies auch der Fall in allen SC-Schaltungen ist, wird bei SC-Schaltungen von zeitdiskreter Signalverarbeitung gesprochen und nicht von digitaler.

- die Bandbreite des Messsignals,
- der maximale auflösungsbedingte Messfehler des digitalen Signals und
- die Reaktionszeit des Systems

bekannt sein müssen. Mit diesen Vorgaben kann der Hardwareaufwand grob abgeschätzt werden. Daraus resultieren der Platz- und Energiebedarf für die Komponenten.

3.3. Sensoren

In der Messtechnik auch als *Aufnehmer* bezeichnet (DIN 1319-1), wandeln Sensoren eine Messgröße in ein Messsignal [90, 208]. Da *Signale* energietragende Größen sind, können sie auch zu Stellzwecken dienen, z.B. in Druckminderern für Gasflaschen und im Bimetallthermostat. Das Messsignal ist dann die Stellkraft oder die Auslenkung des Stellgliedes.

Die Aufgabe eines elektrischen Sensors ist die Umwandlung einer Messgröße in ein elektrisches Signal zum Zweck der Messung. Dabei treten die in Abschnitt 2.2.1 besprochenen Ergebnisabweichungen auf. An Sensoren, die in funktionalen Mikroimplantaten eingesetzt werden, werden Forderungen an geringe Abmessungen und eine äußerst niedrige Leistungsaufnahme gestellt. Im Sinne einer echten minimalinvasiven Messung und bei Berücksichtigung lokaler Gegebenheiten am Messort können die geometrischen Abmessungen der Sensoren nicht klein genug sein. Dem gegenüber steht die Handhabbarkeit des Mikrosystems durch den Operateur und auch die Frage der Verankerung des Systems.

Messgrößen können sieben Kategorien zugeordnet werden[2]:

1. elektrische Größen: elektr. Spannung, Stromstärke, Widerstand, Kapazität,
2. Strahlung: Intensität, Wellenlänge, Polarisation, Phase,
3. geometrische Größen: Länge, Winkel,
4. mechanische Größen: Kraft, Druck, Geschwindigkeit, Beschleunigung,
5. thermische Größen: Temperatur, thermische Leitfähigkeit,
6. magnetische Größen: magnetische Flussdichte, Feldstärke, Permeabilität,
7. chemische Größen: Konzentration, pH-Wert, Potential.

Dazu zählen prinzipiell alle quantitativ bestimmbaren Eigenschaften physikalischer Objekte. Ein sehr umfangreiches Gebiet ist die Entwicklung chemischer Sensoren aufgrund der Vielzahl chemischer Substanzen. Großes Potenzial besitzt hier die Erforschung und Entwicklung integrierter fluidischer Prozessoren auf der Basis stimulierbarer Polymere [235, 234]. Ein Schwerpunkt der vorliegenden Arbeit sind der Aufbau und die Analyse eines magnetoelastischen Biegesensors für die Überwachung der Knochenbruchheilung (Abschnitte 2.1.4 und 6).

In der Mikrosystemtechnik ist die systemtheoretische Unterteilung von Sensoren nach der Verwendung von Hilfsenergie gebräuchlich. Danach erzeugen *passive* Sensoren das

[2] Herwaarden und Wolffenbuttel [114] bezeichnen alle Messgrößen als Signale, was im Widerspruch zur energiefreien Parameteränderung z.B. des elektrischen Widerstandes steht.

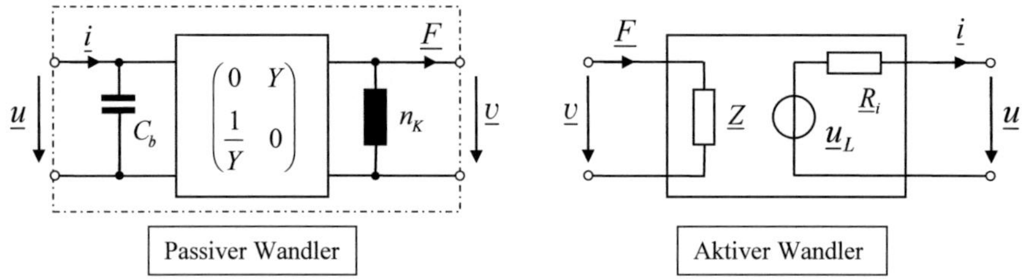

Bild 3.4.: Systemtheoretische Unterscheidung passiver und aktiver Wandler [146]

Ausgangssignal direkt, d.h. ohne Hilfsenergie, beispielsweise durch elektrodynamische oder piezomagnetische Wandlung. Die gesamte elektrische Leistung muss von der physikalischen Domäne der Messgröße aufgebracht werden. Sie entsprechen vollständig den passiven Zweitoren der elektrischen Netzwerk- und Systemtheorie [146][3]. Bei einem *aktiven* elektromechanischen Wandler steuert die mechanische Eingangsgröße den Leistungsfluss zwischen einer inneren Energiequelle und einem äußeren Verbraucher; im aktiven Sensor erfolgt eine Kennwertänderung ΔR, ΔC o.ä.) [298]. In der elektrischen Netzwerk- und Systemtheorie entsprechen sie vollständig den aktiven Zweitoren oder Verstärkern [146].

Tabelle 3.2 zeigt den gegenwärtigen Bedarf an ausgewählten intra- und extrakorporal gemessenen Größen und implantierbaren Elektroden für die medizinische Diagnostik und Therapie. Potentielle Anwendungen der intrakorporalen telemetrischen Druckmessung wurden bereits in Abschnitt 2.1.1 genannt. Mit einer Breite des Sensors von ca. 0,9 mm zählt das ITES-System nicht zu den kleinsten. Neuere Drucksensoren erreichen Abmessungen von 0,16 mm × 0,1 mm × 1,3 mm (Silex Microsystems, Järfälla, Schweden). Auch wegen ihrer geringeren Stromaufnahme sind sie beispielhaft für die Anwendung in funktionalen Implantaten.

In die Tabelle wurden auch Elektroden mit aufgenommen. Eine Klasse medizinischer Mikroimplantate erfüllt Aufgaben der elektrischen Stimulation und/oder Messung, beispielsweise in Herzschrittmachern, Cochlea-Stimulatoren, neurologischen Stimulatoren im Gehirn oder elektrische Stimulation von Nerven im peripheren und zentralen Nervensystem mittels Cuff-Elektroden [273, 274]. Bei letzteren sind die Elektrodenkontakte in eine Manschette (engl. Cuff) integriert, die sich selbst zusammenrollt. Die Manschette schmiegt sich infolge ihrer Elastizität passgenau an den Nerv an und bleibt lagestabil. Dabei wird ein enger Kontakt mit dem Nerv aufrechterhalten.

In den vergangenen Jahrzehnten wurden Sensoren entwickelt, die eine simultane und damit sehr preisgünstige Fertigung in großen Stückzahlen gestatten. Schlüsseltechnologien sind hier u.a. die Dünnschicht- und die Dickschichttechnik. Eine besondere Bedeutung kommt integrierten Sensoren zu. Solche Sensoren sind komplett in den Herstellungsprozess integrierter Schaltungen eingebunden. Sie haben Abmessungen im Mikrometerbereich, sind zuverlässig, können die guten mechanischen Eigenschaften von Silizium nutzen und

[3] In der Sensorliteratur werden die Begriffe passiv und aktiv auch in umgekehrter Zuordnung verwendet: bei einem Wandler mit inneren Energiequellen übernimmt ein passiver Zweipol die Steuerung der am Ausgang abgegebenen Leistung [146, S. 20]. Aktive Sensoren erzeugen demnach direkt ein elektrisches Signal, während passive Sensoren ein elektrisches Signal beeinflussen [211].

Tabelle 3.2.: Medizinische Anwendungen für implantierbare und extrakorporale Sensoren nach B. Clasbrummel [38]: i...implantierbare Anwendung, p...perkutane Anwendung, e...externe Anwendung, m...mobile Anwendungen

Sensoren für		Ort	Anwendung	Dring-lichkeit	Häufig-keit
Druck	i	arteria radialis	Hypertonie	+	+++
	i, m	Gehirn	Hirndruck	+++	+
	p	Blase	Blasendruck	+	++
	i, m	Herz	li. Vorhofdruck (CHI)	++	+
		intrauterine	Fetaler Herzschlag	+	+++
		Auge	Glaukommonitoring	+	+++
	i, m	Leber, Niere	nach Transplantation	++	+
	i, p	Extremitäten	Kompartment	++	+
		Wirbelsäule	Bandscheibendruck	+	++
		Aorta	Indirekte Blutflußmessung	+	++
	i, p	Abdomen	Kompartment	++	++
Temperatur	i, m	Prothese, Wirbelsäule, Thorax	In Verbindung mit Druck- oder Beschleunigungssensorik	++	+++
	i, p, m	Gelenke	Therapiekontrolle	+	++
	i, p, m	Organe	Therapiekontrolle bei entzündlichen Vorgängen, Tumortherapie	+/++	+++
Beschleuni-gung	i, m	Prothese	Hüftprothesenlockerung	+	++
	e, m	Thorax	Atmung, Hustenmonitoring	++	++
	e	an Extremitäten	Therapieverlauf (M. Parkinson), neurologische Diagnostik	+	++
	e, m	an Extremitäten	Rehabilitationsverlauf nach Gelenkoperationen (Hüfte/ Knie)	+	+++
	e, m	Bodyairbag	Schutz vor Schenkelhalsbruch	++	+++
Drehrate	i, m	Prothese	Hüftprothesenlockerung	+	+
	i	Wirbelsäule	Bewegungsanalyse nach OP	++	+
	e, m	Extremitäten	Rehabilitation, Diagnostik Neurologie	+	+++
Dehnung	i, m	Implantate	Knochenbruchheilung, Prothesenlockerung	+	++
Elektroden	i, p, m	Herz, Niere	Ödembildung, Ischämie, Abstoßung, Herzschwäche	+++	+++
	p, e, m	Hand, Fuß	Ödembildung, Ischämie, CHI, Sudeck	++	++
	i	Gehirn	Parkinson	+++	+
	i, m	Nerven, Muskel	Regeneration, Aktivität, Stimulation	+++	+

profitieren von der Reinheit der Waferprozessierung. Obwohl in den letzten Jahren einige interessante monolithisch integrierte intelligente Sensorsysteme vorgestellt wurden, sind davon nur wenige in die Massenfertigung mit mehreren Millionen Stück gelangt. Die Ursache für den geringen kommerziellen Erfolg kann darin liegen, dass die Funktionsparameter eines Sensors abhängig sind von den physikalischen Schichteigenschaften und der Anzahl der Schichten. Wird ein Sensor komplett im Anschluss an die Halbleiterprozesse des ICs gefertigt, dann fallen Kosten für die zusätzlichen Masken und technologischen Schritte — wie beispielsweise eine on-Chip Mikrogalvanik — an. Die so entstehenden hohen Kosten einer Halbleiterfertigung sind aber nur bei hohen Stückzahlen marktrelevant. Derzeit spielt der Markt funktionaler Mikroimplantate im Vergleich zur Automobilindustrie oder Automatisierungs- und Umwelttechnik nur eine untergeordnete Rolle [62, 114].

Wie in Abschnitt 2.2.1 dargelegt, sind die Sensorparameter, die zur Messunsicherheit beitragen, ebenso wichtig wie die eigentliche Sensitivität des Sensors. Ein heute noch unzureichend berücksichtigtes Problem ist die anregungsinduzierte Drift des Nullpunktes und des Übertragungsfaktors elektromechanischer Wandler. Implantierte Sensoren können nicht kalibriert werden, wenn man Absolutwert-Beschleunigungssensoren nicht einrechnet. Die Drift muss daher von vornherein in die Messunsicherheit einbezogen werden.

3.4. Aktive Messschaltung

Die aktive Messschaltung wandelt das elektrische Messsignal in ein normiertes, analoges Messsignal, dass dem Analog-Digital-Wandler zugeführt wird. Die Normierung erfolgt mit dem Ziel, den Wertebereich des A/D-Wandlers auszunutzen. Andere Aufgaben der aktiven Messschaltung sind die Separation des elektrischen Messsignals von Störsignalen und seine Verstärkung. Da die aktive Messschaltung einen Beitrag zur Messunsicherheit liefert, muss sie rauscharm, mit geringer Nullpunktdrift und geringer Störgrößenabhängigkeit ausgeführt sein und darf nur unerheblich auf die Messgröße zurückwirken. Weitere Aufgaben betreffen die analoge Korrektur systematischer Fehler, wie die Linearisierung der Sensorkennline oder eine Autokalibrierung, eine Kompensation von Offset- und Verstärkungsfehlern, oder eine Korrektur des Temperaturgangs [299].

Moderne, leistungsfähige Operationsverstärker als Grundbausteine analoger CMOS-Schaltungen zeichnen sich bereits durch hohe Bandbreiten, geringes Rauschen, eine niedrige Einzelversorgungsspannung von $\leq 1{,}8\,\mathrm{V}$, niedrigen Stromverbrauch und geringen Platzbedarf aus. CMOS-Transistoren erreichen heute ein niedriges Eigenrauschen von $2{,}7\,\mathrm{nV}/\sqrt{\mathrm{Hz}}$ bei $10\,\mathrm{kHz}$ und einen Stromverbrauch von $1\,\mu\mathrm{A}$ und darunter. Die Voraussetzungen für drahtlose Anwendungen sind damit gegeben. Es zeigt sich eine deutliche Tendenz zu CMOS-basierten Sensorinterfacebausteinen. Auf Grund schaltungstechnischer und technologischer Fortschritte können nachteilige Bauelementeeigenschaften kompensiert werden und die Vorteile von CMOS-Technologien wie die höhere Integrationsdichte genutzt werden [299].

Einen großen Gewinn kann die analoge Signalvorverarbeitung durch die aktive Messschaltung erzielen, wenn sie aus dem elektrischen Messsignal bereits indirekte Messgrößen oder Merkmale des Messobjektes extrahiert. Vor allem bei kleiner Dynamik des Messsignals und kleinem Signal-/Rauschabstand entscheidet die Signalseparation über die Qualität und den Wertebereich des digitalen Messsignals. Bei bekanntem Messsignal kann ein Lock-In-Verstärker die Aufgabe der Separation des elektrischen Messsignals von Störsignalen lösen, wie durch das Messsystem zur Detektion von Hüftprothesenlockerungen demonstriert. Das Lock-In-Verfahren beruht auf einer phasenrichtigen Gleichrichtung des Messsignals mit anschließender Tiefpassfilterung [54, 196]. Integrationslösungen sind bereits bekannt, beispielsweise aus Anwendungen in der Gassensorik [73].

Als Beispiel für eine analoge Signalanalyse wurde vom Autor ein dynamischer SC-Filter Spektralanalysator entworfen und analysiert [166]. Der Spektralanalysator zerlegt ein nichtstationäres Signal[4] in seine spektralen Bestandteile. Die theoretischen Grundlagen und entsprechende Schaltungen sind aus der Wobbelmesstechnik bekannt [60, 239]. Neu ist die Änderung der Filtercharakteristik mit Hilfe einer hyperbolischen Änderung der Taktfrequenz eines SC-Filters. Es muss beachtet werden, dass die kontinuierliche Änderung des Durchlassbereiches des Filters zu einer Verschiebung der Mittenfrequenz des Filters, Verringerung der Ausgangsamplitude, Verbreiterung des Durchlassbereiches und Oszillation mit der Mittenfrequenz bei zu großer Frequenzänderungsgeschwingkeit führte. Diese Phänomene wurden für frequenzmodulierte Filtereingangssignale bei konstanter Filtercharakteristik gezeigt [308], [239].

SC-Filter sind für die Schaltungsintegration attraktiv, da die Filtereigenschaften nur vom Verhältnis von Kapazitäten bestimmt werden. Die Absolutwerte der Kapazitäten, die bei der Fertigung von integrierten Schaltungen eine große Streuung aufweisen, haben keinen Einfluss auf die Filtereigenschaften [31, 5]. Das SC-Schaltungsverhalten kann unter anderem durch eine Veränderung der Taktfrequenz, der Pulsweite [123] oder des Kapazitätsverhältnisses [260] beeinflusst werden. Wenn nur das Spektrum als Ausgangssignal des analogen Spektralanalysators von Interesse ist, kann das digitale Rechenwerk entfallen. Somit ist der Realisierungsaufwand in Bezug auf die Anzahl der integrierten Bauelemente gering.

Es kann festgestellt werden, dass sich derzeit nur einzelne Speziallösungen aktiver Messschaltungen im Einsatz befinden, deren Aufgabe über die Verstärkung und Normierung des elektrischen Messsignals hinausgeht. Es ist ein Trend weg von der analogen Signalverarbeitung und hin zur digitalen Signalverarbeitung zu verzeichnen. Ein Grund ist die vergleichsweise einfache Implementierung digitaler Signalverarbeitungsalgorithmen. Im Gegensatz dazu muss man bei analogen Schaltungen einen teilweise erheblichen Schaltungs- und Flächenaufwand sowie Kompromisse bei der Stabilität der Funktionsparameter in Kauf nehmen.

3.5. Analog-Digital-Wandler

Der Analog-Digital-(A/D-)Wandler setzt die normierten Analogsignale in ein digitales Zahlenformat mit dem Ziel der digitalen Signalverarbeitung und -übertragung um. Damit verbunden ist eine Störung des Messsignals, die statistisch gleichmäßig über das Intervall -LSB/2 $\leq q <$ LSB/2 verteilt ist. Das LSB ist das niedrigstsignifikante Bit. Der Störabstand als Verhältnis von maximaler Signalleistung zu mittlerer Störleistung ist daher

$$S = 1{,}76\,\mathrm{dB} + 6{,}02 \cdot n\,\mathrm{dB}$$

mit der Auflösung n des A/D-Wandlers in bit [19]. Tabelle 3.3 gibt die Störabstände für typische Auflösungen von A/D-Wandlern und damit den Minimalfehler an, der nicht unterschritten werden kann.

Praktische Auflösungen werden höher gewählt, um die Digitalisierungsfehler gegenüber den Beiträgen der Signalverarbeitungskomponenten zum Messfehler vernachlässigen zu

[4]Bei einem nichtstationären Signal ändert sich die spektrale Zusammensetzung zeitlich, d.h. die Translationsinvarianz der Verteilungsfunktionen unterschiedlicher Zeitintervalle ist nicht gegeben [117, S. 170].

können. Dieser Wertebereich, der über den Normalbereich hinausgeht, wird nochmals unterteilt [223]. Dabei bezieht sich ein angegebener Messfehler einer Messeinrichtung auf eine 100 %-ige Auslastung des Normalbereiches. Wie in Bild 3.5 dargestellt, schließt sich an den Normalbereich ein zulässiger Übersteuerungsbereich an. Die Übersteuerung der Messkette führt im Allgemeinen zu einem erhöhten Messfehler. Der Bereich bis zur maximalen Auflösung des A/D-Wandler ist der Schutzbereich. Er gewährleistet, das das Messsignal zu keinem Zeitpunkt den A/D-Wandler im Amplitudenbereich auslastet. Die Festlegung der Bereiche erfolgt willkürlich. Bei periodischen Signalen verringert sich die nutzbare Auflösung um ein Bit, da sich der Messfehler auf die Signalamplitude bezieht.

Tabelle 3.3.: Störabstände verschiedener Verarbeitungsbreiten und auflösungsbedingter Minimalfehler

Auflösung n^* (bit)	Übersteuerungsbereich (bit)	Normalbereich n (Bit)	S (dB)	Minimalfehler (%)
8	7	6	37,9	1,6
10	8	7	43,9	0,7
12	10	8	49,92	0,32
16	13	11 (10)	61,96	0,08
24	20	17 (16)	98,08	0,001

Neben der Auflösung ist die Umsetzungsgeschwindigkeit ein weiterer wichtiger Parameter von A/D-Wandlern. Sie bestimmt die maximale Abtastrate. Tabelle 3.4 zeigt derzeit übliche Abtastfrequenzen verschiedener Vitalparameter. Verglichen mit Abtastfrequenzen der Schwingungsdiagnostik bis 100 kHz sind sie deutlich geringer. Die Anforderungen an die Auflösung und Geschwindigkeit der A/D-Wandler steigen mit der Verfügbarkeit von Prozessoren mit hoher Verarbeitungsbreite und geringer Stromaufnahme.

Für die Implementierung mit CMOS-Technologien eignen sich besonders sukzessive Approximationswandler und zunehmend Sigma-Delta-Wandler. Diese Schaltungen besitzen nur wenige Analogkomponenten und profitieren von einer Skalierung der Technologien in Bezug auf eine Flächenreduzierung, Geschwindigkeitssteigerung und Reduzierung der Versorgungsspannung [299].

Ein Teilgebiet der digitalen Signalverarbeitung beschäftigt sich mit adaptiven Abtastsystemen [236, 202]. Mit solchen verlustbehafteten Komprimierungsmethoden kann die Anzahl der Abtastwerte deutlich reduziert werden. Nachteilig ist dabei die Vergrößerung des Gesamtfehlers der Messeinrichtung.

Eine Nische besetzen die Fließkomma-A/D-Wandler [157, 280]. Ihr Messbereich umfasst eine größere Dynamik als der Messbereich von Festkommawandlern. Die weitere Signalverarbeitung erfolgt ebenfalls mit Fließkommazahlen.

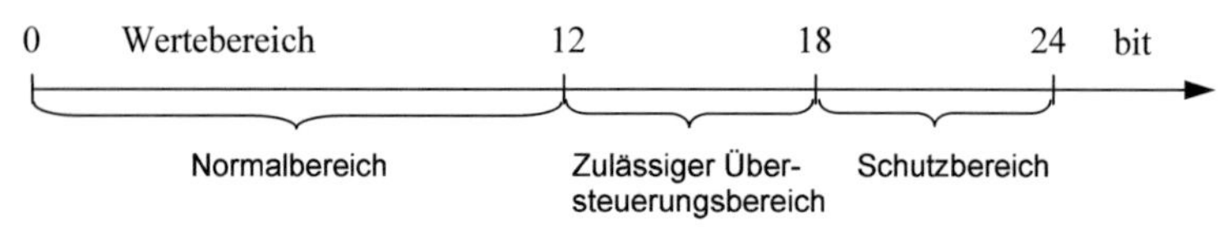

Bild 3.5.: Aufteilung des digitalen Wertebereiches

Tabelle 3.4.: Abtastfrequenzen verschiedener Vitalparameter [111]

Signal	Messbereich/Sensor	Abtastfrequenz in Hz
Temperatur	Temperatursensor	1-0,1
Druck (statisch)	statischer Drucksensor	1-0,001
Druck (dynamisch)	breitbandiger Drucksensor	200
EEG	10 - 400 µV	>140
EMG	10 - 1000 µV	>140
EOG	10 - 400 µV	>35
EKG	100 - 1000 µV	200
Atemfluss	Durchflusssensor	>25
Sauerstoffsättigung S_pO_2	Pulsoximeter	2
Atemgeräusche	Mikrofon	>100

3.6. Mikroprozessor

Der Mikroprozessor verarbeitet die digitalen Signale. Mikrocontroller (µC) vereinen auf dem Chip neben dem Prozessor noch mindestens eine Peripheriefunktion, wie in Abschnitt 3.1 diskutiert. Bei freier Programmierbarkeit kann die digitale Signalverarbeitung bei gleichem Aufbau Aufgaben in verschiedenen Mikrosystemen übernehmen. Die zur Verfügung stehende Rechenkapazität ermöglicht die sensornahe Verarbeitung der Messwerte oder Aktorsteuersignale; ebenso können Zusatzinformationen, wie das elektronische Datenblatt oder die digitale Unterschrift, lokal gespeichert werden. Neuere Mikrocontroller bieten eine hohe Funktionsdichte bei geringen Kosten und hoher Flexibilität. Zunehmend sind auch höherintegrierte analoge bzw. Mixed-Signal Sensorinterface-Bausteine verfügbar. Der AMA Fachverband für Sensorik erwartet, dass Sensorhersteller neben Einchip-Mikrorechnern zunehmend µCs, FPGAs, digitale Sensor-Signal-Prozessoren, Programmierbare Logikbausteine und Halbleiter-Zusatzspeicher nutzen [299].

Mikroprozessoren mit besonders geringer Leistungsaufnahme werden Low-Power-Prozessoren genannt. Die Leistungsaufnahme der Prozessorschaltung ist so gering, dass sie intrakorporal keine spürbare Wärme abgibt. Zu diesen Prozessoren zählt der BelaSigna 300's CFX/HEAR Dual-Core Prozessor mit einer Stromaufnahme von 1...5 mA. Er enthält einen frei programmierbaren 24-bit open-programmable DSP-Core und eine HEAR-Einheit. HEAR beschleunigt u.a. WOLA (engl. Weighted Overlap Add) Filterbank-Operationen, Vektor Additionen, Subtraktionen, Multiplikationen und Statistikoperationen. Der Mikroprozessor wurde für den Einsatz in Audioanwendungen, wie Hörgeräten entwickelt und für die Abarbeitung von Algorithmen, wie Dynamikkompression, Richtungsverarbeitung, Echounterdrückung und Rauschminderung, optimiert [216].

Weitere etablierte Low-Power-Mikroprozessoren sind der Kalimba DSP-Kern und der Cortex-M4. Der 24-bit Festkomma Kalimba DSP Coprozessor erreicht 64MIPS. Bei der fortlaufenden Abarbeitung des SBC Decodierungsalgorithmus benötigt er 4 mW [43]. Der Kalimba DSP-Kern ist Bestandteil des LM730 Bluetooth Multimedia Moduls. Der Cortex-M4 benötigt mit 0,06 mW/MHz im aktiven Modus nur rund 15 % der Energie eines Cortex-A15. Der Hersteller TI gibt an, bei einem typischen Betrieb eines Mobilgerätes die Leistungsaufnahme gegenüber der OMAP4-Familie um 60 % reduzieren zu können [237].

Ein Beispiel für eine Einchiplösung eines 125 kHz Transponderfrontends mit frei programmierbaren Protokoll- und Anwenderfunktionen ist der Schaltkreis ST1 des Fraunhofer Instituts IPMS Dresden [98]. In der Schaltung sind eine 16 bit RISC CPU, ein 8 kByte Datenspeicher, ein 8 kWorte Flash-Programmspeicher, ein RF-Frontend, eine digitale PLL zur Takterzeugung, ein integrierter Protokolldecoder, 16 digitale I/O-Ports, ein 10-Bit A/D-Wandler mit 4 Analogeingängen, 2 frei programmierbare Zähler/Zeitgeber, eine Echtzeituhr, ein I^2C-Buscontroller und ein Spannungsregler on Chip integriert. Die 5V-Variante hat eine Standby-Stromaufnahme von 7 µA. Bei einer Taktfrequenz von 32,768 kHz beträgt die Stromaufnahme 24 µA und 1,2 mA bei 2 MHz. Die Schaltung erreicht eine Rechenleistung bis 10 MIPS. Eine Verbindung des 8-Bit-Controllers mit einem 868 MHz Frontend erlaubt eine Reichweite von bis zu 3 m bei einer Leistungsaufnahme von unter 7 µW [84].

Ein aktuelles internationales Forschungsthema ist die weitere Reduzierung des Energieverbrauches digitaler Schaltungen. Dabei werden Ansätze auf Systemebene verfolgt, die nicht nur die Signalverarbeitung und Schnittstellen optimiert, sondern auch die Schaltungstechnik. Großes Potenzial bei der Energieeinsparung bietet die Reduzierung der Betriebsspannung unter 0,5 V, die zum Sub-Threshold Betrieb führt. Die Idee, unter anderem von Vittoz, Swanson und Meindl, ist seit den 1970er Jahren bekannt, wurde aber zunächst wegen des Ansteigens der Leckströme nicht weiter verfolgt. Heute ist der Sub-Threshold-Betrieb für Low-Power-Systeme mit skalierten CMOS-Technologien die wichtigste Lösung. Eingesetzt werden bereits Logik- und Speicherbausteine oder Stützschaltkreise, z.B. DC/DC Konverter [143]. Von Wang und Chandrakasan wurde ein Subthreshold FFT-Prozessor vorgestellt [292]. Die Leistungsaufnahme des Prozessors beträgt 90 nW bei einer Betriebsspannung von 180 mV und einer Taktfrequenz von 164 Hz. Bei geschätzten 57000 Prozessorzyklen für eine 1024-Punkte-FFT benötigt dieser Prozessor dann allerdings fast 6 Minuten. Bei einer Taktfrequenz von 10 kHz und einer Betriebsspannung von 350 mV geben die Autoren eine Energie von 155 nJ/FFT an. Es wird erwartet, dass neue Materialien und Prozesse die Gate- und Kanal-Leckprobleme weiter verringern.

Theoretische Überlegungen von Zhirnov et al. [315] führen auf eine maximale Integrationsdichte von $4{,}7 \cdot 10^{13}$ ladungsbasierten Binärschalten je cm^2 bei einer minimal erforderlichen Leistungsaufnahme von $3{,}7 \cdot 10^6$ W/cm^2, wenn eine minimale Schaltzeit von 0,04 ps angenommen wird. Leistungsaufnahme und Schaltzeit stehen in umgekehrter Proportionalität zueinander in Beziehung. Als kritische Dimension geben die Autoren ca. 1 nm an. Dies ist 9 × weniger, als von der „International Technology Roadmap for Semiconductors (IRTS)“ für einen End-of-the-Roadmap MOSFET vorhergesagt. Als Hauptproblem wird der Abtransport der Wärme aus zukünftigen Schaltkreisen mit verkleinerten Strukturbreiten bei diesen kurzen Schaltzeiten gesehen.

Gegenwärtig sind revolutionäre Schaltungskonzepte Thema der Grundlagenforschung, wie die Spintronik als Technologie für das Quantencomputing oder neuronale Netze auf der Basis von Memristoren. Erste Konzepte wurden im Labor erprobt, von einer großtechnischen Nutzung ist man aber noch weit entfernt.

Eine der Forderungen an digitale Signalverarbeitungsmodule ist eine geringe elektromagnetische Abstrahlung. Durch metallische Abschirmungen wird die Abstrahlung verringert. Die Funktionstüchtigkeit in Umgebung starker und veränderlicher elektromagnetischer Felder, wie in Computertomographen oder bei Kurzwellenbehandlungen, ist nicht immer gegeben. Funktionsstörungen dürfen sich nicht auf den Menschen auswirken.

3.7. Interne und externe Schnittstellen aktiver Mikrosysteme

3.7.1. Allgemeine Kommunikationsanforderungen

Damit die per Schnittstelle übertragenen Signale vom Empfänger richtig interpretiert werden können, müssen Festlegungen zu den Signaleigenschaften getroffen werden. Das betrifft allgemein [18, 262, 82]:

den Größen- und Wertebereich Hier wird zwischen analogen und diskreten Signalen unterschieden. Analoge Signale sind durch ihren Pegelbereich, die zulässige ohmsche, kapazitive und induktive Belastung — in diesem Zusammenhang auch die Leitungslänge — und ihr Nutz-/Störsignalverhältnis charakterisiert. Diskrete Signale nehmen in den meisten Systemen nur zwei Zustände ein und sind dann binär digital.

die Datenübertragungsbreite Bei einer Übertragung über eine Leitung (neben der Masseleitung) handelt es sich um eine serielle Übertragung, bei gleichzeitiger Nutzung mehrerer Leitungen für die Information um eine parallele. Die Signale können in folgende Arten unterteilt werden:

1. Informationssignale: Daten- und Adressbus
2. Steuersignale: Busumschaltung, Signal- und Systemstatus
3. Programmsignale: Festlegung gewünschter Abläufe und Funktionen
4. Sondersignale: Interrupts etc.

den zeitlichen Ablauf der Übertragung Erfolgt die Übertragung synchron, so liefert eine Leitung ein Signal, das die Bereitstellung neuer Daten meldet. Eine asynchrone Übertragung kommt ohne ein solches Signal aus. Die Übertragung kann im Übertragungskanal auch verzögert werden. Bei digitaler Datenübertragung spricht man dann von einer FIFO-Struktur des Datenpfades (First In First Out). Kommunikation innerhalb von Software nutzt in der Regel einen adressierbaren Speicher.

das Übertragungs- und Quittierungsprotokoll Das Übertragungsprotokoll definiert die Art und Weise der Datenübertragung im Sinne technischer Verfahrensregeln für den Transfer und Austausch von Daten. Neben den eigentlichen Daten werden auch Reihenfolge und Format von Zusatzinformationen festgelegt, wie Datentest- und Quittierungsverfahren.

Das *Datenformat* definiert generell den Aufbau eines Datensatzes und somit seine Datenstruktur. Es ist eine Spezifikation der Datenverarbeitung, die festlegt, wie Daten beim Laden und Speichern programmtechnisch zu interpretieren sind. Dazu zählen auch die *Datentypen*, wie Bytes oder Worte, und die Informationsdarstellung, z.B. als vorzeichenbehaftete ganze Zahlen (Integer) oder gebrochene Zahlen im IEEE-Format (wie Short Real).

3.7.2. Intrakorporale drahtgebundene Signalübertragung

Ein Merkmal funktionaler Mikroimplantate ist, dass die Kopplung der elektronischen Mikrosystemkomponenten über serielle Schnittstellen erfolgt und nur wenige Verbindungsleitungen benötigt werden. Dies gilt auch für die eigentlichen Sensorsignale, wenn sie digital zur Verfügung stehen. Die digitalen Signale können störungsfrei im Körper übertragen werden, ohne das sich die Signalqualität verschlechtert. Die Übertragung der Signale über drahtgebundene Schnittstellen erfordert:

- Kabelabmessungen im Bereich eines Millimeters und darunter. Bei medizinischen Sensornetzwerken sind auch größere Entfernungen im Körper zu überbrücken. Dort sind biokompatible Leitungen oder Ummantelungen zu verwenden. Kabel haben teilweise eine Mindeststeifigkeit aufzuweisen, z.B. wenn sie über Kanülen eingeführt (geschoben) werden, sowie eine Mindestzugfestigkeit.

- geringe Übertragungsleistungen bei im Körper zulässigen Kleinspannungen. Durch die geringen Leitungsquerschnitte ist bei größeren Leitungslängen auch mit größeren ohmschen Widerständen von bis zu $100\,\Omega$ zu rechnen.

- Maßnahmen gegen elektromagnetische Störungen, z.B. durch Abschirmungen oder Verwendung digitaler Signale.

- eine Mindestbandbreite, die beispielsweise bei Beschleunigungsmessungen oder bei digitalen Signalen 100 kHz und mehr betragen kann. Die geringen Abstände zwischen Signal- und Masseleitungen und Abschirmung bedingen hohe Signalleitungskapazitäten, die bei hochohmigen Schnittstellen zu Tiefpassverhalten führen.

Für intrakorporale drahtgebundene Schnittstellen eignen sich flexible Trägerfolien. Sie dienen sowohl als Verdrahtungsträger, als auch als Träger der integrierten Schaltungen. Die Folie bietet somit einen mechanischen Halt für die Schaltung, der bei Verwendung eines Kabels ohne einen weiteren Verdrahtungsträger fehlt. In den letzten Jahren haben Folien insbesondere durch die zunehmende Miniaturisierung in der Schaltungstechnik an Bedeutung gewonnen. So finden sie z.B. aufgrund ihrer geringen Schichtdicke bereits Verwendung als Verdrahtungsträger bei der Herstellung ungehäuster IC´s im Chip Size Package (CSP), ermöglichen durch ihre Flexibilität neuartige Konzepte für Mikrosysteme oder sind Bestandteile von Sensorkompoenten, die mechanische und elektrische Funktion verbinden (z.B. Kraftsensoren). Als Basismaterial die Feinstleitertechnik werden Laminate mit Dünnkupfer sowie kleberlose Materialverbünde mit Kupferschichtdicken $< 10\,\mu m$ verwendet [160]. Ein Beispiel für eine solche drahtgebundene Schnittstelle ist die Verbindung zwischen Sensor und Telemetrie des ITES-Sensors. Unter Berücksichtigung der Sensorbreite, der späteren Applikation sowie technologischer Randbedingungen ist der Träger 0,8 mm breit und 100 mm lang. Die Position und Größe der Kontaktpads entspricht dem Chiplayout. Der Sensor ist über 5 Einzelleitungen mit der Telemetrieseite verbunden. Der minimale Abstand zwischen den Leitungen wurde auf $45\,\mu m$ festgelegt, wodurch sich – bedingt durch die Lage von Leitbahnen zwischen Pads – eine Leiterbreite von $60\,\mu m$ ergibt. Die Verbindung ist in Bild 2.3 zu sehen.

3.7.3. IMEX-Schnittstellendefinition medizintechnischer Mikrosysteme

Standardisierte herstellerneutrale Schnittstellen sind für die Entwicklung und Fertigung zueinander kompatibler Module unerlässlich. Dies gilt insbesondere für die Mikrosystemtechnik, da die teilweise extreme Miniaturisierung der Produkte nur durch eine starke technologische Spezialisierung einzelner Hersteller rentabel wird.

Im Juni 2002 wurden das Projekt „Implantierbare und extrakorporale modulare Mikrosystemplattform (IMEX)“ und im Mai 2003 die VDE „Initative MikroMedizin“ ins Leben gerufen. Im Mittelpunkt des IMEX-Projektes stand die Entwicklung eines biomedizintechnischen Mikro-Baukastensystems. Die Ausarbeitung eines offenen Standards sollte verschiedene Lösungsansätze biomedizinischer Aufgabenstellungen zusammenführen, potentiellen Herstellern den Marktzugang erleichtern und den Ausgangspunkt innovativer Anwendungen darstellen. Vor allem bei der Herstellung und Assemblierung von biokompatiblen mikrosystemtechnischen (MST)-Bauelementen, wie elektromechanischen Schnittstellen oder Transpondereinheiten, sollen überwiegend kleine und mittlere Unternehmen partizipieren. Gleichzeitig sollen die Voraussetzungen geschaffen werden, um Mikrosysteme unter wirtschaftlichen Bedingungen in die Serienfertigung auch bei mittleren Stückzahlen zu überführen. Dies betrifft sowohl biokompatible Einzelelemente, als auch medizinische Gesamtsysteme.

In den nachfolgenden Abschnitten werden die Schnittstellen der IMEX-Mikrosystemplattform in knapper Form vorgestellt. Sie wurden in enger und interdisziplinärer Kooperation von Wissenschaftlern der beteiligten Universitäten, industriellen Entwicklern und medizinischen Anwendern erarbeitet. Eine ausführliche Beschreibung der Schnittstellen in einem Fachbuch ist in Vorbereitung.

Die IMEX-Schnittstellen verbinden einzelne Module des Mikrosystem-Baukastens. Es gilt die Vereinbarung von Bild 3.2 in Bezug auf die Benennung der Schnittstellen. Darauf basierende medizinische Systeme können auch nur einzelne Schnittstellen nutzen. Die Schnittstellen, die die Verbindung zum Menschen herstellen, unterscheiden sich von S1 bis S4. Die Sensor-/Aktorschnittstelle zum menschlichen Körper hat direkten Kontakt mit dem Menschen und muss daher biokompatibel sein. Dies betrifft chemische Sensoren, die Messungen im Blut vornehmen ebenso, wie biokompatibel umhüllte Temperatur- oder Beschleunigungssensoren. Die Telematik-Schnittstelle verbindet ebenfalls Mensch und Maschine. Sie ist eine Bedienungs- und Informationsschnittstelle, bei der vor allem Fragen der Ergonomie und des Softwaredesigns substantiell sind. Gerade in der medizintechnischen Anwendung kann ein intuitives Erfassen der Anzeigedaten und der Bedienung lebensnotwendig sein. Aus diesem Grund ist die einheitliche Festlegung von Standards auch für diese Schnittstelle von großer Bedeutung.

3.7.4. Schnittstelle S1: Sensor - Signalverarbeitung

Die Schnittstelle S1 verbindet einen Sensor mit der Signalverarbeitungselektronik und transportiert die elektrische Messgröße. In den meisten Fällen ist die elektrische Spannung der Informationsträger. Bei einer analogen Signalübertragung ist die Sensorausgangsspannung eine Funktion der physikalischen Messgröße. Idealerweise ist diese Funktion linear, oftmals aber nichtlinear und mit anderen systematischen Messfehlern behaftet. Da die Schnittstelle typischerweise hochohmig ist, schwächt sie induzierte Störspannungen nur unwesentlich.

Enthält ein Sensor schon einen A/D-Wandler, schließt er damit Störeinflüsse während der Datenübertragung praktisch aus. Die zwei wichtigsten seriellen digitalen Sensorschnittstellen sind die *modulationsbasierte* Übertragung und die *Protokollübertragung.* Die Vorteile eines analogen Wertebereiches mit digitaler Datenübertragung vereinigt die Pulsdauermodulation (PDM). Sie ist auch als Pulsweitenmodulation (PWM) bekannt. Ein analoger Wert wird dabei digital als Verhältnis einer Impulsweite zur Periodendauer bzw. zum Tastverhältnis eines Rechteckimpulses übertragen. Während das Tastverhältnis einen kontinuierlichen Wertebereich besitzen kann, sichert der Rechteckimpuls die ungestörte Signalübertragung.

Eine verfügbare protokollbasierte Lösung mit minimalem Verdrahtungsaufwand ist das 1-Wire® Netzwerk, auch bekannt unter dem Namen MicroLan™. Es wurde ursprünglich von Dallas Instruments (jetzt Maxim Corporation) entwickelt und ist ein preiswertes Bussystem zur Kommunikation mit Microcontrollern über Twisted-Pair-Kabel. Im Kabel sind nur die Masseleitung und die Signalleitung enthalten. Die Versorgungsspannung wird aus den Signalen gewonnen. Sensoren und andere 1-Wire-Bausteine mit integriertem A/D-Wandler liefern direkt kalibrierte, digitale Ergebnisse. Dies vereinfacht die Planung und den Aufbau eines Sensornetzwerkes. Jeder 1-Wire-Baustein enthält in einem ROM eine unverwechselbare 64-Bit-Identifizierung. Dadurch lässt sich eine praktisch unbegrenzte Anzahl von 1-Wire-Bausteinen in einem Netzwerk betreiben, das als Open-Drain, Master/Slave, Multi-Drop-Bus Architektur definiert ist. Kabellängen von 300 m und mehr als 100 Teilnehmer sind im Netzwerk möglich. Die Ankopplung an einen Host-Mikrocontroller kann über Softwarelösungen erfolgen, über einen seriellen Schnittstellenbaustein oder einen speziellen 1-Wire-Mastercontroller. Die Kommunikationskontrolle erfolgt strikt durch den Master; keinem Slave ist die Verbindungsaufnahme mit einem anderen Slave gestattet. Das 1-Wire®-Protokoll ist Bestandteil des IEEE 1451.4 „Mixed-Mode Interface for Smart Transducers“-Standards [137].

Aus dem Automobilbau ist die CAN-Schnittstelle bekannt. Der CAN-Bus überträgt Daten mit einer Übertragungsrate von 50 kBit/s bei 1000 m Leitungslänge und bis 1 MBit/s bei 40 m Leitungslänge und ist aufgrund einer Nachrichtenpriorisierung echtzeitfähig. Jedes Steuergerät auf dem CAN-Bus ist gleichberechtigt und kann Daten senden und empfangen. Busmedium ist ein Twisted-Pair-Kabel. Genutzt wird ein nachrichtenorientiertes Protokoll. Die Nachricht wird mit einer Nachrichtenkennung (Identifier) gekennzeichnet. Alle Netzknoten prüfen anhand des Identifier, ob die Nachricht für sie relevant ist.

Eine Standardschnittstelle — vor allem in Embedded Systemen mit Mikrocontrollern — ist der I^2C-Bus. Es ist ein serieller bidirektionaler 2-Drahtbus für relativ geringe Geschwindigkeiten mit 100 kBit/s im Standardmodus. Inzwischen gibt es Spezifikationen bis zu 3.4 Mbit/s. Es können bis zu 127 Geräte angeschlossen werden. Der Bus zeichnet sich durch geringe Kosten und einfache Programmierbarkeit aus.

Seitens der Anwender wird immer stärker eine Standardisierung der Messwertaufnehmer gefordert, um die Integration in Systemlösungen zu vereinfachen. In Deutschland hat sich die AMA mit den Schnittstellenvorschlag PrimSens dieser Problematik angenommen. In den USA verfolgt die Initiative IEEE 1451.4 einiger Sensor- und Messtechnikhersteller den Ansatz, Analogsensoren für Mess- und Automatisierungssysteme automatisch konfigurieren lassen zu können. Die Integration von Sensoren in Messsysteme soll durch die „Plug & Play“-Fähigkeit stark erleichtert werden. Dazu ist im Sensor ein Speicherchip integriert, der ein standardisiertes elektronisches Datenblatt (TEDS = Transducer Electronic Datasheet) enthält. Das Messsystem übernimmt diese Daten automatisch und bezieht sie in die Messwertverarbeitung mit ein. Ein weiterer Ansatz ist der STB Sensor Bus, der für die Sensorforschung entwickelt und anschließend kommerzialisiert wurde [114]. Darüber hinaus existiert eine Vielzahl weiterer proprietärer Buslösungen.

3.7.5. Schnittstelle S2: Signalverarbeitung - Interface

Die Schnittstelle S2 ist das lokale Interface zwischen Signalverarbeitungs- und Telemetrie- oder Buselektronik. Die Schnittstelle S2 ist in der Lage, Informationen zu einem Interfacemodul, z.B. einem Gateway zu globalen Netzwerken oder einer Telemetrieeinheit, wie Bluetooth oder ZigBee, zu übertragen. Je nach genutztem Standard kann die Übertragungsrate dabei höhere Werte annehmen, als bei der S1 oder einer telemetrischen Übertragung über die S3. Durch die kurzen intrakorporalen Leitungslängen von kleiner 10..20 cm sind keine speziellen Leitungstreiberschaltungen erforderlich.

Aufgrund ihrer großen Verbreitung steht die serielle UART-Schnittstelle bei vielen Controllern oder Signalprozessoren als Anschlussport zur Verfügung. Sie überträgt die Daten über Entfernungen bis zu einigen Metern in Paketen zu einem Byte asynchron, d.h. ohne Taktleitung. Die Datenübertragungs- oder Baudrate müssen Sender und Empfänger kennen, ebenso ob Zusatzbits übertragen werden. Für die Übertragung einzelner Messwerte oder berechneter Merkmale eignen sich geringe Raten von 9600, 14400 oder 19200 Baud. Derzeit bekannt sind Lösungen für eine Übertragung mit bis zu 16 Mbaud. Für die Übertragung sind 3 Leitungen ausreichend (Masse, Transmit Data (TXD) und Receive Data (RXD)). Manche Kommunikationsmodule erwarten darüber hinaus die Steuerleitungen Request to Send (RTS), Clear to Send (CTS), Data Set Ready (DSR), Data Carrier Detect (DCD), Data Terminal Ready (DTR) und Ring Indicator (RI).

Eine universell programmierbare Schnittstelle ist das Buffered Seriel Port (BSP), über das einige Texas Instruments Signalprozessoren verfügen. Der Universalität steht ein erheblicher Konfigurationsaufwand gegenüber. So müssen 8 Steuerregister mit je 32 Bit eingestellt werden. Die Port-Hardware konsumiert eine dementsprechend hohe Energie. Statt eines universellen Ports ist für Niedrigenergieanwendungen eine serielle Standardschnittstelle geeigneter. Von vielen Prozessoren sind Derivate erhältlich, die jeweils mit nur einem Spezialport ausgerüstet sind, das mit dem der Telemetrieschaltung kompatibel ist.

3.7.6. Telemetrieschnittstelle S3: Mikrosystem - Empfänger

Die Schnittstelle S3 ist die lokale oder globale drahtlose Verbindung einer integrierten, implantierbaren oder extrakorporalen Telemetrieeinheit mit einem externen Sende- und Empfangskopf oder Mobilfunknetz einschließlich der notwendigen Protokolle und Übertragungsverfahren. Die Schnittstelle umfasst die Festlegung der Verbindungsaufnahme zwischen zwei oder mehreren Teilnehmen, die Art der Datenübertragung einschließlich der notwendigen Protokollinformationen und die Auswahl des geeigneten Mediums.

Wie bei Transpondern üblich, kann die S3-Schnittstelle aktiv oder passiv arbeiten (siehe Abschnitt 3.1). Passive Transponder arbeiten im Allgemeinen nach dem Prinzip der Lastmodulation. Die Transponderspule wird dabei bei der Übertragung eines Bits kurzgeschlossen. Dadurch wird das die Transponderspule umgebende Magnetfeld geschwächt, was die externe Readerstation in das so gesendete Bit zurückwandeln kann. Die Sendeleistung der externen Spule kann bis zu 20 W erreichen, mit der z.B. implantierbare

Blutpumpen versorgt werden. Eine solche induktive Stromversorgung wird in Anhang A analysiert. Die maximal zulässige Feldstärke ist gesetzlich vorgegeben.

Aktive Transponder senden auf einer Frequenz im Bereich von einigen hundert KHz bis zu einigen GHz. Bei höheren Übertragungsfrequenzen sind auch die Reichweite und die Datenübertragungsraten höher. Für die Medizintechnik sind vor allem die Standards Bluetooth, DECT, Konnex, ZigBee IEEE 802.15.4., WLAN IEEE802.11, Personal Area Network IEEE802.15, nanoNET und HomeRF interessant. Eine breite Verwendung in der Konsumerelektronik hat Bluetooth gefunden. Es ist ein freies, nicht lizenzpflichtiges Funkverfahren, das mehrere Teilnehmer gestattet. Die Teilnehmer müssen sich gegenseitig authentifizieren und können auf Basis eines gemeinsamen geheimen Schlüssels kryptographisch kommunizieren. Bluetooth ist weltweit verfügbar und kann auf 100 Meter Reichweite ausgebaut werden.

In der Medizintechnik ist eine optische Übertragung von körpernahen Sensordaten zu einer Auswertung möglich. Dabei lassen sich auch Geräte wie Handys oder Notebooks integrieren [110, 51]. Von Nachteil sind die notwendige Sichtverbindung zwischen Sender und Empfänger und der hohe Energiebedarf solcher Infrarotsysteme. Es können Reichweiten bis 5 m erzielt werden.

Aktuelle Entwicklungen und Standardisierungsbemühungen betreffen Ultra Wideband Systeme (UWB) oder die Near Field Communication (NFC). Die Entwicklung spezieller Schaltungen hat die Verbesserung der Energieeffizienz von Transmittern durch eine hohe Datenrate und eine kurze Transmitter-Inbetriebnahmezeit zum Ziel [28].

3.7.7. Externe Schnittstelle S4: Datenformat

Die S4 ist die externe Schnittstelle, die digitale Signale des Mikrosystems oder einer Sende-/Empfangseinheit zu einer Datenbank und an ein Monitorsystem leitet. Sie unterscheidet sich von der Schnittstelle S2 durch den umfangreicheren Informationsgehalt und definiert bei vorhandener Schnittstelle S3 das Datenformat. Für den Austausch medizinischer Daten existiert eine Vielzahl von Standards. Am weitesten sind die Formate DICOM, Health Level 7, HCP, Clinical Documentation Architecture, LOINC, Corbamed, EDF und VITAL verbreitet. Diese Datenformate sind nicht universell anwendbar. Sie können beispielsweise nur bestimmte Dateninhalte erkennen und beschreiben, teilweise nur mit großen Dateninhalten umgehen — da für sehr geringes Datenvolumen der Overhead zu groß wäre — und sie sind für Interaktionen nicht ausgelegt [162]. Für die Bearbeitung und Ablage von Informationszusammenhängen gab es bisher keine standardisierten, plattformübergreifenden Dateiformate. Das nachfolgend vorgestellte Micro Systems Data (MSD-)Format wurde im IMEX-Projekt erarbeitet und ist für diese Anforderungen zugeschnitten. Der Bedarf an einem solchen Datenformat resultiert aus der Fülle von Informationen, die in einem intelligenten Sensor gespeichert sein kann. Bild 3.6 listet einige Informationen auf, die in einem Herzkreislauf-Monitoringsystem vorliegen (nach [50]).

Das MSD überträgt und speichert die Nutzdaten, wie Bilder oder Messwerte, zusammen mit bestimmten Kontextinformationen (z.B. Zeitstempel, Absender- und Empfängerinformationen, Art der Kompression etc. oder die Zusammengehörigkeit von Dateien und Messwerten) in einem plattformübergreifenden, hierarchischen Datenformat. Es legt die unterschiedlichen Informationsblöcke wie Bilder, Messdaten etc. in sogenannten Sections so ab, dass der Zusammenhang der Teile erhalten bleibt. Bestehende Dateiformate werden

1. Messwerte	2. Sekundäre Messgrößen	3. Zusatzinformationen
Beispiel: NIRP-Signal eines Photopletysmographiesensors 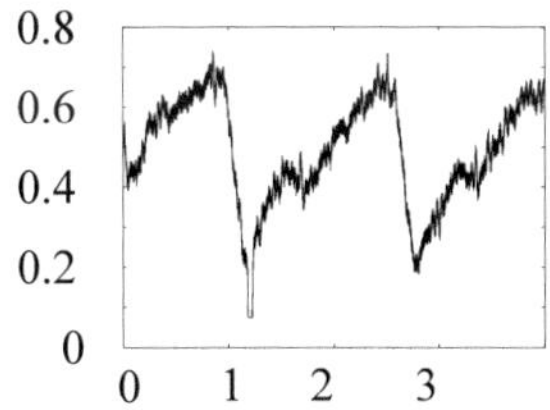	Beispiel: Errechnete Herzfrequenz aus dem EKG 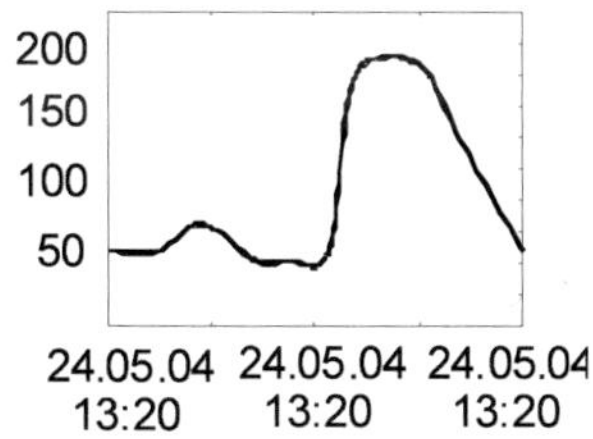	Elektronisches Datenblatt für das Herzkreislauf-Monitoringsystem IEEE 1451.4 TEDS (256 Bit Transducer Electronic Data - Sensor and version number - Serial number - Manufacturer - Sensor type and physical unit - Sensitivity - Last calibration
x-Achse: "t [s]"	x-Achse: "t [DD.MM.YY mm.hh]"	
y-Achse: „NIRP-Signal"	y-Achse: "Heart Freq. [min^{-1}]"	
"Matlab 7-Format"	"Matlab 7-Format"	
Messort		
Beginn der Messung	Berechnungsalgorithmus	
Fehlerkorrekturverfahren	Fehlerkorrekturverfahren	
Komprimierungsalgorithmus	Komprimierungsalgorithmus	
Verschlüsselungsverfahren	Verschlüsselungsverfahren	Verschlüsselungsverfahren
		Digitale Unterschrift

Bild 3.6.: Teilinformationen eines Herzkreislauf-Monitoringsystems

unverändert in eine neue Datei mit der Endung „.msd" eingebettet. Der Zusammenhang zwischen den Teilen wird über einen Messageheader hergestellt, der in einem binären Format definiert ist und auch so gespeichert wird. Dabei nimmt das Format Rücksicht auf unterschiedliche Hardware- und Betriebssystemplattformen. Die Formate der einzelnen Teilinformationen orientieren sich an gebräuchlichen Definitionen von z.B. Datumsformaten, Dateinamen und –endungen. Durch die vollständige Definition des Informationszusammenhangs ist das Format unabhängig von den beteiligten Übertragungswegen. Es wird Ende-zu-Ende transparent übertragen. Um die beteiligten Systeme nicht zu überfordern, kann der Umfang der genutzten Informationen von den erzeugenden Systemen in weiten Bereichen mit Hilfe von dynamischen Headern konfiguriert werden.

Das MSD-Format erfüllt folgende Anforderungen [127]:

- Skalierbarkeit für 8-Bit- bis 64-Bit-Prozessoren,
- Datenumfang von wenigen ASCII Zeichen bis über 100 MB Bildsequenzen,
- Einbetten bestehender Datenformate (z. B. JPG),
- Übertragung mit bestehenden Protokollen,
- Adressierbarkeit der Kommunikationspartner,
- Bestätigung des Empfangs/Verarbeitung durch Informationen für den Quittierungsbetrieb,
- Datum/Zeitangabe des Versandes,
- Eindeutige Reihenfolge der Nachrichten,
- Optionale Feststellung der Datenintegrität,
- Unterscheidung zwischen Daten, Befehlen und ausführbaren Programmen,
- Möglichkeit der Verschlüsselung und einer digitalen Unterschrift,

- Möglichkeit der Priorisierung,
- Zulieferungsfunktion zu veröffentlichten Standards,
- Gewährleistung der Synchronität mehrerer zeitabhängiger Anwendungsdaten und
- Datenflusskontrolle.

Voraussetzung der erweiterten Funktionalität ist die Verfügbarkeit des Kommunikationspartners (Quittungsbetrieb mit time out), die eindeutige Identifikation und Authentifizierung der Kommunikationspartner, die Datenplausibilität und die Erkennung und Korrektur von Übertragungsfehlern.

Der wichtigste Vorteil des Protokolls besteht darin, dass beliebige Daten innerhalb eines transparenten Datenrahmens versendet werden können. Datenobjekte können einfach durch zusätzliche Information erweitert werden. Fehlende Informationen werden übersprungen. Zukünftige herstellerspezifische Protokolle sind problemlos integrierbar. Das MSD-Format verpackt ein Datenobjekt ebenso wie eine annehmende Datenbank ohne Kenntnis des Inhalts: es speichert das Objekt als Akte. Das XML-kompatible Etikettieren erlaubt ein strukturiertes Einbetten eines Messwerts in den MSD-Code. Außerdem kann der Inhalt in die Datenbank besser importiert werden [127].

Ein komplexes Beispiel in Bild 3.7 demonstriert die Flexibilität und Leistungsfähigkeit des MSD-Formats. Hier sind Messwerte in einer Matlab-Grafik in das MSD-Format eingebettet. Wie alle MSD-Dateien beginnt sie mit der ASCII-Zeichenkette "MSD". Die hierarchische Kennzeichnung der Datei kann so gestaltet werden, dass der ContainerNameString die ASCII-Kette "Sensor ID IMEX Extern" enthält. Die Section ist "NIRP-Signal" benannt und darin die im Block eingebettete Datei "Matlab 7 Graph". Die darauf folgenden Blöcke enthalten die Achsenbezeichnungen und ihre Bezeichner. Die einzelnen Blöcke können automatisiert ausgelesen und zur Speicherung in eine Datenbank vorbereitet werden.

Der Speicherplatzbedarf ist geringfügig größer als bei der Speicherung mit dem etablierten European Datenformat (EDF), wie ein Vergleich anhand von simulierten Abtastwerten eines ambulanten Schlaflabors mit den Tabellen 3.5 und 3.5 zeigt. Die Abtastwerte stammen aus 14 Kanälen und wurden über 8 Stunden aufgezeichnet.

MSD-Container (in Byte)	74
MSD-Block – Aufnahmeinformationen (in Byte)	101
MSD-Block – Signalinformationen (in Byte)	4648
Alle MSD-Sections (in Byte)	77126609
Gesamt	≈ 73,6 Megabyte

Tabelle 3.5.: MSD-Speicherbedarf von 28800 Sekunden simulierten Abtastwerten eines ambulanten Schlaflabors [100]

EDF-Header (in Byte)	3840
Alle Datensätze (in Byte)	73497600
Gesamt	≈ 70,10 Megabyte

Tabelle 3.6.: EDF-Speicherbedarf von 28800 Sekunden simulierten Abtastwerten eines ambulanten Schlaflabors [100]

Der Einschluss von Zusatzinformationen für die Speicherung verschiedenartiger Mikrosystemdaten begründet den höheren Speicheraufwand, verleiht dem MSD-Format aber eine größere Flexibilität. Von Vorteil ist, das MSD andere Dateiformate, hier z. B. XML,

Bild 3.7.: Einbettung von Messwerten in einer Matlab-Grafik in das MSD-Format [74]

beliebig einbinden kann. EDF+ unterstützt diskontinuierliche Signale und Zusatzinformationen über Umwege, doch erreicht es nicht annähernd die Flexibilität von MSD (Diplomarbeit F. Guderian [100]).

Im Rahmen der Belegarbeit von R. Fischbach entstand das Programm „MSD-Creator" [74]. Die Nutzeroberfläche zeigt Bild 3.8. Der MSD-Creator hilft bei der Generierung von Dateien, die nach dem MSD-Format aufgebaut sind. Die Struktur des MSD-Formates ist in einer XML-Beschreibungsdatei gespeichert, die nach dem Start des Programms geladen werden muss. Der erste Schritt vor dem Aufbau einer MSD-Datei ist das Einlesen dieser Daten. Die Top-Struktur ist der Container. Weitere Strukturen und beliebige Nutzerdaten können nur in den Datenbereichen eingefügt werden. Des weiteren sind die statischen

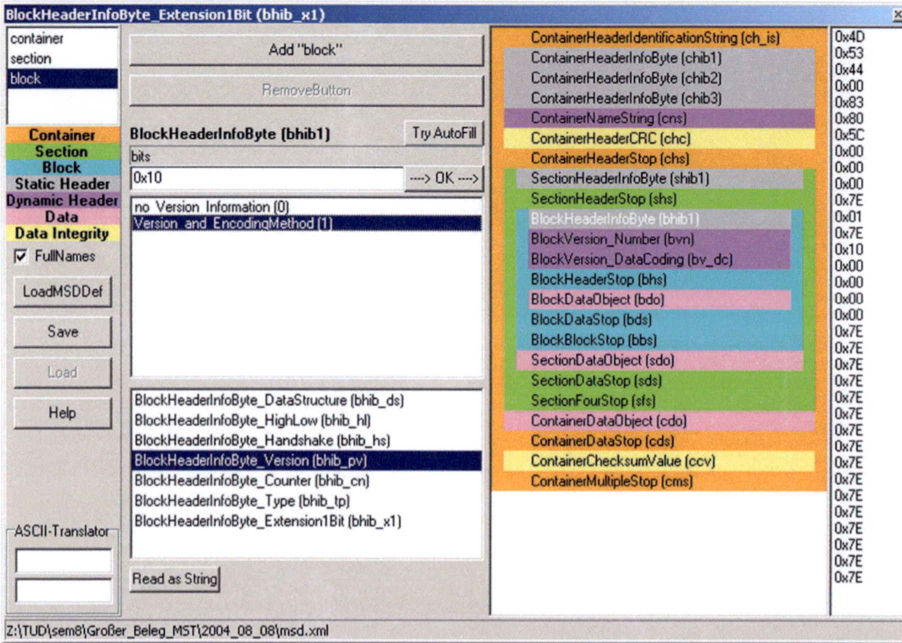

Bild 3.8.: Oberfläche des Programms „MSD-Creator“ [74]

Headerbytes konfigurierbar. Dadurch wird der dynamische Teil entsprechend verändert. Im dynamischen Header sind dann ebenfalls Optionen vorhanden.

Eine weitere Implementierung des MSD-Standards erfolgte am FZI im Projekt „TeDiaNet – Telemedizinisches Diagnose-Netzwerk, Teilprojekte Kardiologisches Risikomonitoring, Ambulantes Schlafmonitoring“. Die International Electrotechnical Commission (IEC) veröffentlichte im Dezember 2004 die erste Fassung des Standards als Industry Technical Agreement (ITA). Erste Rückmeldungen zum MSD zeigen, dass er für viele Unternehmen und Entwicklungen interessant ist.

3.7.8. Schnittstellenauswahl

Die Definition der IMEX-Schnittstellen orientiert sich an den Trennlinien zwischen den elektronischen Hauptbaugruppen eines funktionalen Implantats, die im Allgemeinen auch Trennlinien zwischen verschiedenen Herstellungstechnologien sind. Die bekannten Schnittstellen unterscheiden sich teilweise nur marginal. Ein Systementwickler wird sich daher zuerst an der Kompatibilität der integrierten Schaltungen orientieren, bzw. am Aufwand, der notwendig ist, um die Kompatibilität logisch und physisch herzustellen.

Da der Prozessor im Zentrum des Systems liegt, wird von den Anwendern immer mehr die Forderung nach integrierten Schnittstellen erhoben. Aus diesem Grund werden bereits einige Prozessoren in einer Vielzahl von Derivaten angeboten, die jeweils eine oder mehrere Schnittstellen enthalten. Diese Schnittstellen müssen häufig noch konfiguriert werden, wobei eine Vielzahl von Registern initialisiert werden muss. Die Abläufe während der Kommunikation steuert die Software. Trotz vorgefertigter Softwaremodule erfordert die Programmierung und Testung der Schnittstellen einen hohen Aufwand.

3.8. Autarke Energieversorgungskonzepte

Für die dauerhafte Energieversorgung funktionaler Implantate existiert derzeit noch keine Lösung, wenn von nuklearen Batterien abgesehen wird. Die Energie kann gegenwärtig nur von einer Batterie oder elektromagnetisch durch die Haut bereitgestellt werden [16].

Prinzipiell möglich ist eine Energiewandlung (⟨engl.⟩ Energy Harvesting: Energie ernten) in der unmittelbaren Umgebung des Implantats. In Bild 3.9 sind einige Möglichkeiten der elektrischen Energiegewinnung am menschlichen Körper zusammen mit den verfügbaren Leistungen angegeben. So kann etwa mit einem subkutanen Implantat aus dem Temperaturgradienten zur Körpertemperatur eine elektrische Spannung erzeugt werden. Mechanische Energie tritt in Form von Druckveränderungen und Beschleunigungen auf. Druckveränderungen entstehen u.a. in der Aorta durch die Pulswelle oder bei Muskelkontraktionen am Zwerchfell. Beschleunigungen sind mit Bewegungen des Körpers oder der Extremitäten verbunden.

Für die Umwandlung mechanischer Energie in elektrische Energie wurden in der Literatur verschiedene Prinzipien beschrieben und Demonstratoren vorgestellt. Diese Aufbauten besitzen einen nur sehr geringen Wirkungsgrad. International sind derzeit Aktivitäten zur Miniaturisierung elektromagnetischer, elektrostatischer, piezoelektrischer und piezomagnetischer Wandler zu verzeichnen [104, 132, 203]. Tabelle 3.7 vergleicht die bisher erreichten Leistungsdichten bezogen auf die Fläche der Wandler. Die Dicke solcher Wandler ist typischerweise klein gegenüber den anderen Abmessungen. Nach dieser Analyse bieten piezoelektrische Schwingungswandler das größte Potenzial für die intrakorporale Energiewandlung, wenn die direkte Sonneneinstrahlung ausgenommen wird und wenn eine Temperaturdifferenz von 5 °K als unrealistisch angesehen wird.

Auch wenn diese Leistungsdichten Richtwerte und sie von den am Wandler herrschenden Umgebungsbedingungen abhängig sind, so verdeutlichen sie, dass die gewinnbaren Leistungen im μW-Bereich liegen. Wenn die zur Verfügung stehenden Flächen funktio-

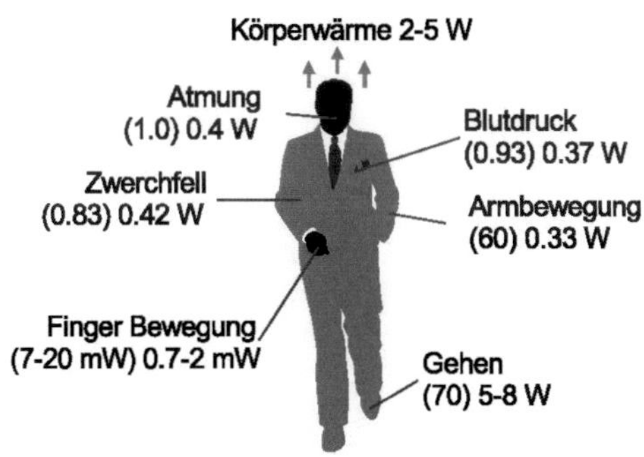

Bild 3.9.: Nutzbare Energie am menschlichen Körper (mit freundlicher Genehmigung von Dr. J. Pelka und Dr. R. Hahn, FHG-Verbund Mikroelektronik)

Tabelle 3.7.: Leistungsdichten von Energiewandlern nach [28]

Technologie	Leistungsdichte (µW/cm^2)
Vibration - elektromagnetisch	4
Vibration - piezoelektrisch	500
Vibration - elektrostatisch	3,8
Thermoelektrisch, 5°K Differenz	60
Solar, im Gebäude	3,2

naler Implantate auf wenige Quadratmillimeter begrenzt und nur geringe Beschleunigungen, Druck- und Temperaturunterschiede angenommen werden, dann liegen sie noch weit darunter. Dem gegenüber benötigt ein aktiver drahtloser Transceiver Leistungen im Milliwattbereich bei Übertragungsraten von einigen Mbps. Die bislang mit derartigen Wandlern aus der Umgebung entzogenen Energiemengen reichen somit noch nicht aus, um die elektronischen Schaltungen der Implantate permanent zu versorgen. Mit einer geeigneten Energiespeicherung ist jedoch die kurzzeitige Energiebereitstellung für einen solchen Transceiver möglich.

Nachfolgend werden einige wichtige und interessante Konzepte zur autarken Energieversorgung vorgestellt.

3.8.1. Batterien und Akkumulatoren

Der Batteriebetrieb von Implantaten wird als komfortabel angesehen, da jeglicher Wartungsaufwand und zusätzliche Geräte entfallen. Aufgrund dieser Unabhängigkeit und dem Fehlen beweglicher Bauteile ist eine Batterie im Gehäuse die zuverlässigste Quelle.

Der Betrieb mit einer gehäusten Batterie hat zwei wesentliche Nachteile. Der gravierendste ist die begrenzte Batteriekapazität, die die elektrische Lebensdauer des Implantats bestimmt. Lithium-Batterien liefern kontinuierlich etwa 10 µW je Kubikzentimeter Batterievolumen [28]. Aus diesem Grund werden Herzschrittmacher mit Li/J-Batterien je nach Fabrikat üblicherweise alle sechs bis zehn Jahre operativ ausgetauscht [296] und Hirnschrittmacher alle drei bis fünf Jahre [261]. Da dies eine große Belastung für die Patienten bedeutet, wurde von Dr. med. J. Straube ein intrakorporal wirkendes Patienten-Warnsystem vorgeschlagen, das eine Funktionskontrolle des Implantats durchführt, aber auch Anleitungen für den Patienten zur Durchführung pharmakotherapeutischer Handlungen und für Verhaltensweisen gibt [275].

Die Batterie ist auch ein bestimmender Faktor für die Größe des Schrittmachers; sie nimmt etwa die Hälfte des Schrittmachergehäuses ein. Bemerkenswert ist, dass der erste vollständig implantierbare Herzschrittmacher aus dem Jahr 1958 bereits einen wieder aufladbaren Akkumulator enthielt. Dieser wurde drahtgebunden alle 15-20 min wieder aufgeladen, wofür der Patient einen externen Zugang besaß. In diesem Zusammenhang muss erwähnt werden, dass der erste Träger dieses Herzschrittmachers zwischen Oktober 1958 und Dezember 2001 insgesamt 24 chirurgische Eingriffe hinnehmen musste. Er erhielt fünf Elektrodensysteme und 22 Impulsgeneratoren von 11 verschiedenen Schrittmachermodellen [154].

An induktiv ladbaren Herzschrittmachern mit Akkumulatoren wird seit den 1960er Jahren gearbeitet [29]. Es dauerte bis 2004, bis an den BG-Kliniken Bergmannsheil der

Ruhr-Universität Bochum der erste Herzschrittmacher mit von außen aufladbarem Akku zur Behandlung einer schweren chronischen Herzschwäche implantiert wurde. Das Gerät gibt eine größere Leistung ab als ein Standardschrittmacher und funktioniert deshalb bei Batteriebetrieb nur etwa neun Monate [141]. An der Universitätsklinik zu Köln ist 2008 erstmals ein Hirnschrittmacher implantiert worden, der einen wieder aufladbaren Akkumulator enthält. Die Lebensdauer des Gerätes ist mit neun Jahren angegeben [261].

Der zweite Nachteil der chemischen Energiespeicher ist Toxizität ihrer Bestandteile. Zudem sind z.B. die Flüssigelektrolyte kommerziell erhältlicher Lithiumakkumulatoren hydrolyseempfindlich. Bei Überladung oder Kurzschluss geht von ihnen Explosionsgefahr aus. Durch eine hermetische Kapselung lässt sich ein Kontakt dieser Stoffe mit dem Organismus praktisch ausschließen. Die Gehäuse sind aus Metall, was das Gewicht der Implantate erhöht und den Aufbau verteuert.

Potentiell implantierbar sind Batterien, bei denen die Körperflüssigkeit das Elektrolyt bildet. Solche Batterien wurden von Heller[5] vorgestellt und bewertet [112]. Sie besitzen potentiell biokompatible subkutan implantierbare Anoden und Kathoden. Als Elektrolyt dient die subkutane interstitielle Flüssigkeit.

Eine Zelle hat als Anode Nafion[6]-beschichtetes Zink und als Kathode mit einem biokompatiblen Hydrogel beschichtetes Ag/AgCl. Die Kerninnovation liegt im Wachstum einer Hopeite[7]-Phase Zn^{2+}, die den festen Elektrolytfilm mit der entladenden Elektrode elektrisch verbindet. Der Film blockiert den Transport von O_2 zum Zink, was dessen Korrosion verhindert, erlaubt aber den notwendigen Zn^{2+}-Transport.

Die zweite potentiell implantierbare Zelle hat die gleiche Anode. Ein Hydrogel-umhüllter und Bilirubin[8]-Oxidase[9]-beschichteter Kohledraht bildet die bioinerte Kathode. An dieser Kathode entzieht das Enzym der Glucose Elektronen indem das in der subkutanen Flüssigkeit gelöste O_2 zu Wasser elektroreduziert wird. Das Hydrogel stellt die elektrische Verbindung her.

In der dritten Zelle wird die Glucose des subkutanen Interstitium an der implantierten Glucose-Oxidase (GO) Drahtanode zu Gluconolactone[10] elektrooxidiert, während das O_2 in der subkutanan Flüssigkeit an der Bilirubin-Oxidase Drahtkathode wieder zu Wasser elektroreduziert wird. In Anlehnung an den Stoffwechsel kann eine solche Zelle den Biobrennstoffzellen zugeordnet werden. Da der Körper die Glucosekonzentration regelt, bietet eine solche Zelle den Vorteil der ständigen Verfügbarkeit. Die Forschung auf diesem Gebiet befindet sich noch im Grundlagenstadium. Testzellen lieferten im Labormaßstab eine Woche lang Energie. Eine solche Zelle ist die potenziell kleinste implantierbare Zelle. Aktelle Forschungen konzentrieren sich u.a. auf eine in Blut stabile Bilirubin-Oxidase Drahtkathode (BOD).

Tabelle 3.8 vergleicht die Eigenschaften potentiell implantierbarer Mikrozellen mit den aktuell kleinsten kommerziell verfügbaren Batterien. Die Lebensdauer der implantierba-

[5] für die Arbeiten ausgezeichnet mit der Fresenius Goldmedallie und dem Preis der Gesellschaft Deutscher Chemiker

[6] Nafion: sulfoniertes Tetrafluorethylen-Polymer (PTFE; Handelsname: Teflon)

[7] Hopeite: hydriertes Zinkphosphat mit der Formel: $Zn_3(PO_4)_2{\cdot}4H_2O$

[8] Bilirubin: gelbes Hämoglobin-Abbauprodukt mit der Summenformel $C_{33}H_{36}N_4O_6$

[9] Oxidasen: Enzyme, die die bei der Oxidation eines Substrates frei werdenden Elektronen auf Sauerstoff übertragen. Nach der EC-Klassifikation gehören sie zu den Oxidoreduktasen

[10] Gluconolactone: anderer Name für D-(+)-Glucono-1,5-lacton (GDL), ein durch intramolekulare Esterbildung aus der Gluconsäure abgeleitetes Lacton mit der Summenformel $C_6H_{10}O_6$, in der EU als Lebensmittelzusatzstoff der Bezeichnung E 575 für Lebensmittel allgemein zugelassen

ren Zellen ist derzeit noch stark eingeschränkt, auch ist die Wirkungsweise im Serum z.T. noch nicht nachgewiesen worden. Langlebige implantierbare Mikrozellen würden die Vorteile chemischer Energiespeicher mit den biochemischen Abläufen im Körper verbinden und stellen damit eine Alternative zu anderen Verfahren der Energievorsorgung dar.

Tabelle 3.8.: Derzeitige Charakteristik kleiner kommerziell verfügbarer Batterien und projizierte Charakteristik potentiell implantierbarer Mikrozellen [112]

Zelle	Li-MnO_2	alkalisch Zn-Luft	alkalisch Zn-MnO2	Zn-AgCl (projiziert)	Zn-O_2 (projiziert)	Glucose-Luft (projiziert)
Verfügbarkeit	Kommerz.	Kommerz.	Kommerz.	Labor	Labor	Labor
Einsatzgebiet	externe Elektronik	externe Elektronik	externe Elektronik	subkutanes Gewebe	subkutanes Gewebe	subkutanes Gewebe
Gehäuse	Stahl	Stahl	Stahl	ohne	ohne	ohne
Anode	Li	Zn	Zn	Zn	Zn	Draht-GOx
Kathode	C(MnO_2)	C(Mn)	C(MnO_2)	Ag/AgCl	Draht-BOD	Draht-BOD
Elektrolyt	Organisch	6 M KOH	6 M KOH	Subkutane Flüss.	pH 7,4 NaCl Puffer	pH 7,4 NaCl Puffer
Minimale Größe (mm^3)	200	50	200	0,1	0,05	0,01
Energiedichte (W/l)	300	150	200	50	10	1
Spezif. Energie (Wh/l)	650	1800	600	500	5000	50.000
Lebensdauer bei 37 °C*	3 Jahre	1 Monat	1 Jahr	1 Monat	14 Tage	14 Tage

* bei einem Betriebsstrom von ca. 10 µA

3.8.2. Mikromechanische Generatoren

Mikromechanische Generatoren wandeln Bewegungsenergie in elektrische Energie um. Dazu verrichten sie mechanische Arbeit bei Schwingung oder Rotation [17]. Neben klassischen elektrischen und magnetischen Wandlerprinzipien sind piezoelektrische und piezomagnetische Materialen für den Aufbau mikromechanischer Generatoren von Bedeutung. Sie werden auch als „Smart Materials“ bezeichnet [32]. Ein generelles Problem magnetischer Wandler sind Dauermagnete, die bei der Magnetresonanztomographie einen größeren Bereich um den Generator ausblenden.

3.8.2.1. Elektrostatische Wandler

Mechanische Energie kann mit einem Elektrodensystem mit variabler Kapazität in elektrische Energie umgewandelt werden. Nach Dötzel können elektrostatische Wandler nach der Art der Veränderung des Elektrodenabstandes unterschieden werden, die senkrecht oder parallel zur Plattenausdehnung oder durch die Drehung einer Elektrode vonstatten gehen kann [90, S. 264]. Solche Anordnungen sind für aktorische Anwendungen von Bedeutung, bei denen die Kraftwirkung des elektrostatischen Feldes auf die Elektroden in Mikroaktoren zur Auslenkung von Mikrospiegeln zukünftiger Laserprojektionssysteme ausgenutzt wird. Bei geeigneter Gestaltung einer Stator- und Rotorelektrode kann auch ein elektrostatischer Motor aufgebaut werden, wie von Fan, Tai und Muller demonstriert

[72]. Die realisierten Rotoren hatten einen Durchmesser von 60 µm und 120 µm und erreichten 500 U/min. Die Eigenschaften eines elektrostatischen Aktors werden u.a. von der im Medium zwischen den Platten gespeicherten Energie

$$W_{\text{elektrostatisch}} = \frac{1}{2}\varepsilon \cdot E^2$$

bestimmt. Die elektrostatische Energiedichte ist im makroskopischen Bereich auf 40 J/m^3 begrenzt, da die Durchbruchfeldstärke dort etwa $3 \cdot 10^6$ V/m beträgt. Ein äußerst positiver Effekt der Miniaturisierung elektrostatischer Aktoren ist eine drastische Erhöhung der Durchbruchfeldstärke um das 50-fache bei geringen Abständen, was als Paschen-Effekt bekannt ist [90, S. 36]. Bei einer typischen Spannung von 10 V und einem Elektrodenabstand von 0,05 µm erreicht die Energiedichte des elektrostatischen Feldes bereits die eines magnetischen Feldes mit einer magnetischen Flussdichte von 1 T, wie der Vergleich in Bild 3.11 nach [130] zeigt.

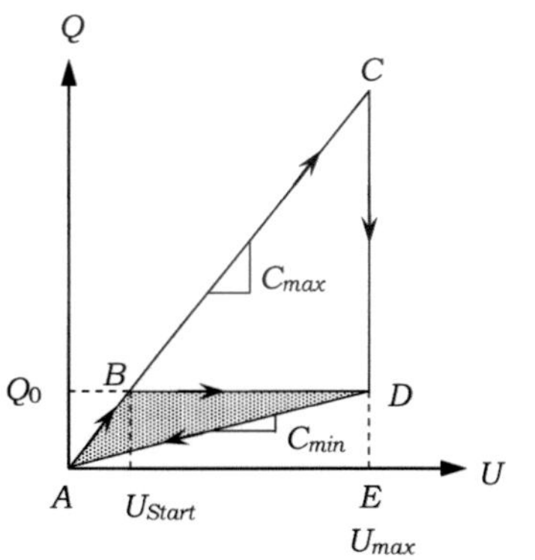

Bild 3.10.: Wandlungszyklen des elektrostatischen Wandlers [197]

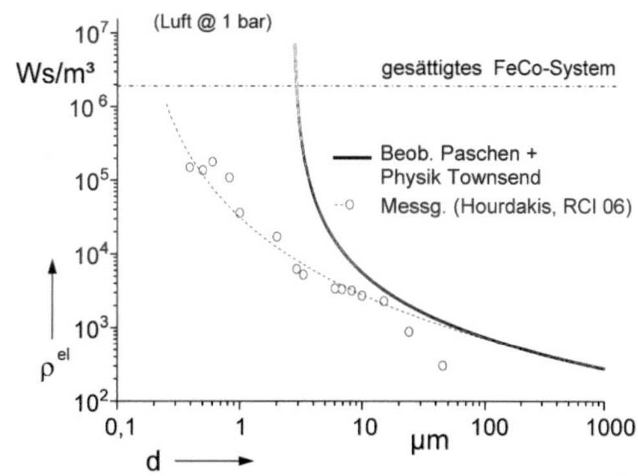

Bild 3.11.: Max. elektrostatische und magnetische Energiedichte als Funktion des Stator-Rotor Abstandes (mit freundl. Genehmigung von Dr. M. Plötner, IHM)

Die Verringerung des Elektrodenabstandes d von elektrostatischen Wandlern führt zu einer Vergrößerung der Kapazität $C(d)$, was bei konstanter Ladungsmenge auf den Elektroden eine Verringerung der Spannung bewirkt. Die Bewegung in anderer Richtung erhöht die Spannung, wie im Ladungs-Spannungsdiagramm 3.10 für den Pfad BD dargestellt. Dieser Zusammenhang bildete die Grundlage für einen am M.I.T. aufgebauten elektrostatischen Wandler [197]. Er ist so konstruiert, dass mechanische Schwingungen periodisch den Elektrodenabstand ändern. Ein Wandlungszyklus, der eine Schwingungsperiode umfasst, beginnt mit dem Aufladen des Kondensators bei maximaler Kapazität mit der Initialisierungsladung Q_0 auf dem Pfad A-B. Beim vorgestellten Aufbau war die Aufladung in einer Zeit von 600 ns abgeschlossen, während die Verschiebung der Elektroden 400 µs in Anspruch nahm. Die Kapazität der Anordnung kann daher während des Aufladens als konstant angenommen werden; gleiches gilt für das spätere Entladen.

Der Pfad B-D markiert die Abstandsvergrößerung, hervorgerufen durch die mechanische Bewegung. Während dieser Zeit werden dem Kondensator keine Ladungen entnommen so dass bei maximalem Elektrodenabstand die Spannung ihren maximalen Wert

U_{max} erreicht. Anschließend wird der Kondensator in kurzer Zeit entladen, bis Spannung und Ladung auf dem Pfad D-A den Wert Null erreichen. Der schattierte Bereich in Bild 3.10 markiert den Energiegewinn

$$\begin{aligned} W_Q = W_{Q_2} - W_{Q_1} &= \int_{Q_1=0}^{Q_2=Q_0} \frac{Q}{C_{min}} \,\mathrm{d}Q - \int_{Q_1=0}^{Q_2=Q_0} \frac{Q}{C_{max}} \,\mathrm{d}Q \\ &= \frac{1}{2}\left(\frac{Q_0^2}{C_{min}} - \frac{Q_0^2}{C_{max}}\right) = \frac{1}{2}\left(C_{min} \cdot U_{max}^2 - C_{max} \cdot U_{min}^2\right). \end{aligned} \tag{3.1}$$

Aus der Bedingung Q =konst. folgt $C_{min} \cdot U_{max} = C_{max} \cdot U_{min}$ und somit

$$W_Q = U_{max} \cdot U_{min}(C_{max} - C_{min}). \tag{3.2}$$

Ein größerer Energiegewinn lässt sich erzielen, wenn während des Wandlungszyklus' auf dem Pfad C-D in Bild 3.10 die Kondensatorspannung konstant gehalten wird. Vorher wird der Kondensator auf A-C auf die maximale Spannung aufgeladen und bei maximalem Elektrodenabstand wieder entladen. Der Energiegewinn beträgt dann:

$$\begin{aligned} W_U = W_{U_2} - W_{U_1} &= \int_{U_1=0}^{U_2=U_{max}} U \cdot C_{max} \,\mathrm{d}U - \int_{U_1=0}^{U_2=U_{max}} U \cdot C_{min} \,\mathrm{d}U \\ &= \frac{1}{2}(C_{max} - C_{min})U_{max}^2 \end{aligned} \tag{3.3}$$

Aus den Gln. 3.2 und 3.3 wird deutlich, dass sich der Energiegewinn mit der Spannung steigern lässt. Neben der zu beachtenden Durchbruchfeldstärke ist auch zu beachten, dass intrakorporal höhere elektrische Spannungen prinzipiell unerwünscht sind oder aber besondere Schutzmaßnahmen zu ergreifen sind. Zudem müsste eine höhere Spannung mit zusätzlichem Aufwand auf die Betriebsspannung der Implantatelektronik herunter transformiert werden.

Der von Meninger et al. [197] aufgebaute Demonstrator erzielte mit einer Kapazitätsänderung von $C_{max} - C_{min} = (260 - 2)\,\mathrm{pF}$, einer maximalen Elektrodenspannung von 8 V und einer Frequenz von 2,5 kHz eine Leistung von 8 µW. Theoretisch sind ca. 20 µW erreichbar. Die Energiedifferenz benötigte der elektronische Regler.

Elektrostatische Wandler sind aktuell als intrakorporale Generatoren nicht von Bedeutung. Die Energie, die während eines Zyklus' gewandelt wird, ist äußerst gering. Beim mikromechanischen Demonstrator von Meninger et al. beträgt sie einige Nanojoule. Erst in Verbindung mit einer schnellen Zyklenfolge entstehen nennenswerte elektrische Energien. Demgegenüber liegt die Periode von Bewegungen von Körperteilen im Bereich weniger Hz oder weit darunter.

3.8.2.2. Allgemeines Netzwerkmodell elektrischer Wandler

Ein Netzwerkmodell elektrischer Wandler kann angegeben werden, wenn nur kleine Auslenkungen der Wandlermechanik auftreten und somit nichtlineare Effekte vernachlässigt werden [13, S.248]. Man spricht auch vom Kleinsignalverhalten des Systems. Die *reversible* Verkopplung des mechanischen Koordinatenpaares Kraft $\underline{F}$ und Geschwindigkeit $\underline{v}$ und des elektrischen Koordinatenpaares Spannung $\underline{u}$ und Strom $\underline{i}$ mit Hilfe elektrischer Felder beschreibt das Zweitor in Bild 3.12. Ein Teil der Energie wird periodisch in der mechanischen Nachgiebigkeit und der Kapazität der Anordnung gespeichert. Das resultierende Verhältnis von umgewandelter elektrischer Energie zu aufgebrachter mechanischer Energie beschreibt der Kopplungsfaktor k^2:

$$k^2 = \frac{W_{\text{el}}}{W_{\text{mech}}} .$$

Die Parameter der Netzwerkelemente können experimentell durch mechanisches Blockieren ($\underline{v} = 0$) und durch Kurzschließen des elektrischen Tores bestimmt werden. Bei elektrostatischen Wandlern gilt für den Wandlerfaktor

$$Y|_{A=\text{konst.}} = \frac{l_0^*}{U_0 C_B}$$

mit dem minimalen Plattenabstand l_0 und der Plattenspannung in Ruhelage U_0, wenn die Plattenfläche konstant bleibt und

$$Y|_{l_0=\text{konst.}} = \frac{b_0^*}{U_0 C_B}$$

mit der maximalen Überlappung b_0^* zweier Platten mit konstantem Abstand l_0. Für piezoelektrische Wandler ist der Wandlerfaktor in Abschnitt 3.8.2.4 angegeben. Der reelle Wandlerfaktor Y verknüpft jeweils eine Fluss- mit einer Differenzgröße. Daher handelt es sich um eine gyratorische Verkopplung. Der Wandlerfaktor steht über C_B mit dem imaginären Wandlerfaktor $\underline{A}_{\text{el}}$ in Beziehung, mit dem sich eine Schaltung mit transformatorischer Verkopplung angeben lässt. Unter den gegebenen Voraussetzungen kann das dynamische Verhalten elektrischer Wandler anschaulich mit diesem Netzwerkmodell beschrieben werden.

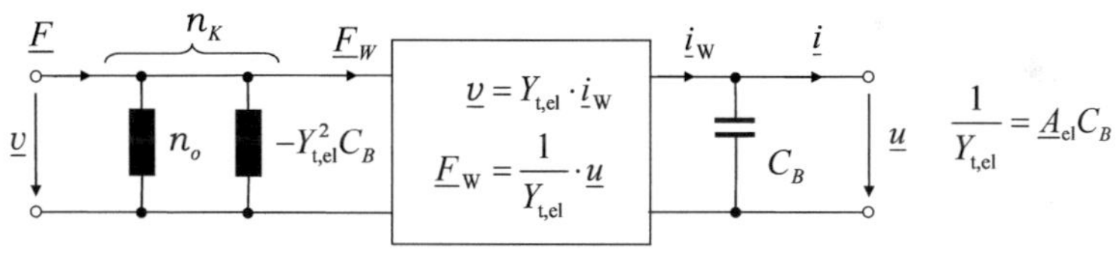

Bild 3.12.: Zweitorschaltung eines elektrischen Wandlers

3.8.2.3. Mikroelektromagnetische Generatoren

Mikroelektromagnetische Generatoren eignen sich aufgrund ihrer hohen Leistungsdichte und ihres Wirkungsgrades für die Energieversorgung autarker Mikrosysteme. Im Gegensatz zu elektrostatischen Aktoren und Generatoren lässt sich in *makroskopischen* magnetostatischen Systemen eine vielfach höhere Energiedichte

$$W_{\text{magnetostatisch}} = \frac{1}{2} \cdot \frac{B^2}{\mu}$$

erzeugen. Mit der typischen Flussdichte eines gebräuchlichen NdFeB-Dauermagneten von einem Tesla oder der limitierenden Sättigungsmagnetisierung typischer magnetischer Materialien in der gleichen Größenordnung resultiert in Luft eine Energiedichte von 416 kJ/m^3, das ist etwa die 10.000-fache Energiedichte eines elektrostatischen Feldes in Luft bei großen Elektrodenabständen [130].

Extrakorporal sind elektromagnetische Generatoren bereits in Armbanduhren im Einsatz. Die Bewegungsenergie wird in einer rotierenden Masse zwischengespeichert, die die Uhrenfeder aufzieht. In dieser sind ca. 0,2 J gespeichert [79, S. 324]. Um höhere Leistungen aus der Bewegungsenergie zu gewinnen, hat ein amerikanisch-kanadisches Forscherteam der Simon Fraser University, University of Pittsburgh und University of Michigan einen Generator entwickelt, der neben dem Knie befestigt wird. Das System wandelt die Beugung und Streckung des Kniegelenkes über ein Getriebe und einen bürstenlosen Gleichstrommotor in elektrische Energie [56]. Die unkomfortable Konstruktion, die in eine Knieorthese eingebaut ist und 1,6 kg wiegt, produzierte bei Tests eine elektrische Leistung von durchschnittlich 2,5 Watt bei einer Schrittgeschwindigkeit von 1,5 m/s.

Den Entwurf und den Aufbau eines $5 \times 5 \times 2\,\text{mm}^3$ großen Mikrogenerators beschreiben Pan und Wu [217]. Mit einer Achtpol-Maschine induzierten sie eine Wechselspannung von 112 mV in einer vierlagigen planaren Mikrospule mit 48 Windungen und einer Leitbahnbreite von 30 µm bei einer Winkelgeschwindigkeit von 234 rad/s. Der Generator stellte dabei eine Leistung von 412 µW bereit.

Die Ausgangsparameter dieses Generators sind für die Versorgung von Implantaten ausreichend. Mit den angegebenen Abmessungen ist der Generator allerdings nicht zur intrakorporalen Energiewandlung geeignet; die Einordnung in die Mikrogeneratoren bezieht sich auch auf die Strukturbreiten der Spulenwindungen. Geeignete Spulen sind mit MEMS-Technologien nur sehr aufwändig zu integrieren, aus diesem Grund sind auch miniaturisierte Zylinder- und Rahmenspulen bei höheren Windungszahlen heute mit Draht gewickelt [67].

Ein Problem solcher Induktionsmaschinen ist die Abhängigkeit der induzierten Spannung von der Winkelgeschwindigkeit, die z.B. durch geeignete Schaufeln aus dem Blutfluss gewandelt werden könnte. Mit dem Einsatzort ist der Durchmesser der Turbine im Bereich eines Millimeters festgelegt. Hinzu kommen die Probleme, die im Zusammenhang mit der Verankerung des Stators in der Gefäßwand auftreten und die Aggressivität des Blutes. Eine dauerhafte Implantation verhindern außerdem die Magneten, die einen größeren Bereich um den Generator im MRT ausblenden.

3.8.2.4. Piezoelektrische Generatoren

Die piezoelektrische Spannungserzeugung beruht auf einer Ladungsverschiebung in bestimmten anisotropischen Werkstoffen infolge mechanischer Belastung (griechisch: piezein „drücken, pressen"). Piezoelektrische Materialien werden in Form von Kristallen, Keramiken und Polymeren angeboten [81]. Wichtige Werkstoffe sind Quarz, Lithiumniobat, Zinkoxid, Bariumtitanat, Blei-Zirkonat-Titatnat (PZT), Aluminiumnitrid (AlN) und Polyvinylidenfluorid (PVDF). Mit den Materialien werden für mikromechanische Anordnungen dünne Schichten durch Sputtern, MOCVD oder im Sol-Gel-Verfahren hergestellt [90]. Für den Wandlerfaktor gilt:

$$Y = e\frac{A_{\text{el}}}{l_{\text{mech}}} = \frac{\sqrt{1-k^2}}{k\sqrt{C_B/n_K}}, \quad k^2 = \frac{1}{1+c\varepsilon/e^2}.$$

Dabei sind c,ε und e die elastischen und piezoelektrischen Materialkonstanten [13]. PVDF Piezopolymere besitzen einen deutlich niedrigeren Kopplungsfaktor als kristalline Schichten. Piezoelektrische Wandler besitzen eine sehr hohe elektrische Impedanz und können hohe Spannungen erzeugen.

In letzter Zeit ist eine Vielzahl piezoelektrischer Mikrogeneratoren vorgestellt worden. Sie nutzen einen mechanisch resonanten Aufbau, der große Auslenkungen erreicht. Von Nachteil ist die Einschränkung der Betriebsfrequenz auf die Resonanzfrequenz. Ein am IMEC entwickelter piezoelektrischer Biegeschwinger auf Aluminiumnitrit-Basis lieferte 60 µW auf einer Resonanzfrequenz von 500 Hz. Der Aufbau wurde mit einer Beschleunigungsamplitude von 2 g angeregt. Der Herstellungsprozess ist CMOS-kompatibel. Beim Betrieb des mechanischen Resonators in Vakuum wurde eine Leistungsabgabe von 85 µW gemessen [68].

Bleizirkonattitanat-Nanodrähte ließen Wang et al. auf einer elektrisch leitenden Strontiumtitanatoberfläche aufgewachsen. Theoretisch kann nach Wang mit einem 0,5 µm dicken und 5 µm langen Draht bei einer axialen Kraft von 2,5 µN eine Piezospannung von ca. 1 V generiert werden. Mit sieben übereinander gestapelten Arrays auf einer Grundfläche von 6 mm^2 wurde bei periodischer Belastung bis 50 Hz eine maximale Spannung von 3,36 V gemessen. Die generierte Energie reichte aus, um eine Laserdiode jeweils für den Bruchteil einer Sekunde zu betreiben.

Eine piezoelektrische Membran wurde von Ellozy et al. zur Überwachung [70] abdominale Aortenaneurysmen eingesetzt. Die mechanische Energie wird über Ultraschall eingekoppelt. Ein Kondensator akkumuliert die Ladung so lange, bis genügend Energie zum Messen des Druckes und zur Erzeugung eines Ultraschallsignals zur Verfügung steht.

Von Interesse sind piezoelektrische Generatoren auch für die extrakorporale Energiewandlung. Piezofolien in der Sohle von Schuhen erreichen etwa 90 mW je Kompression. [119] Neue robuste Verbundwerkstoffe werden dabei aus Keramikfasern und organischem Binder hergestellt [120, 304]. Im Englischen werden diese ursprünglich vom Langley Research Centre der NASA entwickelten Werkstoffe als Macro Fiber Composite oder MFCs bezeichnet [264]. Sie erreichen Lastspiele von mehr als 10^8 bei einem linear-elastischen Dehnungslimit von 1000 ppm (0,1%).

3.8.2.5. Radionuklidgeneratoren

Eine praktisch unerschöpfliche Energiequelle sind radionuklide elektrische Generatoren. Die Umwandlung der Zerfallsstrahlung in eine elektrische Spannung kann zum Beispiel durch direkte Ladungssammlung, Szintillation, Beta-voltaisch oder thermoelektrisch vonstatten gehen. Erste radionuklid betriebene Herzschrittmacher wurde 1972 von Parsonnet und seinen Kollegen implantiert [218]. Von 1973 bis 1987 implantierten sie 155 dieser Schrittmacher bei 132 Patienten am Gesundheitszentrum Newark-Beth Israel. Die Lebensdauer der Schrittmacher war mit 20 Jahren angegeben.

Ein piezoelektrischer Oszillator mit einem Betastrahler als radionuklide Quelle wurde von Duggirala et al. vorgestellt [144, 59]. Als Energiequelle dient das synthetische Radionuklid ^{63}Ni mit einer Halbwertszeit von 100,3 Jahren und einer durchschnittlich freigesetzten Energie der Elektronen von 17,3 keV. Das Radionuklid kann galvanisch auf einem Träger abgeschieden werden, der sich gegenüber einem piezoelektrischen Unimorph befindet. Die maximale spezifische Aktivität des ^{63}Ni radionukliden Dünnfilms ist begrenzt auf 15-20 Ci/g oder 0,45-0,6 µW/cm^2. Die emittierten β-Elektronen erzeugen eine positive Ladung in der ^{63}Ni-Schicht und einen negativ geladenen piezoelektrischen Unimorph bei entsprechender Konstruktion. Die elektrostatische Kraft lenkt den Unimorph aus, bis beide Elektroden kurzgeschlossen werden und der Unimorph frei oszilliert. Die piezoelektrische PZT-Si Schicht auf dem AlN-Si Träger wandelt die mechanische Schwingungsenergie in elektrische Energie um. Bei längerer Akkumulation der Ladungen, z.B. im Verhältnis 1:100 bis 1:1000 zur Energieentnahme, kann die Unimorphauslenkung und somit die Energie der abklingenden Schwingung auf 10-1000 µW gesteigert werden. Der vorgestellte Demonstrator generierte bei einem Arbeitszyklus von 0,25 % eine Leistung von 12,95 µW in einer optimalen 521 kΩ-Lastimpedanz, wobei die ^{63}Ni-Schicht 2,9 mCi oder 0,3 µW abstrahlte. Der Wirkungsgrad der Anordnung betrug somit 3,97 %. Die periodisch kurzzeitig generierte Energie ist prinzipiell für die Abtastung eines Sensors und Übertragung des Abtastwertes geeignet.

Radionuklidgeneratoren wären die ideale Energiequelle für funktionale Implantate, wenn ein gesellschaftlicher Konsens und die damit verbundene Gesetzgebung dies zulassen würden.

3.8.2.6. Piezomagnetische Generatoren

Piezomagnetische Materialien zeigen einen ausgeprägten Zusammenhang zwischen mechanischem Zustand und Magnetisierung. Die Ausdehnung piezomagnetischer Materialien in Abhängigkeit von der Magnetisierung wurde 1842 von Joule beschrieben, die Abhängigkeit der Magnetisierung von der mechanischen Spannung 1865 von Villary. Die Zusammenhänge sind in einem großen Bereich quadratisch [13, S.288]:

$$\begin{aligned} S &\sim H^2 \qquad \text{für} \quad T = 0\,, \\ B^2 &\sim T \qquad \text{für} \quad H = 0\,. \end{aligned}$$

Der Joule-Effekt ist volumeninvariant. Mit piezomagnetischen Materialien können sowohl Sensoren und Generatoren als auch Aktoren aufgebaut werden.

Bekannt gewordene piezomagnetische Generatoren sind als resonante Biegeschwinger ausgeführt [268, 293]. Der schwingende Biegebalken trägt eine piezomagnetische Schicht und ist von einer Spule umgeben. Ein Dauermagnet oder das bereits magnetisierte Material definieren den magnetischen Arbeitspunkt. Der von Wang et al. vorgestellte Generator erzielte eine elektrische Leistungsdichte von 900 µW/cm^3.

Piezomagnetische Generatoren besitzen den Nachteil, dass außer dem Piezomaterial noch eine Spule und ein Magnet unerlässlich sind. Für die intrakorporale Energiewandlung mit piezomagnetischen Materialien sind derzeit keine Ansätze erkennbar, die piezoelektrischen Generatoren überlegen sind. Eine andere Situation bietet sich beim Aufbau magnetoelastischer Sensoren, wie bereits in Abschnitt 2.1.4 hervorgehoben.

3.8.3. Thermogeneratoren

Die mittlere Energieabgabe der Haut beträgt etwa 5 mW/cm^2. Sie kann von Thermogeneratoren in elektrische Energie gewandelt werden. Bereits seit 1999 wird diese Form der Energiewandlung kommerziell zum Betrieb von Armbanduhren genutzt [24]. Die Ausgangsspannung von Thermogeneratoren liegt im Bereich von 50 mV je Kelvin Temperaturdifferenz. Für den Betrieb von Standard-CMOS-Schaltungen ist eine Minimalspannung zwischen 0,8 und 3,3 V notwendig. Ein induktiver DC-DC Wandler mit einer minimalen Primärspannung von 20 mV auf der Basis von JFET (Junction Field Effect Transistor) wurde zum Zweck der Spannungstransformation von Spies et al. präsentiert [265, 228].

Der Wirkungsgrad des Wandlers liegt je nach Last und Eingangsspannung bei 30 bis 80 Prozent. Sekundärseitig erzeugt er eine stabilisierte Spannung von beispielsweise 3,3 Volt.

Ein subkutaner Thermogenerator ist vorstellbar. Wegen der Schwierigkeiten infolge des Flächenbedarf des implantierten Generators und wegen der schlechten Wirkungsgrade bekannter thermoelektrischer Wandlerprinzipien ist ein subkutaner Thermogenerator derzeit kein Thema. Im Zusammenhang mit der Entwicklung intelligenter Kleidung besinnt man sich gegenwärtig wieder auf dieses Prinzip der Energiewandlung.

3.8.4. Brennstoffzellen

Brennstoff-Mikrozellen auf der Basis von Wasserstoff, reformiertem Wasserstoff, Methanol, Ethanol, Ameisensäure und Ethylenglycol sind aus der Literatur bekannt [142]. Eine monolithisch integrierte Mikrobrennstoffzellenkaskade mit Palladium-basiertem Wasserstoffspeicher wurde von Erdler et al. vorgestellt [71]. Ein Labor-Prototyp lieferte 0,54 V an 1 MΩ, wobei der Wasserstoff in vier 4 mm^2 großen und 50 µm dicken Palladiumschichten gespeichert wurde. Der Wasserstoff wird während der galvanischen Abscheidung des Palladiums mit eingeschlossen. Die Betriebsdauer des Prototypen betrug 170 Stunden.

Derartige Brennstoffzellen sind nur für den kurzzeitigen Betrieb von Implantaten geeignet. Die Nachführung des Brennstoffes wäre bei einer implantierten Brennstoffzelle nur über einen geöffneten Zugang durch die Haut möglich. Ein Ansatz für eine langlebige Biobrennstoffzelle wurde bereits in Abschnitt 3.8.1 besprochen.

3.8.5. HF-Energieübertragung

Die drahtlose transkutane HF-Energieversorgung ist vor allem für batterielose Implantate geeignet, deren Elektronik eine höhere Leistung benötigt und die nur in größeren Zeitabständen aktiviert werden muss. Bei einem dauerhaften Betrieb, wie es beim Kunstherzen der Fall ist, muss der Patient die extrakorporale Energieversorgungseinheit am Körper tragen.

Zur Energieübertragung eignen sich niedrige Frequenzen besser, wie der prinzipielle Verlauf der Absorption elektromagnetischer Wellen in biologischen Substanzen in Bild 3.13 für γ- (1), Röntgen- (2), UV- (3), sichtbare Licht- (4) und IR-Strahlen (5) sowie Mikro- (6) und Radiowellen (7) zeigt. Sehr kurzwellige Strahlung wird nahezu vollständig absorbiert. Bei niedrigen Übertragungsfrequenzen kommt es zu keiner Ablösung einer elektromagnetischen Welle von der Sendeantenne. Die Energie wird praktisch nur über das magnetische Feld übertragen. Sende- und Empfangsspule können in diesem Fall als lose gekoppelter Transformator wie in Bild A.1 modelliert werden.

Wichtige Einflussfaktoren auf die Eigenschaften einer solchen induktiven Kopplung sind die Ausführung der Sende- und Empfangsspulen und die Datenrate [46]. Das Bewertungskriterium ist die erzielbare Reichweite, d.h. der maximale Abstand der beiden Spulen, bei der die Transponderelektronik noch funktionstüchtig ist. Die Impedanz des Empfangskreises wird durch die Ausführung als Serienresonanzkreis verringert, der auf die Übertragungsfrequenz abgestimmt wird. Damit wird gleichzeitig die Versorgungsspannung für die Transponderschaltung näherungsweise um den Gütefaktor vervielfacht und die Reichweite des Transponders auch ohne zusätzliche Schaltungsmaßnahmen zur Spannungsvervielfachung vergrößert.

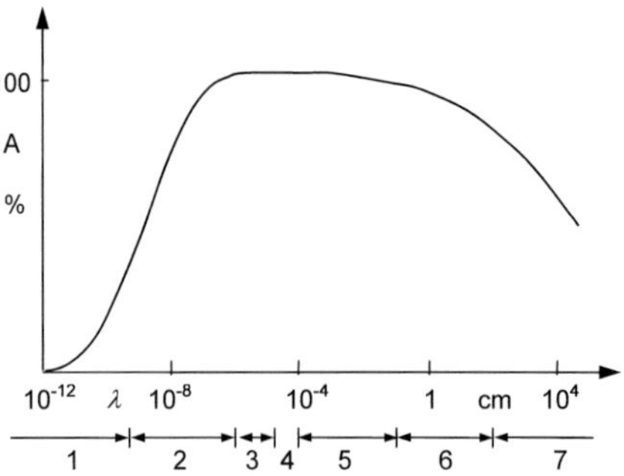

Bild 3.13.: Absorption $A = f(\lambda)$ elektromagnetischer Wellen in biologischen Substanzen [63]

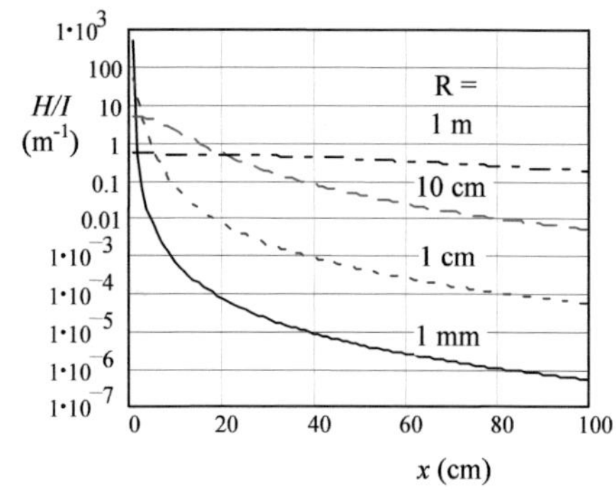

Bild 3.14.: Normierte magnetische Feldstärke auf der x-Achse eines ebenen Ringstromes

Ein Einflussparameter auf die Reichweite ist der Radius R der Sendespule. Bei einer Modellierung als Kreisstrom kann die von der Spule verursachte magnetische Feldstärke H_x in der Entfernung x von ihrem Mittelpunkt mit dem Gesetz von Biot-Savart berechnet werden. Auf der Mittelachse ergibt sich die auf den fließenden Ringstrom I normierte magnetische Feldstärke

$$\frac{H_x}{I} = \frac{\sin^3\left[\arctan\left(R/x\right)\right]}{2 \cdot R}.$$

Sie ist in Bild 3.14 aufgetragen. Man erkennt, dass die magnetische Feldstärke bei kleinem Innenradius zwar größere Werte im Mittelpunkt annimmt, das Feld sich dafür in der Nähe der Spule konzentriert. Bei einem Radius von 1 m dagegen ist die Feldstärke in 1 m Entfernung nur um weniger als eine Größenordnung abgesunken, während die Feldstärke des Ringstromes mit 1 mm Durchmesser in dieser Entfernung bereits mehr als fünf Größenordnungen kleiner ist.

Bei Empfangsspulen beschreibt das Induktionsgesetz die lineare Abhängigkeit der induzierten Spannung U_i von der Windungszahl N, der magnetischen Flussdichte B, der Spulenfläche A und der Frequenz des Hochfrequenzfeldes:

$$U_i = N \cdot \frac{\mathrm{d}}{\mathrm{d}t} \int_A \vec{B} \cdot \mathrm{d}\vec{A} = \int_A \frac{\mathrm{d}\vec{B}}{\mathrm{d}t} \cdot \mathrm{d}\vec{A}$$

und damit die quadratische Abhängigkeit vom Spulendurchmesser. Detaillierte Untersuchungen zum Einfluss der Spulengeometrie und anderer Systemparameter auf die übertagene Leistung wurden u.a. von Catrysse, Hermans und Puers [30] publiziert.

Optimum der Windungszahl von Planarspulen Bei höheren Übertragungsfrequenzen sind Transponderspulen zunehmend als Planarspulen ausgeführt. Planarspulen bieten dort eine Alternative zu Zylinderspulen, da die Windungen simultan subtraktiv, semiadditiv oder additiv auch mit Hilfe der Halbleitertechnologien auf einem Wafer (on-Chip) gefertigt werden können [167, 160]. Wegen der hohen Waferkosten sind nur Spulen mit kleinen äußeren geometrischen Abmessungen kostengünstig herstellbar. Die daraus resultierenden Spuleneigenschaften schränken ihre Anwendungsbreite stark ein. Es ist außer-

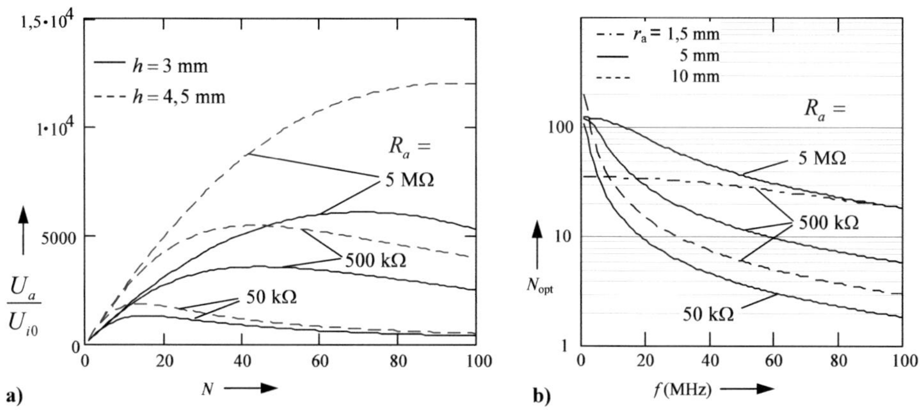

Bild 3.15.: a) mit Gln. (A.6) berechnete normierte Ausgangsleistung eines Resonanzkreises mit runder Planar-Luftspule bei homogener Stromdichteverteilung und Belastung mit R_a, $f = 13{,}56$ MHz, $r_a = 5\,\mathrm{mm}$, variabler Leitbahnbreite $b = h/N - d_w$ und Leitbahnabstand $d_w = 20\,\mu\mathrm{m}$; b) mit Gln. (A.13) berechnete optimale Windungszahl N_{opt} bei Variation der Resonanzfrequenz, unterschiedlichen Spulenradien und Lastwiderständen

dem zu beachten, dass die Platzierung eines magnetischen Materials neben einer Flachspule deren Induktivität maximal verdoppeln kann. Im Gegensatz dazu ist die Induktivität einer Zylinderspule eine lineare Funktion der Permeabilität. Bei einem offenen Magnetkreis geht ein Teil der magnetischen Energie im Gebiet über der Spule verloren. Mikrospulen gewinnen trotz dieser Nachteile weiterhin an Bedeutung. Ein Grund ist der allgemeine Trend zur Miniaturisierung. Die Anwendungsbreite reicht dabei von der Biomedizintechnik, über die Steuerungs- und Regelungstechnik, Umwelttechnik bis hin zur Akustik. Die unterschiedlichen Anwendungen erfordern jeweils eigene Spulenformen, bei denen bestimmte Spulenparameter, beispielsweise die Güte oder die Induktivität, optimiert wurden.

Es ist bekannt, dass ein Optimum für die Windungszahl der Transponderspule existiert, wenn Energie aus dem Resonanzkreis entnommen wird. In Anhang A wird das Optimum für das Beispiel einer runden Planarspule analytisch berechnet. Dabei sollen ein konstanter Spuleninnenradius und Außenradius als Geometrieparameter vorgeschrieben sein. Die Windungszahl kann somit nur auf Kosten einer verringerten Leitbahnbreite erhöht werden. Der Leitbahnwiderstand vergrößert sich dann nicht nur durch die größere Länge der Wicklung, sondern auch durch den verringerten Leitbahnquerschnitt. Die Rechnung gilt für eine homogene Stromdichteverteilung im Windungsquerschnitt. Wie die Berechnungen in Bild 3.15 zeigen, bestimmen auch der Lastwiderstand und die Resonanzfrequenz das Optimum der Windungszahl. Eine hohe Frequenz und ein geringer Lastwiderstand führen auf eine niedrige optimale Windungszahl.

In Zusammenarbeit mit dem Fraunhofer-Institut für Integrierte Schaltungen und Systeme IIS Dresden wurde die optimale Windungszahl zur Maximierung des Gütefaktors einer runden Planarspule unter Einbeziehung elektrodynamischer Effekte simulationsbasiert bestimmt. [182]. Die Flachspule wurde dabei mit Finiten Elementen modelliert

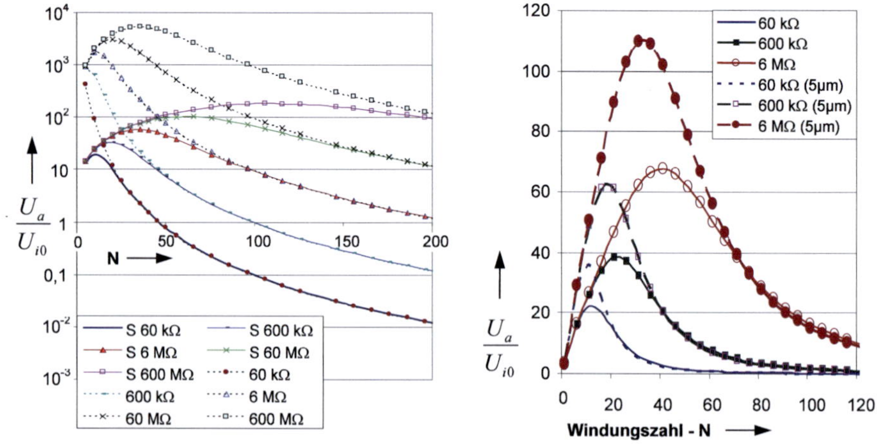

Bild 3.16.: Normierte Ausgangsleistung eines Resonanzkreises mit runder Planarspule auf einer magnetischen Schicht mit 1 µm Dicke (und 5 µm Dicke im rechten Bild) und $\mu_r = 200$ bei homogener Stromdichteverteilung und bei Berücksichtigung von Proximity und Skineffekt (S), Belastung mit R_a, $f = 13{,}56$ MHz, $r_a = 5$ mm, variabler Leitbahnbreite $b = (r_a - r_i)/N - d_w$, Leitbahnhöhe und Leitbahnabstand $h = d_w = 20$ µm

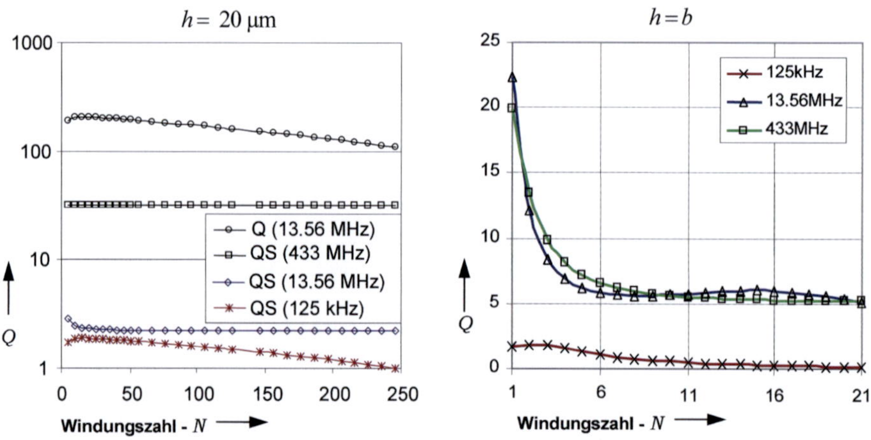

Bild 3.17.: Simulierte Gütefaktoren eines Resonanzkreises mit runder Planarspule bei homogener Stromdichteverteilung und bei Berücksichtigung von Proximity und Skineffekt (QS) mit den gleichen Parametern wie für Bild 3.16, aber auch variabler Leitbahnhöhe $h = b$ im rechten Bild

und bei einer harmonischen Analyse Skin- und der Proximityeffekt berücksichtigt. Bild 3.16 zeigt die Abhängigkeit der normierten Ausgangsspannung von der Windungszahl bei konstanter Windungshöhe und Bild 3.17 die Abhängigkeit des Gütefaktors bei konstanter und variabler Windungshöhe, wobei die Höhe gleich der Breite sein soll ($b = h$).

Diese Näherung kann bei semiadditiv hergestellten Spulenwindungen verwendet werden. Die Windungsbreite ergibt sich in beiden Fällen bei vorgegebenem Durchmesser der Spule und konstantem Windungsabstand d_w aus $b = (r_a - r_i)/N - d_w$. Die Planarspule befindet sich auf einer magnetischen Schicht von 1 µm und $\mu_r = 200$. Es ist bemerkenswert, dass bei konstanter Leitbahnhöhe die Windungszahl nahezu keinen Einfluss auf den Gütefaktor hat. Ursache ist die Stromverdrängung in der Windung in Richtung des Spulenmittelpunktes infolge des Proximity-Effekts. Bild 6.7 zeigt die simulierte Stromdichte im Querschnitt einer Flachspulenwindung. Erst bei variabler Windungshöhe kann von einem Randoptimum mit der Windungszahl Eins ausgegangen werden. Die erzielbaren Gütefaktoren sind bei 13,56 MHz 90-fach und bei 433 MHz 206-fach kleiner als bei homogener Stromdichteverteilung. Bei gewickelten Spulen wird das Problem durch Verwendung von Litzendraht gelöst. Bei semiadditiv hergestellten Spulen kann ohne weitere Maßnahmen kein hoher Gütefaktor erreicht werden.

Die starke Abhängigkeit der Feldstärke in der Transponderspule von der Entfernung zur Sendespule stellt besondere Anforderungen an den Spannungsregler zur Versorgung der Transponderelektronik. Die Spannungen im Transponderschwingkreis können im Nahbereich der Sendespule einige Hundert Volt erreichen. Eine einfache Spannungsbegrenzung würde die Überspannung in Wärme umwandeln, was intrakorporal unerwünscht ist. Andererseits können auch Spannungen unterhalb der Minimalspannung des Transponderschaltkreises mit speziellen Schaltungen (siehe Abschnitt 3.9) herauf transformiert werden, um die Reichweite zu erhöhen.

3.9. Energiemanagement

Das Energiemanagement autarker Mikrosysteme hat die Aufgaben der

- Transformation und Regelung der Versorgungsspannung,
- Steuerung der Versorgungsspannung einzelner Komponenten und
- Steuerung des Energieflusses.

Ausgewählte Lösungen werden nachfolgend erläutert.

3.9.1. Transformation und Regelung

Den Umgebungsenergiewandlern kann bis auf Ausnahmen nur eine geringe Spannung entnommen werden, obwohl sie ausreichend Energie zur Verfügung stellen. Zur Transformation dieser Spannung wurden spezielle DC-DC-Konverter vorgestellt. Ein Konverter wurde im Zusammenhang mit den thermoelektrischen Generatoren in Abschnitt 3.8.3 besprochen. Diese Klasse von Konvertern muss bereits bei niedrigen Spannungen (70 mV) arbeiten, niedrige Leckströme aufweisen und einen hohen Wirkungsgrad besitzen. Der von Pollak, Mateu und Spies entwickelte Konverter verwendet dazu einen JFET (Junction Field Effect Transistor), der die Wandlerspannung als Primärspannung eines Transformators schaltet („zerhackt“) [228]. Die Regelschaltung enthält eine spezielle Starthilfeschaltung und eine Schutzschaltung vor Überspannungen.

3.9.2. Energiespeicherung

Aus der diskontinuierlichen und veränderlichen Umgebungsenergie des Implantats resultiert der Bedarf an einer Zwischenspeicherung der elektrischen Energie. Bei impulsförmiger Energie ist ein niederohmiger elektrischer Energiespeicher gefragt. Dafür eignen sich bei entsprechender Plattenausführung Kondensatoranordnungen. Eine große Kapazität kann durch eine große Plattenfläche, einen geringen Plattenabstand und durch eine hohe Permittivität ε des Isolators erzielt werden. Gegenwärtig bieten Doppelschichtkondensatoren mit mehr als 1000 F die höchsten Kapazitäten. Der Innenwiderstand beträgt 0,18..0,35 mΩ und die Energiedichte ca. 5 Wh/l. Damit sind die geometrischen Abmessungen von Doppelschichtkondensatoren mit hohen Kapazitäten aus der Sicht intrakorporaler Anwendungen relativ groß.

Eine Lösung zur Erzielung hoher Kapazitäten in Dünnfilmtechnik wurde von Taroata vorgestellt [279]. Alle Freiflächen eines Verdrahtungsträgers werden zu diesem Zweck mit integrierte Kapazitäten gefüllt, die mit High-ε-Nanopartikel aufgebaut sind und 10 pF/mm^2 bis 150 pF/mm^2 erreichen. Alle Kondensatoren sind parallel geschaltet; sie übernehmen die Zwischenspeicherung der Versorgungsspannung.

3.9.3. Dynamische Komponentenabschaltung

Eine Möglichkeit des Energiesparens ist die Abschaltung von Komponenten, die bei der Abarbeitung bestimmter Algorithmen nicht benötigt werden oder wenn keine Daten verarbeitet werden. Der Prozessor befindet sich dann im Leerlauf. Diese Methodik ist unter dem Namen Advanced Power Management (APM) mittlerweile Stand der Technik bei PC's. Ein Problem beim Abschalten von Komponenten sind der zeitliche, energetische und der Speicheraufwand zum Sichern des letzten Prozessorzustandes. Das Zuschalten der Komponenten erfordert ebenfalls Zeit und Energie. Es können mehrere energiesparende Zustände (Sleep States) definiert werden. Generell gilt, je tiefer der Schlafzustand ist, um so geringer ist der Energiebedarf, aber um so länger die Latenzzeit bis zum Erreichen der Betriebsfähigkeit nach dem Zuschalten [263].

3.9.4. Dynamische Justierung der Versorgungsspannung und der Taktfrequenz

Der Energiebedarf digitaler Komponenten ist von der Taktfrequenz f_T und der Höhe der Versorgungsspannung V_{DD} abhängig. Eine dynamische Steuerung von Taktfrequenz und Versorgungsspannung kann den Energiebedarf um 30-50 % senken, wenn der Datendurchsatz variiert [101]. Dazu misst ein Auslastungsmonitor die Anzahl n_{idle} der Leerbefehlzyklen und berechnet ein normierte Auslastung $w = (n_{\text{idle}} - n_Z)/n_Z$ bezogen auf die Gesamtzyklen in einem Zeitintervall. Basierend auf der gespeicherten Vorgeschichte von w legt das Betriebssystem die Verarbeitungsrate $r = f_T/f_{\text{ref}}$ fest, die auf die Taktfrequenz f_{ref} bei einer Versorgungsspannung V_{ref} normiert ist. Die Verarbeitungsrate steuert dann V_{DD} und f_T für das folgende Zeitintervall [263].

Bei der ereignisgesteuerten Messwerterfassung wird die Taktfrequenz in einem großen Bereich variiert. Im Überwachungsmodus wartet das System auf ein Ereignis. Dabei wird der Prozessor bei verminderter Taktrate, z.B. bei 32 KHz, betrieben. Einfache Auswertealgorithmen können ausgeführt werden, die einen Ereignisfall detektieren und die Erhöhung der Taktfrequenz auslösen. Mit der dann zur Verfügung stehenden vollen Rechenkapazität können komplexe Transformationen zur Diagnose oder Datenkompression ausgeführt werden.

Als Prozessortaktgenerator eignet sich eine digitale PLL. Im Fall eines Ereignisses erzeugt die digitale PLL Vielfache des verminderten Taktes von einigen 10...100 MHz. Dem System steht dann die maximale Rechenleistung zur Verfügung. Während der Aktivierungsphase der PLL kann es zum Datenverlust kommen. Für die vorgesehenen Anwendungsfälle ist eine extreme Miniaturisierung, die die Integration der Elektronik in ein Chip erfordert, Voraussetzung.

Klassische PLL-Implementierungen stützen sich auf analoge Komponenten [69]. Diese eignen sich aufgrund der Technologieabhängigkeit nicht für die Verwendung als IP-core[11]. Ein neuerer Ansatz sind All-Digital PLL's (ADPLL). Ihre Hardwareimplementierung besteht komplett aus digitalen Standardzellen. Phasendetektor, Schleifenfilter und Frequenzteiler können in einer High Level Hardwarebeschreibungssprache in Form eines technologieunabhängigen Soft-Cores beschrieben werden. Ein Soft-Core ist eine spezielle Form eines IP-cores. Aufwändiger zu implementieren ist der digital gesteuerte Oszillator (DCO). Bekannte DCO's erfordern für jede Zellbibliothek eine manuelle Feineinstellung der Frequenz und des Jitters. Jitter kennzeichnet die Genauigkeitsschwankung von digitalen Signalen. Von Eisenreich et al. [65, 66] wurde ein einfach implementierbarer DCO-Entwurf vorgestellt, der einen Standardzellen Low-Jitter DCO mit einer robusten Frequenzregelung kombiniert.

[11]Teil einer integrierten Schaltung (IC), der das geistige Eigentum des Entwicklers/Herstellers enthält und der in verschiedenen IC's wieder verwendet wird.

4. Mikrosystementwurf

Der Entwurf von Mikrosystemen erfolgt heute mit Hilfe von Modellen des Mikrosystems und seiner Komponenten. Deren Eigenschaften und Verhalten werden auf Computern simuliert. Das Ergebnis dieses simulationsgestützten Entwurfs ist ein Modell, das die Systemanforderungen einerseits unter typischen Betriebsbedingungen erfüllt. Andererseits sollte es die Robustheit des Entwurfs auch in kritischen Belastungssituationen gewährleisten. Auf Grundlage des Modells kann die Fertigung und Prüfung charakteristischer Kennwerte vorgenommen werden. Die Leistungsfähigkeit und Kosteneffizienz wird daher von der Zeit bestimmt, die für die Modellerstellung benötigt wird, der Vorhersagegenauigkeit der verwendeten Modelle und der Rechenzeit.

Der Entwurf eines medizintechnischen Systems kann in Phasen unterteilt werden, die sich beim Entwurf technischer Systeme bewährt haben. Für Unternehmen und beteiligte Organisationen empfiehlt es sich, die Europäischen Richtlinien nach der neuen Konzeption einzuhalten, um das CE-Zeichen für ihre Produkte zu erlangen. Die DIN EN ISO 9000 regelt dabei Grundlagen und Begriffe von Qualitätsmanagementsystemen, die ISO 9001:2000 die Anforderungen an solche Systeme. Danach haben für jede Entwicklungsphase eine angemessene Bewertung, Verifizierung und Validierung, und die Festlegung von Verantwortungen und Befugnissen für die Entwicklung zu erfolgen.

Der Entwurf von Medizinprodukten unterliegt besonderen gesetzlichen Bestimmungen. Die internationale Norm ISO 13485:2003 legt die Anforderungen an ein Qualitätsmanagementsystem fest, das für Entwurf, Entwicklung, Produktion, Installation und Instandhaltung von Medizinprodukten angewendet werden muss. Die Anforderungen gelten zusätzlich zu den technischen Anforderungen. Die Grundlage für die Norm ist ein prozessorientierter Ansatz, wobei jeder Vorgang, der Vorgaben zu Ergebnissen verarbeitet, als *Prozess* betrachtet wird.

Eine systematische Darstellung des Entwurfs von Mikrosystemen ist beispielsweise in [90, 78, 257, 256, 252, 134, 64] zu finden, eine Darstellung mit dem Schwerpunkt auf Hardwarebeschreibungssprachen in [220]. Die Zusammenstellung von Methoden des Mikrosystementwurfs in dieser Arbeit dient der Einordnung der hier angewendeten Methoden und ist daher nicht vollständig.

4.1. Entwurfsphasen

Die VDI/VDE-Gesellschaft Mess- und Automatisierungstechnik (GMA), Fachausschuss 1.51 hat als standardisiertes Beschreibungsmittel in der Automatisierungstechnik die einzelnen Entwurfsphasen in Bild 4.1 unterschieden [80]; Sikora und Drechsler [262] verwenden es als Vorgehensmodell (Life Cycle Model) sowohl für den Hardware- als auch den Softwareentwurf komplexer technischer Systeme. Die Darstellung in Bild 4.1 ist auch als Wasserfalldarstellung bekannt. Die ersten Phasen, die die Prüfung der Spezifikation auf Vollständigkeit und Realisierbarkeit, die Auswahl eines geeigneten Wirkprinzips, von Form- und Funktionselementen und einer Fertigungstechnologie einschließen, werden auch

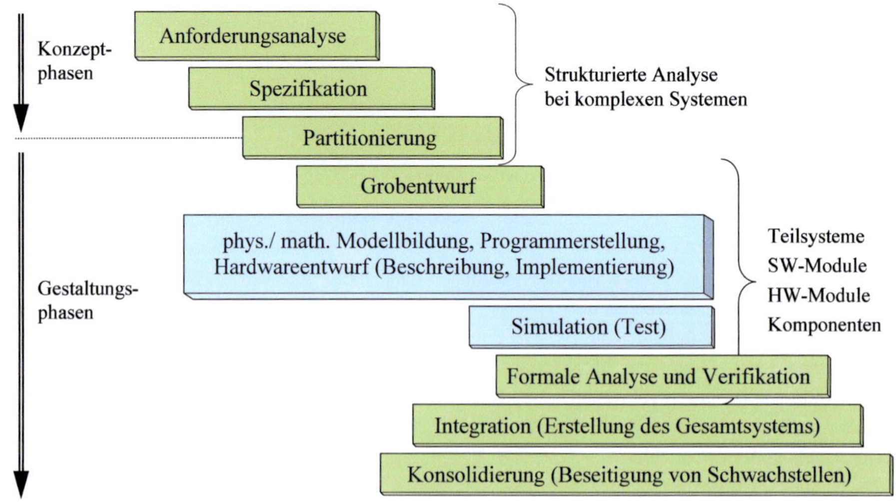

Bild 4.1.: Allgemeine Phasen des Entwurfs eines technischen Systems, standardisiert von der VDI/VDE-Gesellschaft Mess- und Automatisierungstechnik (GMA), Fachausschuss 1.51 Standardisierte Beschreibungsmittel in der Automatisierungstechnik mit Einordnung der strukturierten Analyse, des Analog- und Digitalentwurfs

als *Konzeptphasen* bezeichnet, die darauf folgenden als *Gestaltungs-* oder *Realisierungsphasen* [90, S.307], [262, S.59]. Moderne Entwurfsabläufe durchlaufen diese Entwurfsphasen nicht streng sequenziell, vielmehr kann sich die wiederholte Bearbeitung einzelner Phasen als notwendig erweisen.

Der Weg vom Problem zur Spezifikation verläuft zunächst in *Bottom-up*-Richtung, da hier die eigentliche Abstraktionsarbeit geleistet wird [262, S.59]. Während der Partitionierungsphase wird das Gesamtsystem *Top-Down* in hierarchisch geordnete Teilsysteme oder *Komponenten* zerlegt. Alle Komponenten bilden überschaubare abgeschlossene und interaktive Funktionseinheiten. Die Interaktionen bestehen beispielsweise in Form von Wechselwirkungen zwischen mechanischen, elektrostatischen, thermischen und fluidischen Feldern von Funktionskomponenten oder in Form der Kommunikation von Softwarekomponenten. Das Gesamtsystem wird aus den Komponenten in der Integrationsphase dann wieder *Bottom-up* erstellt.

Der Top-Down-Bottom-up-Charakter findet in manchen Übersichten Ausdruck in einer V-förmigen Darstellung, dem „V-Modell". Es ist vor allem in der Automobilindustrie populär [252]. Das V-Modell ist so gestaltet, dass der linke Schenkel die Schritte bis zur Simulation der kleinsten Systemelemente enthält und der rechte Schenkel die Schritte der Synthese des Gesamtsystems. Die nebeneinander liegenden Phasen gehören der gleichen Systemabstraktionsstufe an. Sie stehen über die Vorgabe der Testgrundlagen und Testfälle für die Verifikation und Validation miteinander in Beziehung. Nach Erfahrungen bei der Softwareentwicklung beginnen Testaktivitäten zu spät. Die Verbindung von Testaktivität und Testbasis ist nicht klar und die Trennung in Test-, Debug- und Änderungsaktivitäten werden nicht deutlich [266]. Diese Erfahrungen lassen sich auf den

Mikrosystementwurf übertragen, da hier die Hardwarekomponenten und die sensorischen und aktorischen Funktionskomponenten anhand von Rechnermodellen – also letztlich Softwarekomponenten – entworfen werden. Um die genannten Nachteile des V-Modells zu beheben, wurde es um parallel zu den Schenkeln liegende Pfade erweitert. Ein Pfad enthält die Vorbereitung des Tests eines Teilsystems bzw. des Systems selbst und ein Pfad die Ausführung der Tests. Das erweiterte Modell ist als „W-Modell“ bekannt [266]. Bezieht man dieses Modell auf den Mikrosystementwurf, dann verdeutlicht es die Trennung zwischen dem kompletten modellgestützten Systementwurf auf den inneren Pfaden und der physikalischen Realisierung auf dem äußeren Synthesepfad[1].

Die Schwerpunkte dieser Arbeit reichen von der funktionalen Systemspezifikation einzelner funktionaler Implantate bis zur Modellierung und Simulation ausgewählter Systemkomponenten und Funktionselemente. Auf die sich daran anschließenden Schritte wird hier nicht weiter eingegangen.

4.1.1. Analyse der Nutzeranforderungen

Der Entwurf eines technischen Systems beruht auf einer Aufgabenstellung, oder allgemein einer Problemerkenntnis, die aus einem Arbeitsplan, einer Marktrecherche oder Beobachtung abgeleitet wurde. Sie ist Teil der Anforderungserhebung, die nach einer Definition der IEEE auf die Anforderungsaufnahme (requirements elicitation) folgt und an die sich die Anforderungsspezifikation (requirements specification) und Anforderungsbewertung (requirements validation) anschließen [1].

Während der Anforderungsanalyse wird ein gemeinsames Verständnis zwischen Auftraggeber und Auftragnehmer in Form einer präzisen Definition hergestellt. Jede Anforderung muss zur Erfüllung der Aufgabe notwendigerweise über eine Kennung eindeutig *identifizierbar, atomar,* d.h. entscheidbar, und *widerspruchsfrei* bzw. konsistent zu anderen Anforderungen sein. Die Einhaltung der genannten Kriterien an die analysierten Anforderungen ist eine Voraussetzung für die Qualitätssicherung bei der Systementwicklung.

Die Gesamtheit der Forderungen eines Auftraggebers an die Lieferungen und Leistungen des Auftragnehmers beschreibt das *Lastenheft.* Es wird auch Anforderungsspezifikation, Anforderungskatalog, Kundenspezifikation oder Requirements Specification genannt. Die Anforderungen sind *einheitlich* und *vollständig* unter Ausschluß impliziter Annahmen des Auftraggebers, dokumentiert. Das Lastenheft ist die Voraussetzung für eine Verifizierung der Anforderungen, aber auch für eine Zuordnung jeder implementierten Funktionalität zu einer Anforderung. Damit werden überflüssige Entwicklungen vermieden.

Bei der Strukturierung des Lastenheftes sollten Abhängigkeiten und Zusammengehörigkeiten zwischen Anforderungen vermerkt werden. Eine gute Übersichtlichkeit der Anforderungen erreicht man durch eine rollenbezogene Strukturierung der Anforderungen. Für den Aufbau und die Gliederung eines Lastenheftes sollten die DIN 69901-5: Projektmanagement - Projektmanagementsysteme - Teil 5: Begriffe, VDI 2519 Blatt 1: Vorgehensweise bei der Erstellung von Lasten-/Pflichtenheft und VDI 3694: Lastenheft/Pflichtenheft für den Einsatz von Automatisierungssystemen konsultiert werden.

[1] Nach einer Anregung von PD Dr.-Ing. A. Braune, Institut für Automatisierungstechnik der TU Dresden

4.1.2. Spezifikation der Systemanforderungen

Auf der Grundlage des Lastenheftes erarbeitet der Auftragnehmer ein *Pflichtenheft* oder auch *Implementierungsspezifikation*, das nach VDI-Richtlinie 2519 Blatt 1 die Realisierung aller Kundenanforderungen beschreibt. Die *Systemspezifikation* ist ein abstraktes Anforderungsmodell an das zu entwickelnde System, die sich auf die technischen Möglichkeiten stützt. Sie bildet die oberste Ebene der Spezifikation. Einer Systemanforderung können mehrere Leistungen des Pflichtenheftes zugeordnet werden. Bei der Ausformulierung der Spezifikation werden Machbarkeitsstudien sowie bestehende Strukturen und Module berücksichtigt.

Neben der Festlegung der Funktionalität in der *Prozessdefinition* ist auch das *Architekturmodell* definiert, wobei die Prozesse im Anforderungsmodell auf eine Position im Architekturmodell verweisen. Es wird zwischen Prozessen der Informationsverarbeitung (*Funktionen*) und Prozessen mit Steuerverhalten (*Zuständen*) unterschieden [108]. Im Unterschied zu einem Systementwurf mit allen Freiheitsgraden in Bezug auf die Schaltung und die Aufbau- und Verbindungstechnik, stützt sich das Architekturmodell auf bereits entwickelte Module. Bei Berücksichtigung dieser Methodik wird deutlich, dass beim Entwurf eines Mikrosystemmoduls neben den konstruktiven und energetischen Randbedingungen auch die Funktionalität eines Moduls von Bedeutung ist. Wenn beispielsweise ein Basisbefehlssatz für das digitale Signalverarbeitungsmodul definiert ist, dann kann es auch einheitlich getestet werden.

Der IEEE-Standard 830.1998 regelt die Bestandteile der Anforderungsspezifikation. Im Allgemeinen sind das [25]:

1. im einleitenden Teil die Zielsetzung, Definitionen, Akronyme, Abkürzungen, Referenzen, eine allgemeine Beschreibung (Produktumgebung, Funktionen, Eigenschaften, Randbedingungen), spezifische funktionale Anforderungen, spezifische nichtfunktionale Anforderungen und Qualitätsmerkmale

2. die Produktumgebung mit den Produktfunktionen, Nutzereigenschaften, allgemeinen Einschränkungen/Randbedingungen, Annahmen und Abhängigkeiten und

3. Spezifische Anforderungen mit funktionalen Anforderungen, externen Schnittstellenanforderungen, Leistungsanforderungen, Entwurfseinschränkungen und -randbedingungen, Qualitätsmerkmalen und sonstigen Anforderungen.

Bei Verbundprojekten muss eine einheitliche Entwicklungsbasis festgelegt werden. Sie stützt sich auf eventuelle Vorgängerprodukte oder -systeme, vorhandene Basisprodukte und Programmiersprachen. Zur Inbetriebnahme von Komponenten müssen Testvorgaben erfolgen. Diese umfassen die Definition der Teststrategien und mögliche Einflüsse auf das Mikrosystem. Für die spätere Produktentwicklung soll sie Spezifikation bereits Aussagen zum Installations- und Wartungskonzept enthalten. Die Systemspezifikation spricht bereits ökonomische Fragen an, wie vertretbare Systemkosten und Verwertungsmöglichkeiten.

4.1.3. Partitionierung

Der Aufbau eines Mikrosystems kann hierarchisch mit Modellen beschrieben werden. Üblicherweise wird zwischen den vier in Bild 4.2 dargestellten Ebenen unterschieden. Die niedrigeren Ebenen umfassen dabei mehr Details als die höheren Ebenen. Die Partitionierung kann auf der Grundlage der physikalischen Vorgänge, der Anzahl der Verbindungen zwischen Teilsystemen, der zu erwartenden Aktivität der Verbindungen, den mathematischen Ansätzen zur Beschreibung oder geometrischen Abmessungen vorgenommen werden [252]. Die Besonderheiten der einzelnen Modelltypen werden in Abschnitt 4.1.4 erläutert.

Auf *Systemebene* beschreibt ein qualitatives Modell das System strukturell und/oder funktionell an seinen Schnittstellen auf einem hohen abstrakten Niveau. Die Beschreibung erfolgt mit dem Ziel einer Verhaltenssimulation auf Systemebene. Damit kann virtuell überprüft werden, ob der Entwurf die Systemspezifikation erfüllt.

Durch eine Unterteilung des Gesamtsystems in mechanische, optische, fluidische, akustische und elektrische *Komponenten* kann das Gesamtsystem übersichtlich beschrieben werden. Für eine Komponente können mehrere Beschreibungen vorhanden sein. Sie resultieren z.B. aus verschiedenen Entwurfsvarianten. Bei der Systemsimulation werden Komponentenmodelle gekoppelt, wenn eine einheitliche Beschreibung mit einer Simulationssprache nicht möglich ist. Die Systemumgebung gibt die Randbedingungen vor. Das Komponentenverhalten und das Systemverhalten werden anhand von *Funktionsparametern* beurteilt. Sie müssen innerhalb festgelegter Toleranzgrenzen liegen. Wichtige Funktionsparameter sind beispielsweise die Sensitivität eines Sensors, seine Stromaufnahme, der Temperaturbereich, das Ausgangsrauschen, aber auch seine Zuverlässigkeit, die erzielte Ausbeute und seine Kosten [90, 281].

Die *Elementebene* umfasst Funktions- und Formelemente, wie z.B. Widerstände oder Biegebalken. Mehrere Elemente bilden eine Systemkomponente. Typischerweise werden Elemente zwei- und dreidimensional mit partiellen Differenzialgleichungen und Randbedingungen beschrieben, die *Geometrie-* und *Materialparameter* enthalten. Dementsprechend hoch ist der Berechnungs- und Simulationsaufwand. Der Aufwand wird verringert, wenn bei der Beschreibung der Komponente nur das Klemmenverhaltens betrachtet und auf gewöhnliche Differenzialgleichungen in Form einer Netzwerkbeschreibung übergegangen wird (siehe Abschnitt 4.1.4.3). Es ist eine Aufgabe der *Kombinierten Simulation* in Abschnitt 4.1.5.2, Parameter von Netzwerkmodellen aus den 2D und 3D-Modellen zu bestimmen.

Ein Element kann heute auf *Prozess- und Technologieebene* mit einem Prozess- oder Technologiesimulator virtuell hergestellt werden. Die einzelnen Fertigungsprozesse sind durch *Prozessparameter* gekennzeichnet. Die Prozessparameter beeinflussen die Geometrie- und Materialparameter der Mikrosystemelemente. Eine Methodik des *robusten Mikrosystementwurfs* beschreibt die Streuung der Prozessparameter mit Hilfe von statistischen Verteilungsfunktionen und transformiert sie in die Verteilungsfunktionen der Geometrie- und Materialparameter. Für die Transformation werden die Elementemodelle genutzt.

In Bild 4.2 sind die verwendeten Modelle des Biegesensors aus Kap. 6 diesen Hierarchieebenen zugeordnet. Auf der Prozessebene bestimmt die Sputtertechnologie die mechanische Vorspannung der piezomagnetischen Schicht und legt damit die magnetoeleastischen Materialparameter fest. Der entscheidende Prozessparameter ist die Prozesstemperatur. Die Geometrieparameter des Unimorphs und der Planarspule definieren die Eigenschaften des piezomagnetischen und des elektromagnetischen Wandlers. Deren Eigenschaften

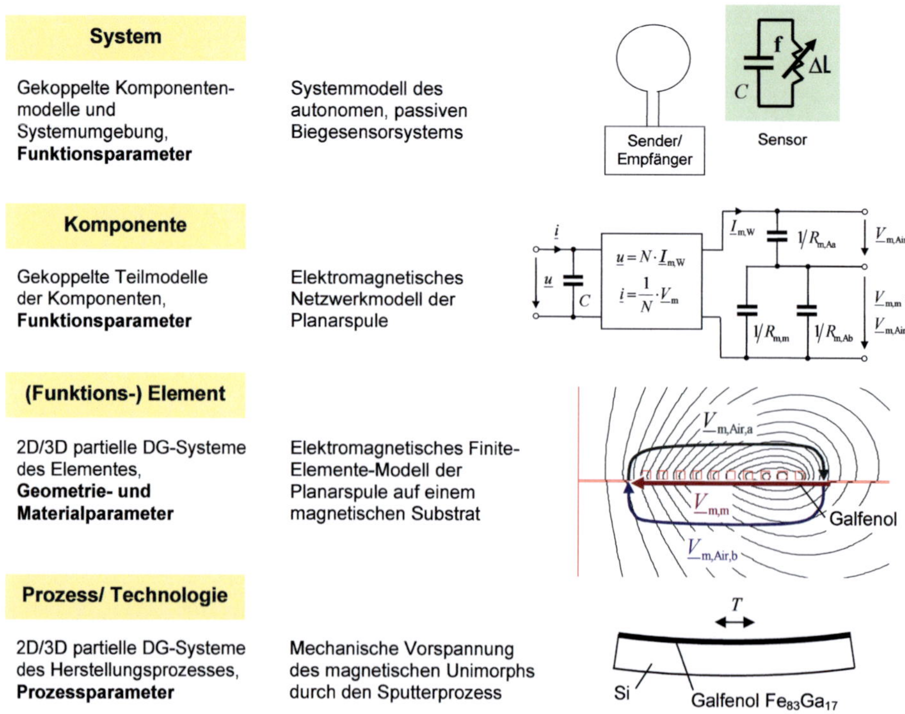

Bild 4.2.: Modell- und Simulationsebenen im Mikrosystementwurf, dargestellt am Beispiel des Biegesensors aus Kap. 6

wurden mit Finiten Elementen und analytisch räumlich verteilt mit Differenzialgleichungen beschrieben. Zur Verhaltensbeschreibung des elektromechanischen Systems wurde zu einem Netzwerkmodell übergegangen, mit dem das Systemverhalten mit einem Schaltungssimulator simuliert werden kann.

4.1.4. Modellierung

Modelle bilden Sachverhalte, z.B. ein Funktionsprinzip oder eine Funktionsstruktur graphisch als Zeichnung, körperlich als physikalisches Modell oder mathematisch als Rechnermodell (z.B. Algebro-DGL-System DAE, Graphen) ab. Die Gültigkeit eines Modells wird in der *Validierungsphase* bestimmt und erklärt. Eine *Simulation* ist die Durchführung von Experimenten am Modell. Ein Modell gilt als *verifiziert*, wenn es durch einen Vergleich des Simulationsergebnisses mit Referenzwissen und experimentellen Ergebnissen bewertet und seine Anwendbarkeit bestätigt wird [89, S. 63].

Ziele der Modellierung sind, das Funktionsprinzip von Systemelementen und -komponenten und den Herstellungsprozess physikalisch zu erklären und vorauszuberechnen. So können die Funktionsparameter verschiedener Varianten berechnet und miteinander verglichen werden, um die optimale Variante zu ermitteln. Ein nicht unwesentlicher Aspekt ist die Förderung des Verständnisses der Wirkungsweise eines Systems während der Modellierungsphase. Mit geeigneten Komponentenmodellen ist schließlich die Simulation des gesamten Systemverhaltens möglich.

Bei der Modellierung von Mikrosystemen besteht das Problem, dass Komponenten in verschiedenen physikalischen Teilsystemen und ihre Wechselwirkungen untereinander zu beschreiben sind. Für die einzelnen physikalischen Teilsysteme und Modellierungsebenen entstanden ausgereifte Modellierungsmethoden, Modellierungs- und Simulationsumgebungen und Werkzeuge. Für den einzelnen Entwicklungsingenieur sind diese unterschiedlichen Simulationsmethoden und -werkzeuge nicht verfügbar und auch kaum beherrschbar. Schwierigkeiten bereitet vor allem die dynamische Berechnung des Verhaltens komplexer Systeme für einen breiten Frequenzbereich. Die Bereitstellung eines geeigneten und beherrschbaren „Werkzeugsatzes“ für die Lösung der meisten Probleme ist ein aktuelles Forschungsthema.

Bei den Beschreibungen analoger Teilsysteme wird zwischen Modellen mit verteilten Parametern — oder Zustandsvariablen — und konzentrierten Parametern unterschieden. Auf diese Modelltypen wird in Abschnitt 4.1.4.2 und Abschnitt 4.1.4.3 näher eingegangen. In Bild 4.3 sind die zur Beschreibung der Hüftprothese verwendeten Modelltypen zusammengefasst. In Kapitel 5 werden sie diskutiert.

4.1.4.1. Blockschaltbilder

Blockschaltbilder und Signalflussgraphen beschreiben gerichtete Signalflüsse ohne Rückwirkungen. Blockschaltbilder sind direkt mit Differenzialgleichungen verwandt und beschreiben ein System mathematischer Gleichungen grafisch. Sie stellen den Signalfluss zwischen den Blöcken anschaulich dar. Die Verbindungen zwischen den Blöcken sind dabei gerichtet. Wechselwirkungen müssen explizit im Blockdiagramm beschrieben werden. Regelungstechnische Teilsysteme sind mit Blockschaltbildern optimal beschreibbar. Nachteilig ist u.a. die mühsame Formulierung impliziter Gleichungen [78, 256].

4.1.4.2. Systeme mit verteilten Parametern

Die Analyse von Wirkungsanordnungen mit ortsabhängigen Signalen führt auf partielle Differenzialgleichungen. Diese Differenzialgleichungen enthalten *kontinuierlich verteilte Parameter*, wie z.B. Massenbeläge oder Kapazitätsbeläge. Für die Beschreibung und Simulation *räumlich diskret verteilter Parameter* haben sich Finite-Elemente-Modelle und -Simulatoren durchgesetzt. Ausgehend von den Feldgleichungen wird eine Struktur in eine Anzahl endlich kleiner Bausteine (*Finite Elemente – FE*) zerlegt. Feldgrößen innerhalb der finiten Elemente werden durch problemangepasste Ansatzfunktionen interpoliert. Das entstehende lineare Gleichungssystem wird dann gelöst. Mit FE-Methoden können auch geometrisch komplizierte Strukturen mit hoher Genauigkeit berechnet und Nichtlinearitäten berücksichtigt werden.

Dreidimensionale Modelle bedingen hohe Rechenzeiten und –kosten und erfordern eine hohen Speicherbedarf. Ein effizienter Entwurf mit entwurfsbegleitender Optimierung ist nur eingeschränkt möglich. Gegenwärtig sind auch noch nicht alle Effekte und Wandler modellierbar [78, 269].

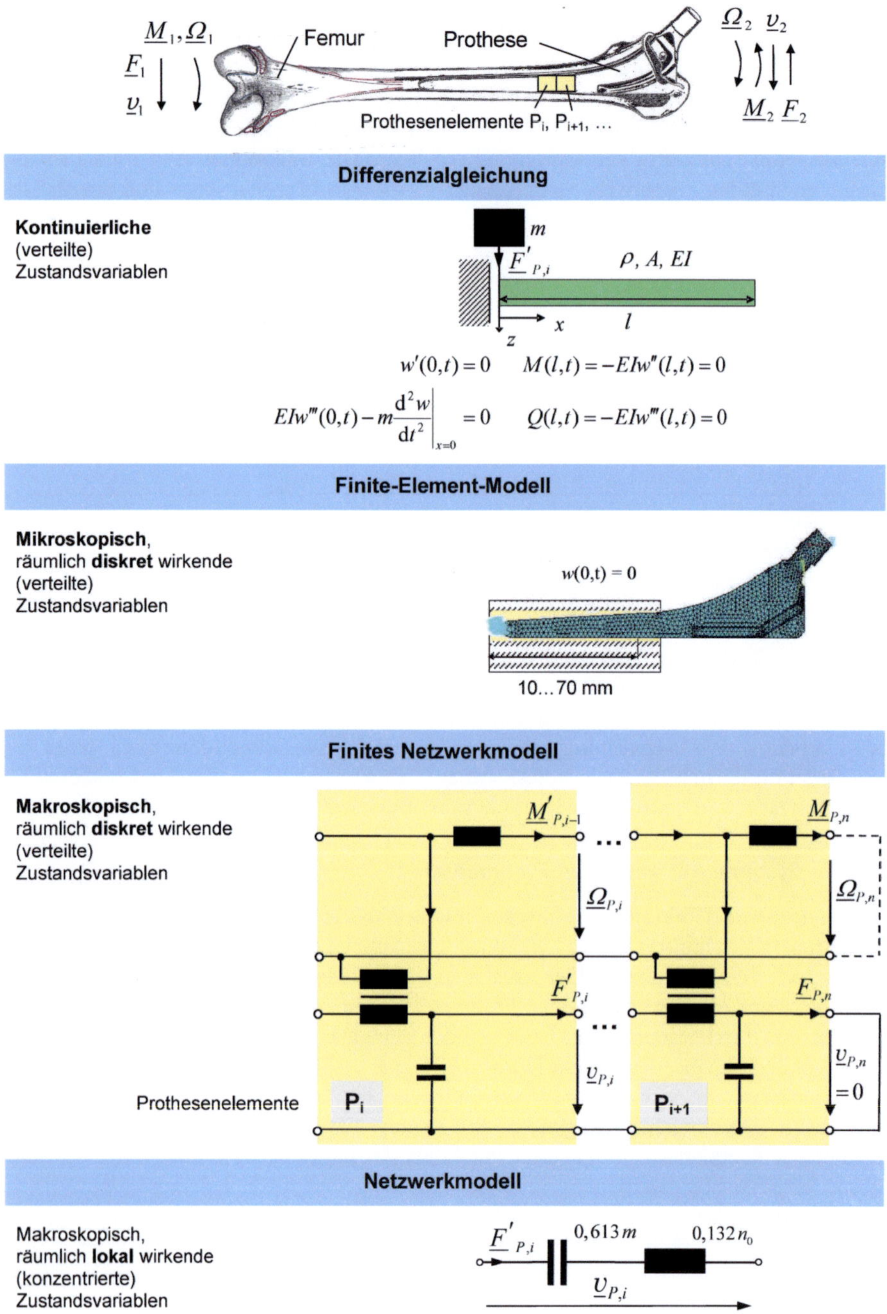

Bild 4.3.: Modelltypen für Mikrosystemelemente am Beispiel des Femur-Prothesen-Verbundes

4.1.4.3. Systeme mit konzentrierten Parametern

Wirkungsanordnungen mit ortsunabhängigen Signalen werden Systeme mit konzentrierten Parametern genannt. Sie sind mathematisch mit gewöhnlichen Differenzialgleichungen beschreibbar. Eine energiebasierte Systembetrachtung mit konzentrierten Systemelementen führt unter Nutzung von skalaren Energiefunktionen zu den Hamiltonschen Gleichungen oder Euler-Lagrange-Gleichungen [125]. Eine andere Möglichkeit der Modellierung eines Systems mit konzentrierten Systemelementen ist die mehrtorbasierte Modellierung, zu denen die Kichhoffschen Netzwerke und Bondgraphen zählen.

Netzwerkmodelle sind strukturtreu. Sie enthalten elektrische, magnetische, mechanische, thermische oder akustische Basiselemente, die die Elementeigenschaften konzentrieren. Die Basiselemente stellen im Netzwerk die Beziehungen zwischen den Fluss- und Differenzgrößen — den *Netzwerkkoordinaten* — her. Zur Modellierung mit Netzwerkmodellen werden mikroskopisch wirkende Feldgrößen bereichsweise integriert zu makroskopischen Zustandsgrößen (z.B. Dehnung - Verschiebung). Die Netzwerkelemente *konservativer* Netzwerke beschreiben auch die Wechselwirkungen zwischen den Knoten. *Nichtkonservative* Netzwerke enthalten gerichtete Beschreibungen der Beziehungen zwischen den Knoten. Rückwirkungen müssen durch entsprechende Elemente einbezogen werden. Eine Diskretisierung des Elementbereiches führt auf *Finite Netzwerkmodelle*, die dann auch Wellenvorgänge abbilden.

Die jeweiligen Systemgleichungen und ihre Zuordnungen zu den sie erzeugenden Strukturen unterscheiden sich von denen elektrischer Netzwerke nur durch die Bezeichnungen ihrer Variablen und Parameter [13]. Die Gleichungen sind *isomorph*. Die resultierenden magnetischen, mechanischen, thermischen oder akustischen Netzwerke werden oft fälschlicherweise als Ersatzschaltungen bezeichnet. Dies führt zu einem Widerspruch bei der Interpretation des Netzwerkes. Die Verwendung des Kapazitätssymbols für eine Masse im mechanischen Netzwerk bedeutet nicht, dass eine elektrische Kapazität die Masse ersetzt.

Verschiedene physikalische Ebenen können in einer gemeinsame Schaltung dargestellt und mit leistungsfähigen Simulatoren der Schaltungstechnik (Spice, SABER, SPECTRE, KOSIM) vorausberechnet werden. Die Differenzialgleichungen müssen nicht von Hand aufgestellt werden, sondern können über die Symbole bei der Schaltungseingabe in Schaltungssimulatoren zugeordnet werden. Netzwerkmodelle sind mit geringen Rechenzeiten simulierbar, da die bereichsweise Lösung im Modell bereits implementiert ist.

Komplexe Strukturen sind mit konzentrierten Parametern nur in grober Näherung beschreibbar. Zwei- und dreidimensionale Systeme erfordern ein einzelnes Modell in jeder Richtung. Die Fluss- und Differenzgrößen der Netzwerkmodelle sind oft nicht die Zielgrößen (z.B. Geschwindigkeit statt Auslenkung) [78]. Die Zielgrößen müssen dann im Anschluss an die Netzwerksimulation berechnet werden.

4.1.4.4. Digitale Systeme

Für die Modellierung digitaler Systeme ist ebenfalls eine hierarchische Gliederung gebräuchlich. Ausgehend von der Systemebene verfeinert sich die Beschreibung auf algorithmischer Ebene, Register-Transfer-Ebene, Logikebene bis hin zur Schaltkreisebene. Auf jeder Ebene können die Teilsysteme durch ihr Verhalten, ihre Struktur oder Geometrie beschrieben werden. Gajski und Walker haben die unterschiedlichen Beschreibungsformen in einem Y-Diagramm dargestellt [289]. Gängige Hardwarebeschreibungssprachen sind seit Mitte der 80er Jahre VHDL (⟨engl.⟩ Very High Speed Integrated Circuit Hardware Description Language) und Verilog. VHDL wurde später um um analoge Beschreibungselemente (VHDL-AMS for Analog and Mixed Signal) erweitert. Eine geschlossene Simulation von Analog- und Mixed-Signal-Systemen ist dadurch möglich. Die einheitliche Beschreibung eines (Teil-)Systems als verallgemeinerter Mehrpol mit konservativen, nichtkonservativen und digitalen Klemmen und Signalen wird in der Literatur auch als hybride DAE bezeichnet [78].

4.1.5. Simulation

Mit der Durchführung von Modellexperimenten kann bei einer Simulation das Verhalten eines Sachverhalts für dedizierte Bedingungen ermittelt werden [89, S. 63]. Bei der Simulation wird die mathematische Beschreibungsform, z.B. eine Algebro-Differenzialgleichung, unter vorgegebenen Bedingungen (z.B. Anfangs-, Rand- und Übergangsbedingungen) gelöst. Die Ergebnisse werden in Abhängigkeit von Parametern wie Zeit und Frequenz dargestellt.

4.1.5.1. Simulatorkopplung

Die Simulation und Optimierung von Mikrosystemen erfordert in der Regel den Einsatz unterschiedlicher Simulatoren. Der Entwurf auf Komponentenebene erfolgt beispielsweise speziell für die detaillierte Analyse nichtelektrischer Komponenten unter Verwendung von Lösungsverfahren für partielle Differenzialgleichungen. Die Simulation eines komplexen Systems, bei dem elektromechanische Kopplungen, elektromagnetische Felder, Diffusionseffekte, Strömungseffekte und andere Probleme auftreten, ist heute auf Komponentenebene in einem einzelnen Simulator nicht durchführbar. Eine Ursache liegt in der Spezialisierung der Simulationssoftware auf einzelne Probleme. Insbesondere bei sehr eng gekoppelten Effekten werden zwei, höchstens drei Simulatoren miteinander gekoppelt [252, 258]. Die Kopplung der verschiedenen Simulatoren findet während des Lösungsprozesses durch Datenaustausch zwischen den Programmen im Zeitbereich statt. Dabei muss in die Datenfelder der Simulationsprogramme eingegriffen werden. Die Vorgehensweise ist als *gekoppelte Simulation* oder *Co-Simulation* bekannt. Sehr leistungsfähig ist die Kopplung von FE-Programmen mit Netzwerkanalyseprogrammen oder VHDL-Simulationsprogrammen. Das FE-Programm berechnet numerisch räumlich ausgedehnte Strukturen und Felder und ein zweites Programm elektrische Schaltungen oder regelungstechnische Komponenten.

Die gekoppelte Simulation wurde bei der simulationsbasierten Entwurfsoptimierung von Transponderspulen in Abschnitt 3.8.5 eingesetzt. Das die Vorlesung „Entwurf von Mikrosystemen“ begleitende Praktikum am Institut für Halbleiter- und Mikrosytemtechnik hat den Entwurf eines Drucksensors mit gekoppelter Simulation zum Gegenstand [172].

4.1.5.2. Kombinierte Simulation

Im Gegensatz zur gekoppelten Simulation verbindet die kombinierte Simulation mehrere Simulationsmethoden auf Anwenderebene[2]. Der Nutzer erzeugt mit Hilfe einer Methode

[2] In anderen Disziplinen ist der Begriff der Kombinierten Simulation anders besetzt. Beispielsweise wird in der numerischen Mathematik darunter die Einbettung einer ereignisdiskreten Simulation in ein kontinuierliches Modell verstanden.

virtuelle Objekte, die er über die Benutzeroberfläche in eine andere Methode einbaut. In die Datenfelder wird dabei nicht eingegriffen, d.h. der Anwender erstellt keine Koppelprogramme. Das hat den Vorteil der Softwareunabhängigkeit. Eine neue Version eines Simulationsprogramms gefährdet dann nicht mehr die Funktionstüchtigkeit der Simulation, wie es bei der Simulatorkopplung im Allgemeinen der Fall ist. Dieser Nachteil entfällt, wenn ein Softwareentwickler selbst verschiedene Simulationsprogramme koppelt. Ein Beispiel ist die Integration der Simplorer®-Software in ANSYS® [244].

Im engeren Sinne wird hier unter kombinierter Simulation die Verbindung von Netzwerkmethoden und Finite-Elemente-Methoden verstanden. Bei dieser Kombination ergänzen sich die Leistungsfähigkeiten beider Methoden vorteilhaft. Die Verwendung problemangepasster Modelle, die auf die konkrete Fragestellung reduziert sind, gestattet eine schnelle Optimierung des Entwurfs. Rückkopplungen zwischen Simulatoren sind nicht vorgesehen und somit auch nicht der sequentielle Aufruf von zeitaufwändigen Finite-Elemente-Simulationen.

Es zeigen sich fünf Anwendungsfelder der Kombinierten Simulation [272]:

1. Verwendung von FE-Modellen zur Bestimmung der Bauelementeparameter von Netzwerkdarstellungen,

2. Verwendung von FE-Modellen zur Bestimmung der Struktur von Netzwerkdarstellungen,

3. Einbindung von Netzwerkmodellen in ein FE-Modell,

4. Anwendung von Netzwerkmethoden zur Erstellung von Ersatzstrukturen für die effiziente Berechnung eines FE-Modells,

5. Modellierung eines Problems auf verschiedenen Abstraktionsstufen.

In der Dissertation von E. Starke werden verschiedene Anwendungen der kombinierten Simulation ausführlich untersucht [269].

Die Kombinierte Simulation ist eine leistungsfähige Simulationsmethode, die die verfügbaren und beherrschbaren Werkzeuge und Methoden eines typischen Entwicklungsingenieurs berücksichtigt. Die Methodik fördert das Verständnis der Wirkungsweise eines Systems. Für leistungsfähige Produkte ist dieser Effekt unabdingbar.

In Abschnitt 6.3.8 wird vorgeschlagen, die Kombinierte Simulation zur FE-Simulation des piezomagnetischen Unimorphs einzusetzen.

4.1.6. Entwurfsbegleitende Optimierung

Die Spezifikation von System, Komponenten und Funktionselementen gibt Sollparameter vor, die gefunden werden müssen. Es ist die Aufgabe der entwurfsbegleitenden Optimierung, eine möglichst gute Übereinstimmung von Soll- und Istparametern des Entwurfs herzustellen. Bild 4.4 zeigt die verallgemeinerte Vorgehensweise, die in vier Grundfunktionen aufgeteilt werden kann [258]. Ein Rechnermodell beschreibt das jeweilige (Teil-)system. Im Ergebnis der Verhaltenssimulation liegt das Istverhalten bekannt, aus dem zusammen mit dem Sollverhalten die Zielfunktion berechnet wird. Üblich ist die Berechnung der Gütefunktion als Summe der Quadrate des Ausgangsfehlers. Ein mathematisches Optimierungsverfahren ermittelt durch Veränderung von Modellparametern den

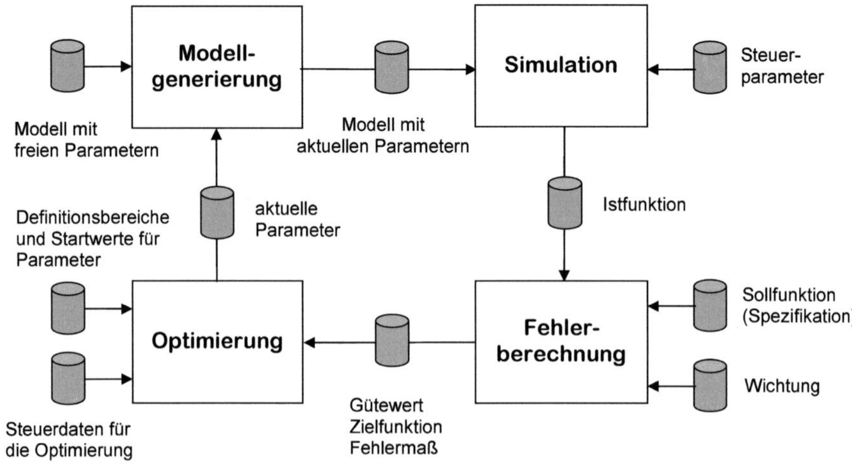

Bild 4.4.: Modulare Optimierung [258]

im Sinne der Aufgabenstellung optimalen Aufbau. Ist die Anzahl der Modellausgangswerte größer als die Anzahl der Parameter und ist das Modell nichtlinear, dann ergibt sich ein überbestimmtes nichtlineares Gleichungssystem, dessen näherungsweise Lösung nur iterativ gefunden werden kann. Problematisch ist hierbei die Definition eines zulässigen Startdesigns und die Identifikation eines globalen Optimums.

Die Ausführung der Grundfunktionen kann von Spezialprogrammen übernommen werden. Vom Fraunhofer-Institut IIS wurde das modulare Optimierungssystem MOSCITO (⟨engl.⟩ Modular System for Constraint Nonlinear Microsystems Optimization) für den Entwurf von Mikrosystemen entwickelt. Es gestattet die Kopplung verschiedener Simulatoren und Optimierungsverfahren. Es ist Gegenstand der Dissertation Schneider [252], ebenso wie spezielle Fragen der nichtlinearen simulationsgestützten Optimierung in diesem Zusammenhang.

In Kooperation mit dem Fraunhofer-Institut IIS Dresden wurde MOSCITO zur simulationsbasierten Entwurfsoptimierung von Flachspulen eingesetzt (siehe Abschnitt 3.8.5).

4.2. Hard- und Software-Codesign digitaler Systemkomponenten

Die Signalverarbeitungs-, Speicher-, Steuerungs-, Kontroll- und Übertragungsaufgaben des Mikrosystems nehmen digitale Komponenten wahr. Die gewünschte Funktionalität kann physisch oder logisch implementiert werden. Mikroelektronische *Hardware*-Bausteine erfüllen dabei *physisch* die Funktionalität entweder vollständig oder durch die Bereitstellung eines Befehlsumfanges. *Software*-Module setzen die Funktionalität *logisch* in Form von Befehlsfolgen für die Hardware um. Dabei setzt spezialisierte Hardware geringere Verlustenergie um, als eine Softwarelösung. Kriterien für die Optimierung einer Softwarelösung sind die Ausführungszeit und die Anzahl der Speicherzugriffe [116]. In einem gemischten Systementwurf wird die Entscheidung über die Art der Realisierung und über die Abgrenzung der physischen und logischen Komponenten als *Hardware-Software-Codesign* bezeichnet [262].

Algorithmen der Signalverarbeitung können in einer Weise in anwendungsspezifische integrierte Schaltungen (ASICs) abgebildet werden, die die Hardwarelösung in Bezug auf einen minimalen Energieverbrauch oder einen minimalen Platzbedarf optimiert [161, 187, 189, 177]. Ein ASIC vereint nur die notwendigen Baugruppen und kann zudem periphere Schnittstellenbaugruppen aufnehmen, die sonst durch externe Bauelemente bereitgestellt werden müssen. Andererseits kann das Applikationsfeld eines ASICs begrenzt sein oder die Komplexität des Algorithmus einen zu großen Hardware- und Entwurfsaufwand mit sich bringen. Dann ist die Umsetzung des Algorithmus in eine Softwarelösung auf frei programmierbare Standardprozessoren und -baugruppen sinnvoll. Zur Abarbeitung des jeweiligen Algorithmus wird dann nur ein geringer Teil des Befehlssatzes und damit von Hardwarekomponenten auf dem DSP genutzt. Das ist selbst bei einem Universal-DSP, der auf Aufgaben der Signalverarbeitung zugeschnitten ist, der Fall.

Zur Gewährleistung der Hardwareunabhängigkeit der verschiedenen Softwareapplikationen besitzen auch autarke Mikrosysteme zunehmend ein Betriebssystem. Solche Betriebssysteme sind speziell auf die Anforderungen und Zielanwendung eines solchen Mikrosystems zugeschnitten und deutlich weniger komplex als ein Universalbetriebssystem. Bekannte zugeschnittene Betriebssysteme sind das TinyOS, LiteOS, nesC oder Contiki [133]. Wichtige Aspekte der Software sind ihre Sicherheit, Mobilität, die Bedienbarkeit in Bezug auf Entwicklung und Management, Debugging und Nutzerkontrolle, sowie die Middleware, d.h. Unterstützungsprogramme zwischen dem System und der Treibersoftware [303]. Der Speicherbedarf für das Betriebssystem übersteigt deutlich den für die Signalverarbeitung. In einem System zur lokalen Schwingungsüberwachung [178] umfasste das Betriebssystem 60% der ca. 10000 Programmzeilen, die Kommunikationsprogramme 22% und die Signalverabeitung 18%.

Eine geeignete Methode für das Hardware-Software-Codesign ist die Strukturierte Analyse [47, 312]. Im Ergebnis liegt ein hierarchisch gegliedertes Anforderungsdokument für Umfang und Inhalt der betrieblichen Anwendung vor, die in dem geplanten Softwaresystem realisiert werden soll. Die Strukturierte Analyse ist eine graphische Methode, die mit Hilfe eines Top-Down-Vorgehens ein komplexes System in immer einfachere Funktionen bzw. Prozesse aufteilt und gleichzeitig eine Datenflussmodellierung durchführt. In ihrer Grundform ist die Strukturierte Analyse eine statische Analyse, die jedoch später um Methoden für dynamische Analysen erweitert wurde [125].

Eine mögliche Darstellungsform für die Systemanforderung ist nach Hatley und Pirbhai das Anforderungsmodell und für die Systemarchitektur das Architekturmodell [108]. Anforderungsmodell und Architekturmodell ergänzen einander. Prozesse im Anforderungsmodell verweisen auf eine Position im Architekturmodell. Die Systemarchitektur wir oft grafisch entworfen, zum Beispiel mit Schaltungs- und Signalflussgraphen. Digitale Hard- und Softwaremodelle werden dabei wie in Bild 4.5 unterschieden [262]. Das Anforderungsmodell fasst die funktionalen Anforderungen und das Steuerverhalten des Systems mit Hilfe eines Prozessmodells und eines Steuermodells zusammen. Das Prozessmodell arbeitet mit Hilfe von Datenflussdiagrammen. Es zerlegt jede Anforderung in einzelne Funktionen (Prozesse) und stellt diese als Netzwerk dar [108]. Komplexere Prozesse können in Teilprozesse zerlegt werden. Der Zweck eines Prozesses ist es, einen Eingabedatenfluss in einen Ausgabedatenfluss umzuwandeln. Das Steuermodell legt die Übergangsbedingungen von einem Prozess zum nächsten Prozess fest. Da alle Prozesse auf Softwareebene reali-

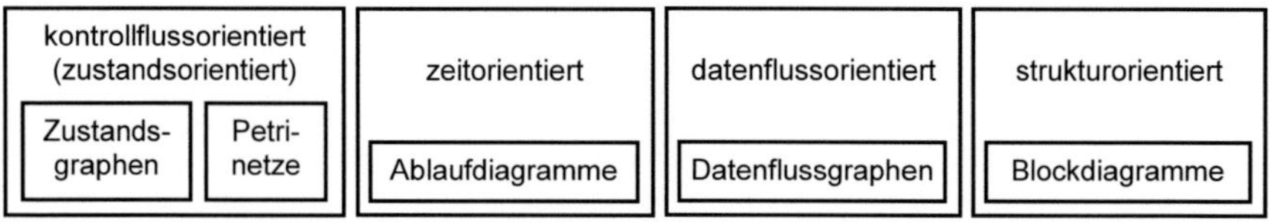

Bild 4.5.: Unterscheidung von Darstellungen digitaler Hard- und Softwaremodelle nach [262]

siert werden können, sind für die weitere Spezifizierung der Datenverarbeitung innerhalb von Prozessen Programmablaufpläne genügend aussagefähig [139].

Mit der Strukturierte Analyse lassen sich die wichtigsten strukturellen und funktionellen Eigenschaften eines System allgemein verständlich beschreiben. Sie ist daher nicht auf den Entwurf von Software beschränkt, sondern hat beispielsweise auch Einzug in die Mechatronik gefunden [125].

4.3. Modellierung beim Entwurf von Systemen mit sensorischen Mikroimplantaten

Der folgende zweite Teil der Arbeit stellt verschiedene Modelle vor, die in Verbindung mit Mikroimplantaten für orthopädische Anwendungen erarbeit wurden. In Kapitel 5 werden verschiedene Modelltypen eingesetzt, um das dynamische Verhalten eines Oberschenkel-Hüftprothesen-Verbundes und seiner Schwingungsanregung zu beschreiben. Die Simulationen sind die Voraussetzung für Aussagen zu den Resonanzfrequenzen, den daraus folgenden Messbereich des Sensors und zu seiner Lage. Erstmals wurde dazu auch ein mechanisches Netzwerkmodell eingesetzt und validiert. Es eröffnet neue Möglichkeiten der analytisch-modellgestützten Signalverarbeitung.

In Kapitel 6 wird ein piezomagnetischer Biegesensor auf mehreren Systemebenen mit verschiedenen Methoden modelliert. Neue Netzwerkmodelle gestatten eine schnelle und effiziente Simulation des Sensorverhaltens als Voraussetzung für die Optimierung des Sensors. Die Teilmodelle sind allgemeingültig und können auch für die Beschreibung des dynamischen Verhaltens anderer elektromagnetischer oder piezomagnetischer Aufbauten eingesetzt werden.

Kapitel 7 behandelt den hypothetischen Einsatz eines zylindrischen Permanentmagneten zur modellgestützten intrakorporalen Positionsortung. Dazu sollte wegen der besseren Integrierbarkeit ein vereinfachtes analytisches Modell der magnetischen Feldverteilung eingesetzt werden, welches die Feldverteilung eines Ringstromes beschreibt. Für eine höhere Genauigkeit der Positionsberechnungen bestand die Aufgabe der analytischen Erweiterung dieses Modells. Die gemessene Feldverteilung von Dauermagneten war zu stark mit Störungen überlagert, so dass die Messwerte als Sollgrößen nicht in Betracht kamen. Der Ausweg bestand in der Synthetisierung der Feldverteilung mit Hilfe eines FE-Modells der Dauermagneten. Es wird gezeigt, das mit dem korrigierten Dipolmodell eine hochgenaue Schätzung der Position möglich ist.

Teil II: Beispiele für den Einsatz von Mikroimplantaten in der Orthopädie

5. Lockerungsdetektion von Hüftprothesen mittels Schwingungsanalyse

In Abschnitt 2.1.3 wurde ein System zur Lockerungsdetektion von Hüftprothesen mittels Schwingungsanalyse vorgestellt. In diesem Kapitel werden einige Modelle des Femur-Prothesen-Verbundes diskutiert. Eine Übersicht der verschiedenen Modelltypen zeigt Bild 4.3. Die Biomechanik hat den Verbund vorwiegend mit Finite-Elemente-Modellen mit dem Ziel der Simulation des dynamischen Verhaltens bei verschiedenen Szenarien der Prothesenlockerung beschrieben. Die Simulationsergebnisse wurden mit Messungen an freistehenden Femores mit einzementierten Prothesen verglichen. FE-Simulationen der Eigenfrequenzänderungen der Prothese bei distaler und proximaler Lockerung dienten als Ausgangspunkt für weiterführende Analysen des Schwingungsverhaltens des Femur-Prothesen-Verbundes.

Im Gegensatz zu den bekannten Modellen werden in dieser Arbeit das Shaker-Anregungssystem und der Femur-Prothesen-Verbund mit Hilfe eines mechanischen Netzwerkes analysiert. Damit werden Voraussetzungen für eine modellgestützte Diagnose des Lockerungszustandes geschaffen. Die Eigenfrequenzen des Femur-Prothesen-Verbundes werden außerdem mit Hilfe der Viertormatrix eines Biegewellenleiters vereinfacht analysiert. Eine detaillierte Beschreibung der Verbindung von Femur und Prothese gestattet ein Finites Netzwerkmodell. Mit einem solchen Modell werden ebenfalls Aussagen zum Einfluss idealer Randbedingungen auf die Eigenfrequenzen des Verbundes getroffen, die eine Messung bestätigt. Aus der Literatur sind die nachfolgend vorgestellten Analysen auf der Grundlage der Euler-Bernoullischen Balkentheorie und die Verwendung finiter Netzwerkmodelle im Zusammenhang mit Prothesenlockerungen bisher nicht bekannt.

5.1. Modellierung der Femuranregung mit elektrodynamischem Shaker

Bei den Untersuchungen im PROTEL-Projekt erfolgte die Schwingungsanregung des Femur-Prothesen-Verbundes im Kniebereich. Wie in Abschnitt 2.1.3.4 erläutert, dient eine spezielle Vorrichtung zur Ankopplung der Schwingungen. Sie wurde so konstruiert, dass sie den Shakerrahmen und seine Trägerplatte schwingungstechnisch vom Einleitungspunkt am Femurcondylus entkoppelt. An der Shakerplatte treten nur kleine Auslenkungen um einen Arbeitspunkt auf. Nachfolgend wird die Quellenimpedanz des Aufbaus deshalb mit Hilfe eines mechanischen Netzwerkes analysiert.

Bild 5.1:a zeigt das Modell des mechanischen Systems, Bild 5.1:b die Schaltungsrepräsentation. Die Nachgiebigkeit n_1 verbindet die schwingende Wandlerplatte mit der Rahmenkonstruktion, die den Magneten einschließt. Sie hat die Masse m_1. Der Nachgiebigkeit ist die Reibungsimpedanz r_1 zugeordnet. Die Wandlerplatte und der Teil der Trägerkonstruktion, mit dem sie direkt verbunden ist, besitzen die Masse m_2. Weitere

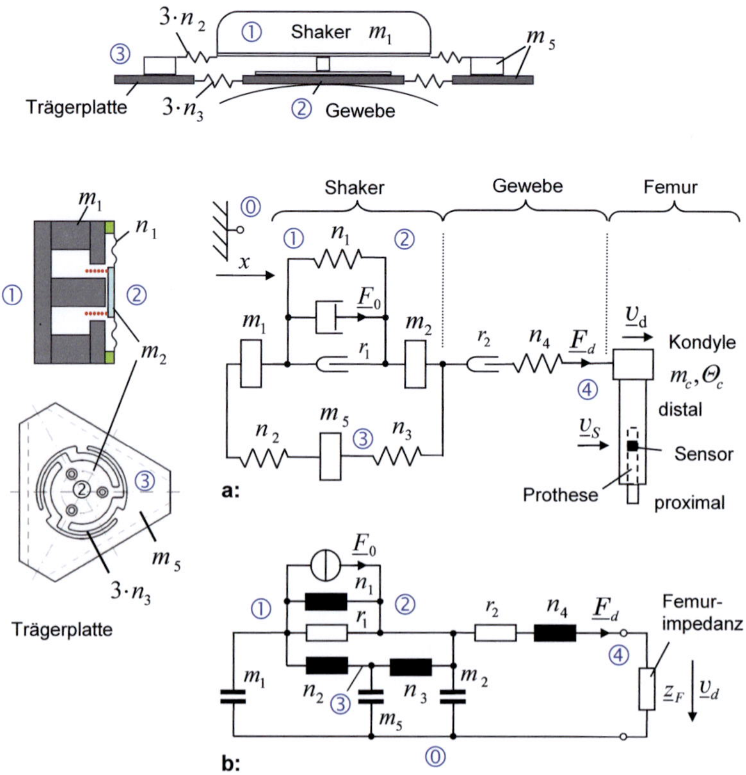

Bild 5.1.: Modell der Femuranregung mit dem Shaker

Verluste im Anregungssystem bis zum Gewebe werden vernachlässigt.

Der Shaker erzeugt die Quellenkraft F_0 zwischen den Systempunkten ① und ②. Seine Resonanzfrequenz von 360 Hz ist durch die Plattenmasse von 1 g und Nachgiebigkeit n_1 bestimmt. Die Masse m_1 verbindet die Kraftquelle mit dem Inertialsystempunkt ⓪ im interessierenden Frequenzbereich. Die Masse sollte daher groß gegenüber den anderen involvierten Massen sein. Biegefedern mit der Gesamtnachgiebigkeit n_3 verbinden die innere Trägerplatte mit der äußeren Trägerplatte — dem Systempunkt ③ mit der Masse m_5 — und Biegefedern mit der Gesamtnachgiebigkeit n_2 das Shakergehäuse mit der äußeren Trägerplatte. Diese beiden Nachgiebigkeiten müssen sehr groß sein, um den Einfluss der äußeren Trägerplatte gering zu halten. Die Nachgiebigkeit n_4 und die Reibungsimpedanz r_2 repräsentieren Haut und Gewebe über dem Femurcondylus. Sie stellen schließlich die Anregungskraft F_d am Systempunkt ④ bereit.

Bei der Berechnung der Quellenadmittanz $\underline{h}(\mathrm{j}\omega)$ von Schaltung 5.1:b zwischen den Systempunkten ④ und ⓪ wird angenommen, dass die Nachgiebigkeiten n_2 und n_3 aufgrund ihres großen Wertes Wechselkräfte blockieren. Damit beträgt die Quellenadmittanz:

$$\underline{h}(\mathrm{j}\omega) = \mathrm{j}\omega n_4 \left(1 - \frac{\omega_3^2}{\omega^2 \left(1 - \frac{\omega_2^2}{\omega^2} \frac{1}{\frac{1}{1+\mathrm{j}\eta_1} - \frac{\omega_1^2}{\omega^2}} \right)} + \frac{1}{\mathrm{j}\eta_2} \right)$$

mit

$$\omega_1^2 = \frac{1}{m_1 n_1}\,, \quad \eta_1 = \omega n_1 r_1\,, \quad \eta_2 = \omega n_3 r_2\,, \quad \omega_2^2 = \frac{1}{m_2 n_1}\,, \quad \omega_3^2 = \frac{1}{m_2 n_4}\,.$$

Bei Vernachlässigung der Reibung wird der Nenner bei

$$\begin{aligned} \omega^4 - \omega^2 \left(\omega_1^2 + \omega_2^2 + \omega_3^2 \right) + \omega_1^2 \cdot \omega_3^2 &= 0 \\ z^2 - pz + q &= 0 \end{aligned} \tag{5.1}$$

gleich Null und geht bei

$$\omega_p^2 = \omega_1^2 + \omega_2^2$$

gegen Unendlich. Gln. 5.1 hat die beiden Nullstellen

$$z_{1,2} = \frac{p}{2} \pm \sqrt{\frac{p^2}{4} - q} = \omega_{01,02}^2\,.$$

Den resultierenden Frequenzgang zeigt Bild 5.2. Mit $m_1 = 56\,\mathrm{g}$, $n_1 = 1{,}9 \cdot 10^{-4}\,\mathrm{m/N}$, $m_2 = 10\,\mathrm{g}$ und $n_4 = 10{\cdot}10^{-6}\,\mathrm{m/N}$ ergeben sich $f_{01} = 47\,\mathrm{Hz}$, $f_p = 125\,\mathrm{Hz}$ und $f_{02} = 516\,\mathrm{Hz}$. Bei Verringerung der Anpresskraft auf den Femur vergrößert sich die Nachgiebigkeit n_4. Eine Vergrößerung auf $n_4 = 1 \cdot 10^{-3}\,\mathrm{m/N}$ verringert f_{01} auf 18 Hz und lässt f_p nahezu unverändert. Die obere Nullstelle tritt hier schon bei $f_{02} = 134\,\mathrm{Hz}$ auf und liegt damit – wie gewünscht – ebenfalls unterhalb des interessierenden Frequenzbereiches für die Schwingungsanalyse. Bei höheren Frequenzen als f_{02} dominiert n_4 die Quellenimpedanz, die proportional mit der Frequenz steigt. Die Kopplungsnachgiebigkeit ist somit für die Shakeranregung von großer Bedeutung.

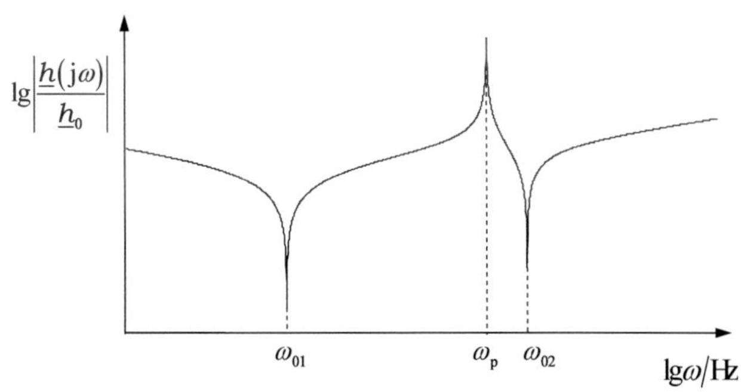

Bild 5.2.: Frequenzgang der Quellenimpedanz bei Shakeranregung

5.2. FEM Modalanalyse

Um das Schwingungsverhalten der Prothese bei verschiedenen Lockerungsgraden zu simulieren, erarbeitete Paschold an der TU Dresden ein FE-Modell der Prothese [219]. Das FE-Modell der Prothese wurde Bottom-up erstellt, indem geometrische Grundkörper aneinandergefügt wurden. Das Modell bietet den Vorteil, dass eine proximale Einspannung der Prothese simuliert werden kann, die sich bei Prüfstandsversuchen nur schlecht nachbilden lässt. Der Femur wurde bei diesem Modell nur in Form von Randbedingungen berücksichtigt, die eine Einspannung der Prothese simulieren, die Prothese daher als Monoresonator betrachtet. Stellvertretend für die realen Schwingformen der Prothese wurden die Eigenschwingformen mit einer Modalanalyse bestimmt.

Das FE-Modell wurde anhand der frei schwingenden Prothese validiert. Dazu wurde eine Prothese so befestigt, dass außer der Anregungskraft keine anderen Kräfte und keine Momente auf die Prothesenenden wirkten. In y-Richtung, das ist die Richtung senkrecht zur Prothesenfläche, wurde über eine proximale Beschleunigungsmessung die erste Eigenfrequenz bei 1,526 kHz und die zweite Eigenfrequenz bei 3,9 kHz ermittelt. Bild 5.5 zeigt die in die Prothese eingebauten Sensoren. Über den mit der Prothese verbundenen Magneten und ein äußeres Magnetfeld wurden die Prothesenschwingungen angeregt. Diese Messergebnisse stimmen mit den Ergebnissen der FEM-Modalanalyse überein.

Der Fall der frei schwingenden Prothese tritt in der ärztlichen Praxis praktisch nicht auf. Bei den weiteren Simulationen wurde die Prothese distal mit verschiedenen Längen verankert, wie in Bild 5.3 dargestellt. Dies entspricht einer rein primären Stabilisierung des Hüftschaftes im Femur durch die Keilwirkung im kortikalen Knochenbereich, allerdings nur im ungedämpften Fall. Bei den Simulationen zeigte sich, dass die Eigenfrequenzen der einseitig eingespannten Prothese deutlich geringer sind, als bei der frei schwingenden Prothese. So beträgt die Frequenz der Grundschwingung bei einer Fixierung auf einer Länge von 10 mm nur 363 Hz. Allerdings ist dieser Fall der fast vollständigen Lockerung eher unwahrscheinlich; eine Fixierung auf 70 mm Länge würde immer noch die Lockerung von 50 % der Prothese beschreiben. In Bild 5.6 sind die Änderungen der Eigenfrequenzen bei den verschiedenen distalen Prothesenverankerungen zusammengefasst. Es kann festgestellt werden, dass die Schwingungen bis zur 4. Eigenfrequenz im Frequenzbereich des verwendeten Beschleunigungssensors ADXL202 liegen und die Frequenzbänder einander überschneiden. Für die Diagnostik der Prothesenlockerung sollte nach diesen Ergebnissen daher ein möglichst vollständiges Spektrum der Schwingungen erstellt werden [176].

Der Fall einer distalen Lockerung der Prothese wurde durch eine Veränderung des Winkels beschrieben, der den Festigkeitsbereich ab der Resektionsebene charakterisiert. Die Winkel 55 Grad, 66.5 Grad, 78 Grad gehen von der Schaftachse aus. Auf den Kopfmittelpunkt wurde eine externe Kraft von 2300 N in x-Richtung angelegt, wobei Freiheitsgrade des Kopfmittelpunktes in x- und y-Richtung angenommen wurden (DOF: uyuz). Aufgrund der Prothesengeometrie werden im Ergebnis der Modalanalyse die größten Auslenkungen in y-Richtung erwartet (1., 3. und 5. Eigenfrequenz). Im Vergleich zur distalen Fixierung treten andere Eigenschwingungen auf, deren Frequenzen aber im gleichen Bereich liegen.

Die Modalanalyse gestattet nur eine erste Abschätzung des Prothesenverhaltens. Da der Phasenwinkel zu einer Anregungsschwingung bei einer Modalanalyse keine Rolle spielt, entsprechen die Eigenschwingformen nicht den realen Schwingformen. Die Randbedingungen für die Lockerungssimulationen fixieren die Prothese in einem genau definierten

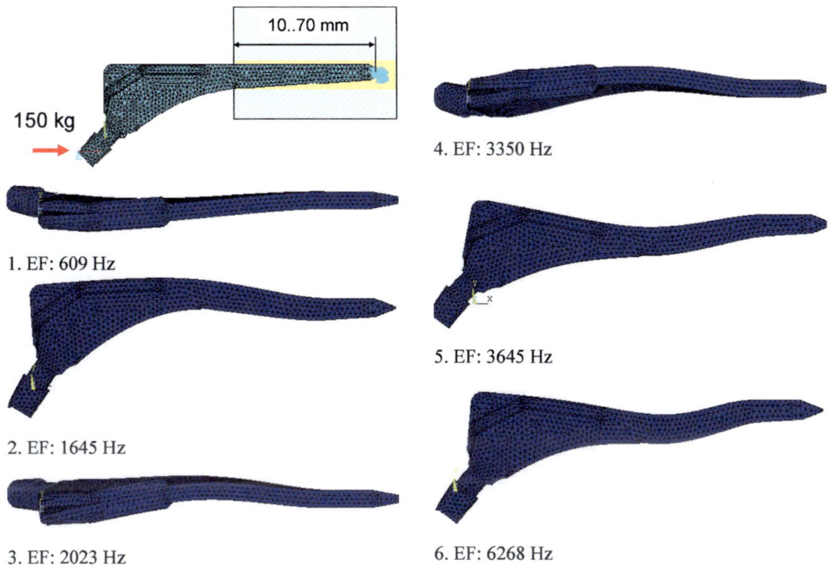

Bild 5.3.: Eigenfrequenzen (EF) und Eigenschwingformen der Prothese bei einer 40 cm langen distalen Einspannung

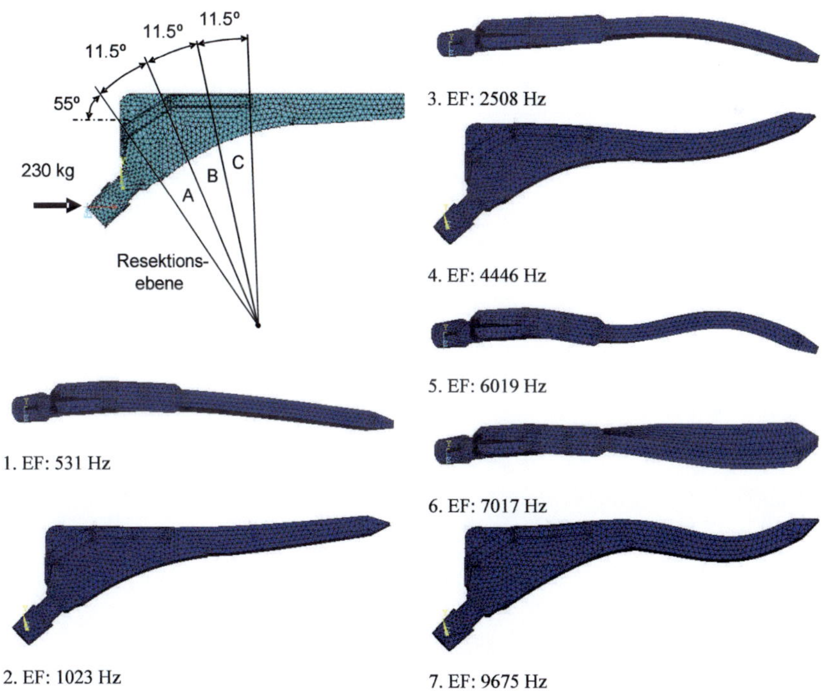

Bild 5.4.: Eigenfrequenzen (EF) und Eigenschwingformen der Prothese bei einer proximalen Fixierung im Bereich A

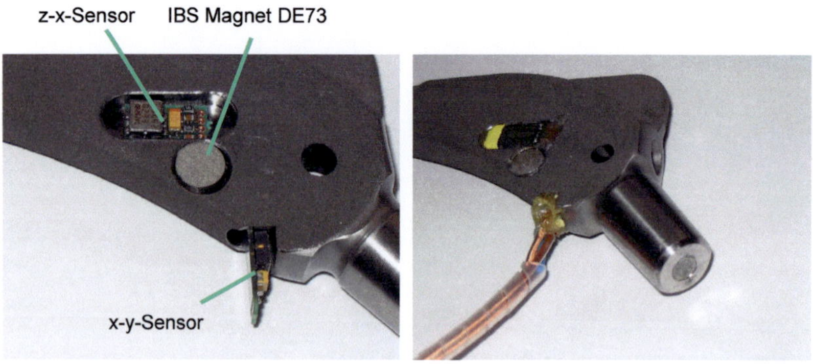

Bild 5.5.: Präparierte Prothese zur Messung der freien Schwingungen bei magnetischer Anregung

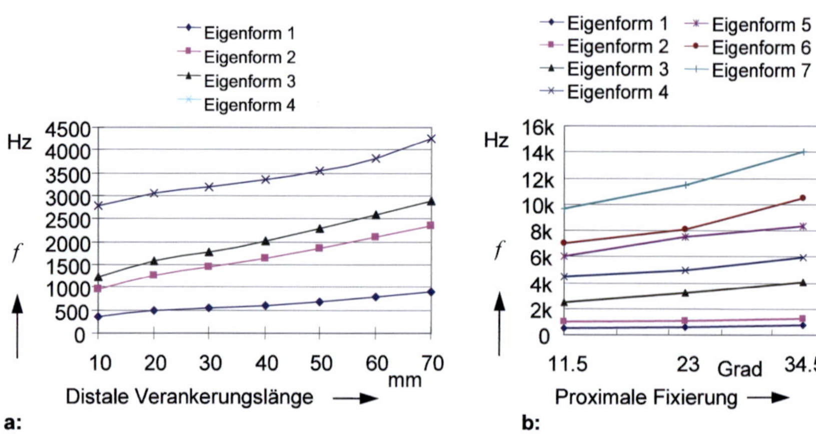

Bild 5.6.: Änderungen der Eigenfrequenzen bei verschiedenen distalen (a) und proximalen (b) Verankerungen

Gebiet; bei einer realen Lockerung wird dies kaum der Fall sein. Es wird davon ausgegangen, dass sich nach derzeitigem Stand anhand der Schwingungsmessungen nicht unterscheiden lassen wird, ob eine distale oder proximale Lockerung vorliegt. Wichtig für das Erkennen einer Lockerung ist die Änderung der Frequenzmuster über einen längeren Zeitraum. Daraus ergibt sich unter den getroffenen Annahmen bei diesem Verfahren die Notwendigkeit regelmäßiger Messungen.

5.3. Analyse von Femur und Prothese mit der Euler-Bernoullischen Balkentheorie

Eine Analyse der Wellenvorgänge auf Femur und Prothese führt zu Raum-Zeit-Differenzialgleichungen. Aus diesen Differenzialgleichungen lassen sich eine Vielzahl möglicher Vorgänge ableiten. Bei den nachfolgenden Betrachtungen bleiben alle Vorgänge unberücksichtigt, die mit einer Abstrahlung und Ausbreitung von Wellen in Räumen verknüpft sind, wobei mindestens eine Koordinate bis in das Unendliche ausgedehnt ist. Ebenso bleiben Wechselwirkungen zu elektrischen und magnetischen Feldern unberücksichtigt [148]. Lediglich eindimensionale mechanische Wellenvorgänge werden betrachtet.

Wie bei der Modalanalyse in Abschnitt 5.2 wird im nächsten Abschnitt zunächst die alleinschwingende Prothese ausgehend von der Euler-Bernoullischen Balkentheorie analysiert und in den Abschnitten 5.3.3 sowie 5.3.4 der Verbund aus Prothese und Femur. In allen Analysen wird die Dämpfung nicht einbezogen. Aufgrund der getroffenen Vereinfachungen reicht die Genauigkeit der Simulationsergebnisse nicht an die der FE-Simulationen heran.

5.3.1. Eigenschwingformen eines Balkens unter Punktmasseneinfluss

Zunächst wird der Femureinfluss auf die Eigenschwingformen $W_k(x)$ der distal frei schwingenden Prothese abgeschätzt. In diesem Fall ist der Prothesenschaft nicht in den Knochen eingewachsen. Bewegungen des Prothesenschaftes sind möglich, was konstruktiv gewünscht ist. Die Eigenschwingformen sind die in der analysierten Richtung örtlich verteilten Schwingungsamplituden bei den Eigenfrequenzen. Der Einfluß der Querkontraktion auf das Schwingungsverhalten wird im Folgenden vernachlässigt. Die Prothese wurde als rechteckiger Balken mit der Länge l und dem mittleren Querschnitt $b \cdot h$ modelliert, wie in Bild 5.7 gezeigt. Als Balken gilt ein stabförmiges Tragglied, das längs und quer zu seiner Achse belastet werden kann. Betrachtet werden nachfolgend nur Belastungen in y-Richtung quer zu seiner Längsachse, so dass er in x-Richtung mit $w(x,t)$ ausgelenkt wird. Die Achse sei im unbelasteten Zustand gerade. Die Verjüngung des Prothesenschaftes wurde vernachlässigt, das Gesamtvolumen aber berücksichtigt. Die Ti6AlV Schmiedelegierung weist ein Elastizitätsmodul von 112 kPa und eine Dichte von 4,5 kg/cm^3 auf. Es

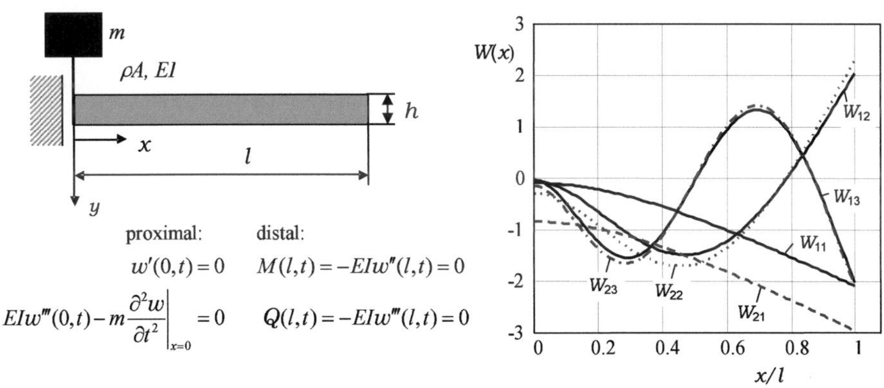

Bild 5.7.: Modellierung des Femur-Prothesen-Verbundes durch einen einseitig durch eine Punktmasse belasteten massebehafteten Biegebalken und berechnete ortsabhängige Schwingungsamplituden bei einem Masseverhältnis Femur/Prothese von 10:1 (W_{1X}) und 2:1 (W_{2X})

wurde angenommen, dass die Prothese durch den Femur fest eingespannt wird, so dass $w'(0,t) = 0$ gilt. Die Prothese ist proximal mit dem Femur verbunden, der als Punktmasse m modelliert wurde. Die Querkraft $Q(0,t)$ am proximalen Ende muss gleich der Beschleunigungskraft der Masse sein. Auf der freien proximalen Seite sind Querkraft $Q(l,t)$ und Biegemoment $M(l,t)$ gleich Null.

Der allgemeine Fall der Biegeschwingungen von Balken, der sowohl Schubdeformation als auch die Drehträgheit berücksichtigt, wird durch die Balkentheorie von Timoshenko beschrieben. Die Schubverformung der Querschnittsebene führt zu einer Drehung der Querschnittsebene um den Schubwinkel. Für den Sonderfall, dass die Rotationsträgheit vernachlässigt wird und der Balken als schubstarr betrachtetet wird, ergibt sich aus den Timoshenko-Gleichungen die Euler-Bernoullische Balkentheorie. Beim Euler-Bernoulli-Balken bleiben Querschnitte, die ursprünglich rechtwinklig zur neutralen Ebene bzw. Nulllinie sind, bei der Verformung eben. Bei reiner Biegung (M = const) ist die Biegelinie ein Kreis. Bei einer Modellierung des Prothesenschaftes als Euler-Bernoulli-Balken der Länge l und der Biegesteifigkeit EI gilt für die Auslenkung $w(x,t)$ im Fall freier Schwingungen:

$$\frac{\partial^4 w}{\partial x^4} + \frac{\rho \cdot A}{E \cdot I} \cdot \frac{\partial^2 w}{\partial t^2} = 0 \tag{5.2}$$

Eine allgemeine Lösung dieser Gleichung ist nicht bekannt. Der Lösungsansatz für harmonische Schwingungen

$$w(x,t) = W(x) \cdot \cos(\omega \cdot t - \alpha)$$

führt aber auf eine spezielle Lösung. Mit diesem Ansatz, der eine in positiver x-Richtung laufende Welle beschreibt, geht die Differenzialgleichung über in

$$\frac{\mathrm{d}^4 W}{\mathrm{d}x^4} - k^4 \cdot W = 0\,, \quad k^4 = \omega^2 \cdot \frac{\rho \cdot A}{E \cdot I} = \omega^2 \cdot m' n'_R, \tag{5.3}$$

$$k = \sqrt{\omega\sqrt{m' n'_R}} = \frac{1}{l}\sqrt{\omega\sqrt{m' l n'_R l^3}} = \frac{1}{l}\sqrt{\omega\sqrt{m n_0}} = \frac{1}{l}\sqrt{\omega/\omega_0},$$

mit den Bezugsgrößen

$$n_0 = n'_R l^3 = \frac{l^3}{EI}, \quad m = \rho l A, \quad \omega_0 = \frac{1}{\sqrt{m n_0}}, \quad z_0 = \sqrt{\frac{m}{n_0}} = \omega_0 m = \frac{1}{\omega_0 n_0}$$

und dem charakteristischen Polynom

$$\lambda^4 - k^4 = (\lambda - i \cdot k) \cdot (\lambda + i \cdot k) \cdot (\lambda - k) \cdot (\lambda + k) = 0\,,$$

das die allgemeine Lösung

$$W(x) = A \cdot \cos(kx) + B \cdot \sin(kx) + C \cdot \cosh(kx) + D \cdot \sinh(kx) \tag{5.4}$$

besitzt. Mit den genannten Randbedingungen lassen sich die 4 Konstanten A,B,C,D aus den Gleichungen

$$\begin{aligned}
W(x) &= A\cos(kx) && +B\sin(kx) && +C\cosh(kx) && +D\sinh(kx)\\
W'(x) &= -Ak\sin(kx) && +Bk\cos(kx) && +Ck\sinh(kx) && +Dk\cosh(kx)\\
W''(x) &= -Ak^2\cos(kx) && -Bk^2\sin(kx) && +Ck^2\cosh(kx) && +Dk^2\sinh(kx)\\
W'''(x) &= Ak^3\sin(kx) && -Bk^3\cos(kx) && +Ck^3\sinh(kx) && +Dk^3\cosh(kx)
\end{aligned}$$

bestimmen:

$$W'(x) = 0 \;\rightarrow\; B = -D$$

$$EIw'''(0,t) - m\left.\frac{\partial^2 w}{\partial t^2}\right|_{x=0} = -Bk^3 + Dk^3 + \frac{m\omega^2}{E \cdot I}(A+C) = 0 \;\rightarrow\; 2B = \varepsilon kl(A+C)$$

$$M(l,t) = -EIw''(l,t) = 0 \;\rightarrow$$

$$0 = -Ak^2\cos(kx) - Bk^2\sin(kx) + \left(-A + \frac{2}{\varepsilon kl}B\right)k^2\cosh(kx) - Bk^2\sinh(kx)$$

$$Q(l,t) = -EIw'''(l,t) = 0 \;\rightarrow$$

$$0 = Ak^3\sin(kx) - Bk^3\cos(kx) + \left(-A + \frac{2}{\varepsilon kl}B\right)k^3\sinh(kx) - Bk^3\cosh(kx)$$

mit $m\omega^2/(E \cdot I) = mk^4/(\rho A)$ und dem Verhältnis ε von Zusatzmasse zu Prothesenmasse $\varepsilon = m/(\rho \cdot A \cdot l)$. Daraus ergibt sich das Gleichungssystem

$$\begin{bmatrix} \cos(kl)+\cosh(kl) & \sin(kl) - \frac{2}{\varepsilon kl}\sinh(kl) \\ -\sin(kl)+\sinh(kl) & \cos(kl) - \frac{2}{\varepsilon kl}\sinh(kl) + \cosh(kl) \end{bmatrix} \cdot \begin{pmatrix} A \\ B \end{pmatrix} = \begin{pmatrix} 0 \\ 0 \end{pmatrix}$$

mit nichttrivialen Lösungen, wenn die Koeffizientendeterminante verschwindet:

$$\begin{vmatrix} \cos(kl)+\cosh(kl) & \sin(kl) - \frac{2}{\varepsilon kl}\sinh(kl) \\ -\sin(kl)+\sinh(kl) & \cos(kl) - \frac{2}{\varepsilon kl}\sinh(kl) + \cosh(kl) \end{vmatrix} = 0$$

Daraus folgt die Lösungsgleichung, aus der numerisch die Eigenmoden kl bestimmt werden:

$$\varepsilon kl\,(1 + \cosh(kl)\cos(kl)) - \sinh(kl)\cos(kl) - \cosh(kl)\sin(kl)) = 0$$

Die ersten drei Eigenmoden sind in Tabelle 5.1 für ein Masseverhältnis Punktmasse:Balkenmasse von $\varepsilon_1 = 10 : 1$ ($W_{1\mathrm{x}}$) und $\varepsilon_2 = 2 : 1$ ($W_{2\mathrm{x}}$) aufgelistet:

Tabelle 5.1.: Eigenmoden des Balkens mit einseitig verbundener Masse bei verschiedenen Masseverhältnissen

Eigenmode	ε_1=10	ε_2=2
1	kl_{11}=1,844	kl_{21}=1,663
2	kl_{12}=4,671	kl_{22}=4,567
3	kl_{13}=7,842	kl_{23}=7,786

Eingesetzt in Gln. 5.4 können damit die zugehörigen Eigenschwingformen berechnet werden:

$$W_\mathrm{x}(x) = A_\mathrm{x} \cdot \left[\begin{array}{l} \cos(kl_\mathrm{x}x/l) - \cosh(kl_\mathrm{x}x/l) + \dfrac{\sin(kl_\mathrm{x}) - \sinh(kl_\mathrm{x})}{\cos(kl_\mathrm{x}) - \dfrac{2}{\varepsilon kl_\mathrm{x}}\sinh(kl_\mathrm{x}) + \cosh(kl_\mathrm{x})} \cdot \\ \cdot \left(\sin(kl_\mathrm{x}x/l) - \sinh(kl_\mathrm{x}x/l) + \frac{2}{\varepsilon kl_\mathrm{x}}\cosh(kl_\mathrm{x}x/l)\right) \end{array} \right],$$

die Bild 5.7 zeigt. Daraus wird ersichtlich, dass bei großer Punktmasse im Vergleich zur Prothesenmasse die Schwingungsamplitude der Punktmasse bei höheren Moden auf einen Bruchteil der Amplitude der Prothese am freien Ende absinkt (W_{11},W_{12},W_{13}). Bei den Finite-Elemente-Berechnungen in Abschnitt 5.2 wurde daher die Prothese stets fest eingespannt, statt sie mit einer Masse zu verbinden. In den Abschnitten 5.3.3 und 5.3.4 wird diese Analyse erweitert, um das Wellenleiterverhalten des Femurs einzubeziehen.

5.3.2. Position des Beschleunigungssensors

Bei einer festen Einspannung der Prothese auf proximaler Seite mit der idealen Randbedingung $w_1(0,t) = 0$ und $w_1'(0,t) = 0$ ergeben sich für den Schaft die in Bild 5.8 gezeigten ersten drei Eigenschwingformen in y-Richtung. Mit den getroffenen Annahmen erweisen sich nur ausgewählte Positionen des Schaftes in x-Richtung als geeignet für die Messung der Biegeschwingungen. Die größten Schwingungsamplituden sind am Schaftende ($x/l = 1$) messbar. Kommt diese Position konstruktiv in Betracht, dann stellen auch die anderen schattiert dargestellten Bereiche eine Alternative für die Anordnung des Beschleunigungssensors dar. Die Schwingungsamplituden sind dort geringer, als am Schaftende.

Bei dieser Analyse ist nur der Fall der proximal fest eingespannten Prothese mit frei schwingendem Schaft berücksichtigt. Derzeit ist nicht bekannt, welche Randbedingungen tatsächlich auf die Prothese wirken. Wenn im Gegensatz zum gerade behandelten Fall angenommen wird, dass der gesamte Femur-Prothesen-Verbund schwingt, dann ergeben sich andere Schwingformen. Zur Diskussion eignen sich die analytische Betrachtung des Femurs als Biegewellenleiter, mit dem die Prothese verbunden ist, oder das Finite Netzwerkmodell wie in den folgenden Abschnitten beschrieben. Da die Position des Sensors im entwickelten Schwingungsdiagnosesystem vorgegeben war, wurden weiterführende Untersuchungen zur Optimierung der Sensorposition nicht durchgeführt.

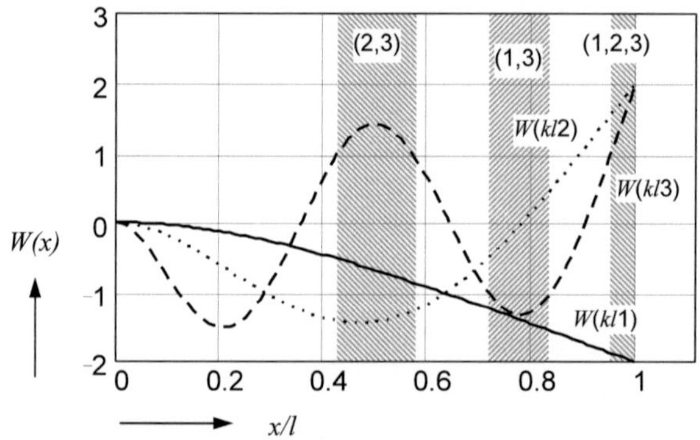

Bild 5.8.: Geeignete Sensorpositionen bei fester Einspannung der Prothese und bei Berücksichtigung der ersten drei Eigenmoden in x-Richtung

5.3.3. Translatorische Femurimpedanz an der Anregungsstelle

Im folgenden wird der Femur über einen Shaker am inneren Condylus sinusförmig jeweils auf einer Frequenz zu Schwingungen angeregt. Die Beschreibung der Schwingungen mit komplexen Größen führt auf gewöhnliche räumliche Differenzialgleichungen von komplexen Amplituden. Die komplexen Größen sind durch einen Unterstrich gekennzeichnet. Die Eigenfrequenzen des Femurs können über die mechanische Impedanz $\underline{z}_1 = \underline{F}_1/\underline{v}_1$ als Lösung der Differenzialgleichung an der distalen Anregungsstelle berechnet werden, die das Verhältnis der dortigen Kraft $\underline{F}_1$ zur Geschwindigkeit $\underline{v}_1$ angibt. Dabei soll

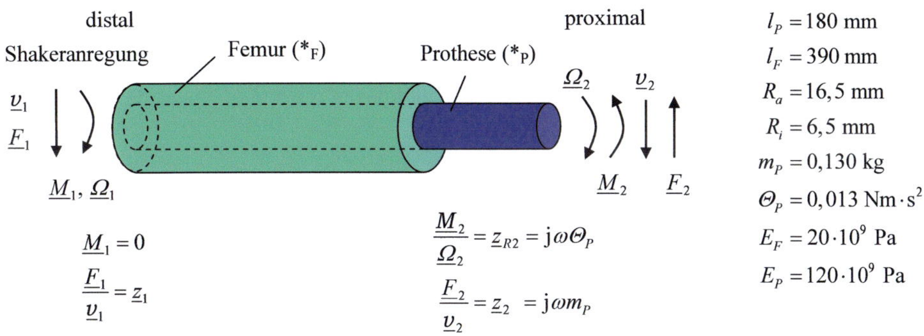

Bild 5.9.: Modellierung des Femurs als röhrenförmiger Biegewellenleiter, der durch die Prothese abgeschlossen wird

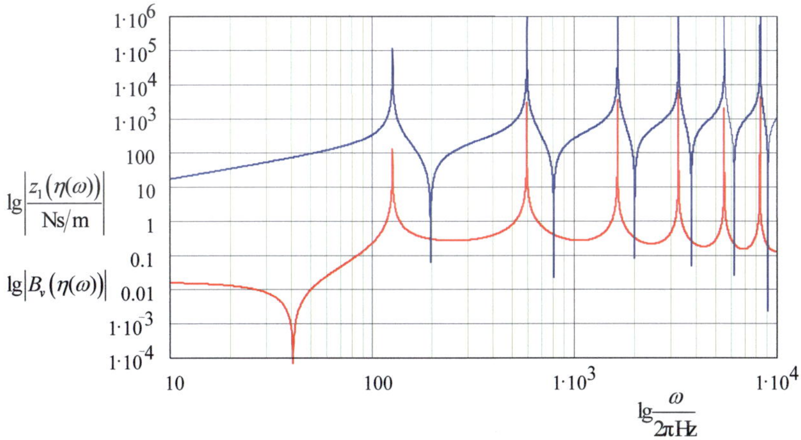

Bild 5.10.: Amplitudenfrequenzgänge der Impedanz des Femurmodells auf der Anregungsseite und der Geschwindigkeitsübertragungsfunktion

der Femur momentenfrei im Kniebereich gelagert sein ($\underline{M}_1 = 0$). Der Femur kann als Rohr mit dem Innenradius R_i und dem Außenradius R_a und damit als Biegewellenleiter angesehen werden, wie in Bild 5.9 dargestellt. Die Prothese mit der Länge l_P wird auf der proximalen Seite mit ihrer Masse m_P und ihrem Trägheitsmoment Θ_P berücksichtigt. Der Biegewellenleiter ist damit auf der proximalen Seite translatorisch mit der Impedanz $\underline{z}_2 = \underline{F}_2/\underline{v}_2 = \mathrm{j}\omega\, m_P$ abgeschlossen und rotatorisch mit der Impedanz $\underline{z}_{R2} = \underline{M}_2/\underline{\Omega}_2 = \mathrm{j}\omega\,\Theta_P$.

Anstelle der Auslenkungsamplituden in Gln. (5.2) erfordert das mechanische Netzwerk die Geschwindigkeitsamplituden. Der Übergang wird mit $\underline{v} = \mathrm{j}\omega\,\underline{w}$ und $\partial^2 w/\partial t^2 = \mathrm{j}\omega\,\underline{v}$ vollzogen:

$$\frac{1}{\mathrm{j}\omega} \cdot \frac{\mathrm{d}^4 \underline{v}}{\mathrm{d}x^4} + \mathrm{j}\omega \frac{\rho \cdot A}{E \cdot I} \cdot \underline{v} = 0\,.$$

Mit den Randbedingungen $(x = 0) : (\underline{v}, \underline{F}, \underline{\Omega}, \underline{M})_{x=0} = (\underline{v}_1, \underline{F}_1, \underline{\Omega}_1, \underline{M}_1)$ und $(x = l) :$

$(\underline{v},\underline{F},\underline{\Omega},\underline{M})_{x=l} = (\underline{v}_2,\underline{F}_2,\underline{\Omega}_2,\underline{M}_2)$ lassen sich die Lösungen für die Koordinaten an der Stelle $(x = 0)$ durch die Koordinaten an der Stelle $(x = l)$ ausdrücken [148]. Die daraus entstehenden Ketten-, Admittanz- und Impedanzmatrizen werden üblicherweise nicht mit den Lösungsbausteinen (5.4) geschrieben, sondern mit den Rayleigh-Funktionen

$$\begin{aligned}
S(x) &= \tfrac{1}{2}(\sinh x + \sin x) \\
C(x) &= \tfrac{1}{2}(\cosh x + \cos x) = \frac{\mathrm{d}S(x)}{\mathrm{d}x} \\
s(x) &= \tfrac{1}{2}(\sinh x - \sin x) = \frac{\mathrm{d}C(x)}{\mathrm{d}x} \\
c(x) &= \tfrac{1}{2}(\cosh x - \cos x) = \frac{\mathrm{d}s(x)}{\mathrm{d}x}\,.
\end{aligned}$$

Aus der Kettenmatrix des Biegewellenleiters [148]

$$\begin{pmatrix} \underline{v}_1 \\ \underline{\Omega}_1 \\ \underline{M}_1 \\ \underline{F}_1 \end{pmatrix} = \begin{pmatrix} C & -\frac{l}{\eta}S & \frac{1}{\mathrm{j}z_0 l}c & \frac{1}{\mathrm{j}z_0}\frac{s}{\eta} \\ -\frac{1}{l}\eta s & C & -\frac{1}{\mathrm{j}z_0 l^2}\eta S & -\frac{1}{\mathrm{j}z_0 l}c \\ \mathrm{j}z_0 lc & \mathrm{j}z_0 l^2\frac{s}{\eta} & C & \frac{l}{\eta}S \\ \mathrm{j}z_0\eta S & -\mathrm{j}z_0 lc & \frac{1}{l}\eta s & C \end{pmatrix} \cdot \begin{pmatrix} \underline{v}_2 \\ \underline{\Omega}_2 \\ \underline{M}_2 \\ \underline{F}_2 \end{pmatrix}$$

mit $\eta = \sqrt{\omega/\omega_0}$, $z_0 = \sqrt{m/n_0}$, $n_0 = l^3/(EI)$, $I_F = \pi/4(R_a^4 - R_i^4)$, den Matrixelementen $\underline{k}_{xx}$ und den Rayleigh-Funktionen ergibt sich:

$$\underline{M}_1 = 0 = \underline{k}_{31}\underline{v}_2 + \underline{k}_{32}\underline{\Omega}_2 + \underline{k}_{33}\underline{M}_2 + \underline{k}_{34}\underline{F}_2$$

$$\underline{\Omega}_2 = -\frac{\underline{k}_{34}\underline{z}_2 + \underline{k}_{31}}{\underline{k}_{33}\underline{z}_{R2} + \underline{k}_{32}}\underline{v}_2 \tag{5.5}$$

und durch Einsetzen von Gln. 5.5 in

$$\underline{z}_1 = \frac{\underline{F}_1}{\underline{v}_1} = \frac{\underline{k}_{41}\underline{v}_2 + \underline{k}_{42}\underline{\Omega}_2 + \underline{k}_{43}\underline{M}_2 + \underline{k}_{44}\underline{F}_2}{\underline{k}_{11}\underline{v}_2 + \underline{k}_{12}\underline{\Omega}_2 + \underline{k}_{13}\underline{M}_2 + \underline{k}_{14}\underline{F}_2}$$

$$\underline{z}_1 = \frac{\underline{k}_{41} + \underline{k}_{44}\underline{z}_2 - \dfrac{\underline{k}_{34}\underline{z}_2 + \underline{k}_{31}}{\underline{k}_{33}\underline{z}_{\mathrm{R}2} + \underline{k}_{32}}(\underline{k}_{42} + \underline{k}_{43}\underline{z}_{\mathrm{R}2})}{\underline{k}_{11} + \underline{k}_{14}\underline{z}_2 - \dfrac{\underline{k}_{34}\underline{z}_2 + \underline{k}_{31}}{\underline{k}_{33}\underline{z}_{\mathrm{R}2} + \underline{k}_{32}}(\underline{k}_{12} + \underline{k}_{13}\underline{z}_{\mathrm{R}2})}\,. \tag{5.6}$$

In Bild 5.10 ist die Impedanz des Rohres, das den Femur nachbildet, am distalen Ende über die Frequenz aufgetragen. Die Polstellen kennzeichnen Resonanzen[1], die Nullstellen Antiresonanzen. Bei unendlich großer mechanischer Eingangsimpedanz ist auch eine unendlich große Kraft erforderlich, um die Geschwindigkeit v_1 zu erzielen. Bei Resonanz ist die Kraft $F_1 = 0$. Die erste Polstelle tritt bei diesem Röhrenmodell bei 122 Hz auf, die erste Nullstelle bei 195 Hz. Die Polstelle liegt in der Nähe der von Li, Jones und Gregg gemessenen Grundfrequenz eines frei stehenden Femur-Prothesen-Verbundes [151].

Die Polstellen korrespondieren mit den Polen der Übertragungsfunktion

$$\underline{B}_v = \frac{\underline{v}_2}{\underline{v}_1} = \frac{1}{\underline{k}_{11} + \underline{k}_{14}\underline{z}_2 - \dfrac{\underline{k}_{34}\underline{z}_2 + \underline{k}_{31}}{\underline{k}_{33}\underline{z}_{\mathrm{R}2} + \underline{k}_{32}}(\underline{k}_{12} + \underline{k}_{13}\underline{z}_{\mathrm{R}2})}$$

[1] In der Mechanik treten bei Resonanz die Auslenkungs-, Geschwindigkeits- oder Beschleunigungsmaxima auf, bei einer Antiresonanz deren Minima.

zwischen der Schwinggeschwindigkeit $\underline{v}_2$ an der Kopplungsstelle von Femurrohr und Prothesenzylinder und der Schwinggeschwindigkeit $\underline{v}_1$ am Condylus auf der Anregungsseite, wie in Bild 5.10 gezeigt. Die Polstellen liegen in der Nähe der messbaren Resonanzüberhöhungen an dieser Verbindungsstelle.

Eine verfeinerte Analyse der örtlich verteilten Femur-Prothesen-Kopplung und Schwingungsamplituden kann mit einem Finiten Netzwerk vorgenommen werden, wie im nächsten Abschnitt gezeigt.

5.3.4. Analyse des Einflusses idealer Randbedingungen

Mit Hilfe des in diesem Abschnitt beschriebenen Finiten Netzwerkes sollte die Frage nach dem Einfluss idealer Randbedingungen auf die Eigenfrequenzen des örtlich unterschiedlich gekoppelten Femur-Prothesen-Verbundes simulationsbasiert beantwortet werden. Die Prothese wurde dazu in $n = 10$ und der Femur in $l = 20$ dynamische Biegestabelemente diskretisiert [13]. Bild 5.11 zeigt das mechanische Netzwerkmodell.

Der von Schroth [254] vorgestellte ideale Stab als translatorisch-rotatorischer Wandler bildet zusammen mit der rotatorischen Nachgiebigkeit Δn_{Rx} und Elementmasse Δm den Kern jedes finiten Biegeelementes. Die Elementlänge Δx ist der Wandlerfaktor. Femur und Prothese sind im Abschnitt $(k-h)\Delta x$ über die Nachgiebigkeit Δn_I und rotatorische Nachgiebigkeit Δn_{RI} miteinander verbunden. Im Idealfall sind diese Nachgiebigkeiten gleich Null, so dass die Geschwindigkeiten und rotatorischen Geschwindigkeiten von Femur und Prothese gleich und die finiten Nachgiebigkeiten und Massen von Femur und Prothese parallel miteinander verbunden sind. Die resultierende Nachgiebigkeit ist dadurch in diesem Abschnitt geringer, während sich die Masse vergrößert. Die Prothese wird damit ein Teil des Femurs, was dessen Eigenfrequenzen beeinflusst. Wenn sich die Länge der Kontaktstelle bei einer Prothesenlockerung ändert, so ändern sich die Eigenfrequenzen des gesamten Verbundes.

Der ausgewählte künstliche Femur mit einer Länge von 380 mm wurde in 20 Elemente mit $\Delta x = 19\,\text{mm}$ unterteilt. Die Parameter der Netzwerkelemente wurden anhand der Herstellerdaten, der Materialparameter von Qi [229] sowie durch Messungen ermittelt. Eine Verankerung der Prothese im distalen Bereich gilt wegen der glatten Oberfläche der untersuchten Prothese als nicht gesichert. Bei der Simulation wurden daher $(d-k) = 2$ Prothesenelemente nicht mit dem Femur verbunden, so dass auch das distale Prothesenende frei schwingen kann. Hier wurden als ideale Randbedingungen die Kraft $\underline{F}_{P,0} = 0$ und das Moment $\underline{M}_{P,0} = 0$ gesetzt. Ein künstliches Knie verhinderte im Versuchsaufbau eine Bewegung des Femurs in x-Richtung ($\underline{v}_{F,0} = 0$), darüber hinaus aber auch die anterior–posteriore Rotation ($\underline{\Omega}_{F,0} = 0$) an der Einspannstelle, d.h. senkrecht zur üblichen Gelenkbewegung des Knies in medial-lateraler Richtung. Der Einfluss der Masse m_C der Condylen und ihres Trägheitsmomentes Θ_C auf die dynamischen Eigenschaften des Verbundes werden damit beseitigt, wenn sie am Rand konzentriert angenommen werden.

Die Prothesenlockerung wird durch die fehlende Verbindung von $h = 2$ proximalen Prothesenelementen zum Femur modelliert. Der Femur ist auf dieser Seite bei einer lockeren Prothese nicht fixiert, d.h. es gilt $\underline{F}_{F,l} = 0$ und $\underline{M}_{F,l} = 0$. Ein Biegeelement der Prothese ragt über den Femur hinaus. Es beschreibt den Prothesenkopf. Es wird angenommen, dass eine geringe Längskraft auf den Prothesenkopf diesen zwar an einer Bewegung in der analysierten x-Richtung hindert, nicht aber an der Rotation, so dass hier idealerweise $\underline{v}_{P,n} = 0$ und $\underline{M}_{P,n} = 0$ gelten.

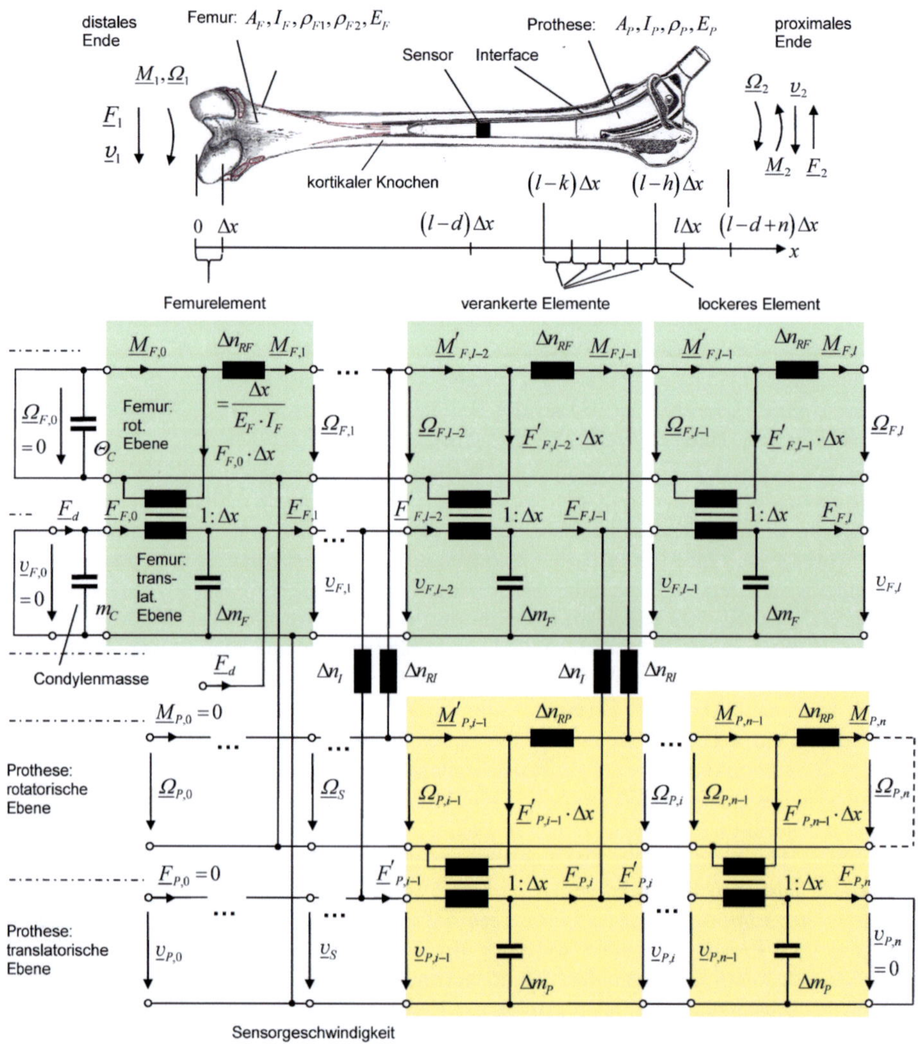

Bild 5.11.: Mechanisches Netzwerkmodell des Femur-Prothesen-Verbundes

In der Simulation erfolgte die Anregung des Femurs zwischen dem zweiten und dritten Element vom distalen Ende aus gesehen. Die Sensorgeschwindigkeit wurde zwischen dem dritten und vierten Prothesenelement beobachtet und zur Beschleunigung differenziert. Der Femur ist als dickwandige zylindrische Röhre mit offenen Enden beschrieben, die mit Wasser gefüllt ist. Für die kortikale Knochenröhre wurden eine Nachgiebigkeit von $\varDelta n_{RF} = 17\,\mu\text{m/N}$ in der Mitte des Femurs $(l_F/2 \cdot \varDelta x)$ und Masse von $\varDelta m = 18\,\text{g}$ mit dem Elastizitätsmodul $E_F = 20\,\text{GPa}$ und der Dichte $\rho_{F1} = 1800\,\text{kg/m}^3$, dem mittleren Innenradius $r_i = 6{,}5\,\text{mm}$, mittleren Außenradius $r_a = 16{,}5\,\text{mm}$ berechnet. Bis zu den

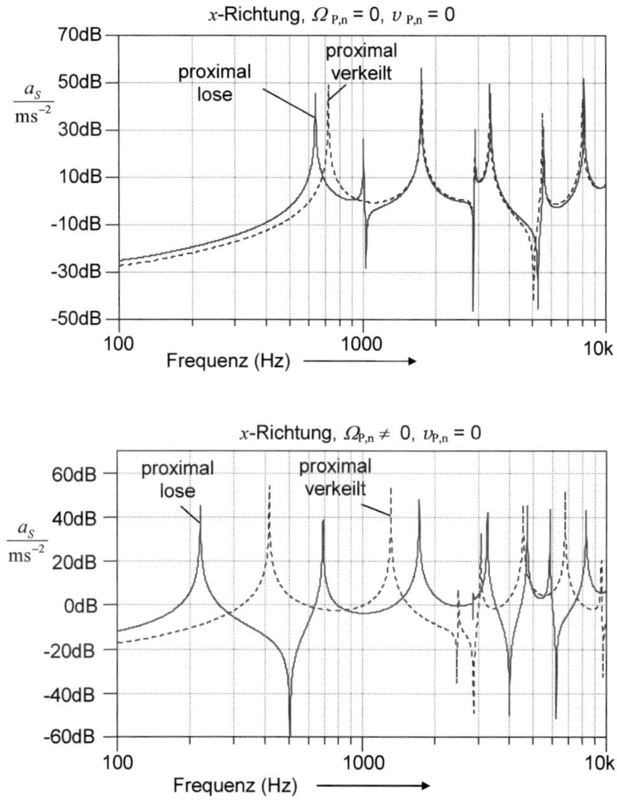

Bild 5.12.: Amplitudenspektren der simulierten Beschleunigung des Prothesenschaftes

Femurenden erhöht sich die Masse näherungsweise auf 30 g aufgrund des kleineren Innenradius und größeren Außenradius. Für die Prothesenlegierung gelten $E_P = 120\,\mathrm{GPa}$ und $\rho_P = 4400\,\mathrm{kg/m^3}$. Damit liegen wegen der stark variierenden Prothesengeometrie die Elementmassen zwischen 8 g und 40 g und Nachgiebigkeiten zwischen 487 µm/N und 11 µm/N. Im proximalen Bereich ist die Bernoulli-Annahme bei Verbiegung verletzt, was in Hinsicht auf das Simulationsziel aber hier als nicht relevant angesehen wird.

Bild 5.12 zeigt den mit LTSpice simulierten Amplitudenfrequenzgang der proximal und distal lockeren Prothese. Er weist u.a. drei Resonanzen im Bereich zwischen 200 Hz und 2 kHz auf, die im Experiment ebenfalls nachgewiesen wurden (siehe Abschnitt 2.1.3). Von Qi wurde dieser Bereich in das schwach sensitive Band (500-1500 Hz) und das sensitive Band (1500-2500 Hz) unterteilt [229].

Im Experiment, das in Abschnitt 2.1.3.7 beschrieben ist, wurde eine fest verankerte Prothese durch simples Verkeilen im künstlichen Femur simuliert. Die Veränderungen im Amplitudenspektrum mit der Verankerungslänge zeigen sowohl bei Messungen, als auch bei der Simulation mit dem Netzwerkmodell die gleiche Tendenz. Anhand des Netzwerkmodells lässt sich außerdem erklären, dass eine Verhinderung der Prothesenrotation

($\underline{\Omega}_{P,n} = 0$) durch den Prothesenkopf im Vergleich zur frei rotierenden Prothese ($\underline{\Omega}_{P,n} \neq 0$) zu einer Veränderung des Spektrums führt [169].

Es kann geschlussfolgert werden, dass das Modell den Prothesen-Femur-Verbund in guter Näherung abbildet und dass das Amplitudenspektrum der Beschleunigung nicht nur sensitiv gegenüber dem Lockerungsgrad, sondern auch gegenüber den wirkenden Randbedingungen an den Femurkondylen und dem Prothesekopf ist. Eine Reproduzierbarkeit der Messergebnisse erfordert somit eine klinische Messvorschrift, die erarbeitet werden muss.

5.4. Zusammenfassung

Ausgangspunkt für die Untersuchungen in diesem Kapitel ist ein Aufbau zur direkten Messung von Hüftprothesenschwingungen durch einen Beschleunigungssensor in der Prothese. Zunächst wurde das Shaker-Anregungssystem mit Hilfe des mechanischen Netzwerkes analysiert. Der Shaker sitzt dabei auf einer Vorrichtung, die den Shakerrahmen und seine Trägerplatte schwingungstechnisch vom Einleitungspunkt der Schwingungen am Femurcondylus entkoppelt. Die Analysen mit Hilfe eines mechanischen Netzwerkes zeigen einen großen Einfluss der Nachgiebigkeit von Haut und Fettgewebe an der Ankopplungsstelle auf die Nullstellen der mechanischen Quellenimpedanz des Aufbaus.

Mit einer Modalanalyse wurden verschiedene Szenarien der Prothesenlockerung mit der monoresonanten Prothese simuliert. Die FE-Simulationsergebnisse zeigen eine Verschiebung der Resonanzfrequenzen, die letztlich als Merkmal für die Prothesenlockerung herangezogen werden soll. Die FE-Simulation einer proximalen Verankerung bezog auch die auf den Prothesenhals wirkenden statischen Kräfte mit ein. Die Eigenfrequenzen einer distal und einer proximal schwingenden Prothese liegen demnach bis zur 4. Eigenfrequenz im Frequenzbereich von 500 Hz – 5 kHz des integrierten Beschleunigungssensors ADXL202. Diese Modalanalysen sind nicht aussagefähig über das Schwingungsverhalten des Femur-Prothesen-Verbundes.

Die Eigenschwingungsmoden der Prothese und des Femurs können als stehende Wellen eines Wellenleiters interpretiert werden. Dabei sind die Eigenschwingformen eines Biegebalkens die Lösungen der Euler-Bernoullischen Differenzialgleichung. Sie wurden für die Ermittlung der optimalen Sensorposition und zur Abschätzung des Femureinflusses auf die Ortsverteilung der Schwingungsamplituden herangezogen. Bei einer Betrachtung des Femurs als Punktmasse zeigt sich bei großer Punktmasse im Vergleich zur Prothesenmasse ein Absinken Schwingungsamplitude der Punktmasse bei höheren Moden auf einen Bruchteil der Amplitude der Prothese am freien Ende. Mit den tabellierten Lösungen für das dynamische translatorische und rotatorische beidseitige Verhalten von Biegebalken wurde die translatorische Femurimpedanz an der Anregungsstelle und die Übertragungsfunktion der Schwinggeschwindigkeiten berechnet. Die Ergebnisse dieser vereinfachten Analyse erklären in guter Näherung publizierte Messungen am freistehenden Femur-Prothesen-Verbund.

Die Einbeziehung der finiten Netzwerkmodelle des Femurs und der Prothese und ihre Kopplung gestattete detaillierte Aussagen zum Einfluss idealer Randbedingungen auf die Eigenfrequenzen des Verbundes. Dabei wird nicht die Euler-Bernoullische Differenzialgleichung aus dem Finiten Netzwerk aufgestellt und gelöst, sondern das Finite mechanische Netzwerk einem Schaltungssimulator übergeben, der die mechanischen Koordinaten

Kraft und Geschwindigkeit berechnet. Das Amplitudenspektrum der Beschleunigung an der modellierten Sensorposition ist nach diesem Modell nicht nur sensitiv gegenüber dem Lockerungsgrad, sondern auch gegenüber den wirkenden rotatorischen Randbedingungen an Femur und Prothese. Daraus ergibt sich die Forderung nach einer klinische Messvorschrift, die annähernd reproduzierbare Randbedingungen herstellt.

Die Aufgabe der weiteren Forschung ist das Auffinden von Frequenzmustern, die unabhängig von den vorherrschenden Rand- und Messbedingungen sind, um eine Prothesenlockerung sicher zu erkennen. Denkbar sind wiederholte Messungen über einen längeren Zeitraum, beginnend direkt nach der Prothesenimplantation, wenn nur das Kleinsignalverhalten des Femur-Prothesen-Verbundes herangezogen wird. In diesem Zusammenhang müssen Fragen der Datenspeicherung, beispielsweise dezentral auf der Gesundheitskarte oder im Implantatregister, geklärt werden.

6. Drahtlose Messung der Verbiegung von Osteosyntheseplatten

6.1. Herstellung eines resonanten piezomagnetischen Biegesensors

Gegenstand dieses Kapitels ist ein miniaturisierter, drahtloser und passiver Biegesensor, der im "SMARTSENS"-Projekt am Institut für Halbleiter- und Mikrosystemtechnik entworfen, aufgebaut und charakterisiert wurde. Die Sensoren wurden in Dünnschichttechnologie gefertigt und besitzen ein piezomagnetisches Spulensubstrat, das mechanische Deformationen in eine messbare Resonanzfrequenzänderung umwandelt. Durch den Verzicht auf Batterie und Sensorelektronik ist diese Klasse von LC-Resonanzsensoren prädestiniert für medizinische Anwendungen. Ein möglicher Anwendungsfall ist die Messung der Verbiegung von Osteosyntheseplatten. Damit könnte der Heilungsprozess nach einem Knochenbruch überwacht werden, wie in Abschnitt 2.1.4 beschrieben.

Mikrosystemanwendungen magnetostriktiver dünner Schichten, speziell von Bimorph-Strukturen mit gesputterten piezomagnetischen TbFe/FeCo-Mehrfachschichten wurden u.a. intensiv von Quandt und Trémolet de Lacheisserie et al. untersucht [230, 283]. Galfenol – eine Gallium-Eisen Legierung – wurde erstmalig von Clark et al. als Material mit besonderen piezomagnetischen Eigenschaften identifiziert [36]. Diese Legierung hat in Abhängigkeit von der monokristallinen oder polykristallinen Struktur einige hundert ppm Sättigungsmagnetostriktion. Das ist eine drei- bis vierfach höhere Dehnung vieler kommerziell verfügbarer PZT-Materialien. Galfenol ist für Anwendungen unter mechanischer Zug- und Kompressionsspannungsbelastung geeignet [309, 10, 191, 185, 168, 191] und hat die Fähigkeit, mechanischen Schockbelastungen zu widerstehen [135]. Bei bekannt gewordenen Untersuchungen wurde Galfenol überwiegend in Form von Einkristallen oder gewalzten Polykristallen hergestellt. Am IHM wurden systematische Untersuchungen an gesputterten Schichten durchgeführt und der Einfluss der darunter liegenden Schichten (Ti, Cu) auf die Texturbildung im gesputterten Galfenol untersucht.

Zur Herstellung des Biegesensors wurden, wie durch Wenzel et al. in [295] beschrieben, mit einem Magnetron 3x1 µm dicke $Fe_{83}Ga_{17}$ Galfenolschichten auf einen Si(100)-Wafer (20x2 mm^2) gesputtert. Jede Galfenolschicht trägt eine ebenfalls gesputterte dünne SiO_2-Isolationsschicht zur Unterdrückung von Wirbelströmen. Infolge des Sputterprozesses bildete sich eine interne Zugspannung im Galfenol von ca. 100 MPa aus. Die Höhe der Spannung variierte mit dem Waferdurchmesser, den Abmessungen der vereinzelten Waferausschnitte und der Schichtdicke. Auf der Galfenolschicht und einer Adhäsionsschicht wurde eine mikrostrukturierte planare Kupferspule galvanisch abgeschieden [160, 167]. Als Voraussetzung für eine Kontaktierung der inneren Spulenwindung wurde auf die Anschlusspads eine Nickel- und eine abschließende Goldschicht abgeschieden. Bild 6.1 zeigt einen Teil des fertiggestellten Sensors und einen schematischen Querschnitt einer Windung. Die Außenabmessungen der Spule betragen 2x10 mm.

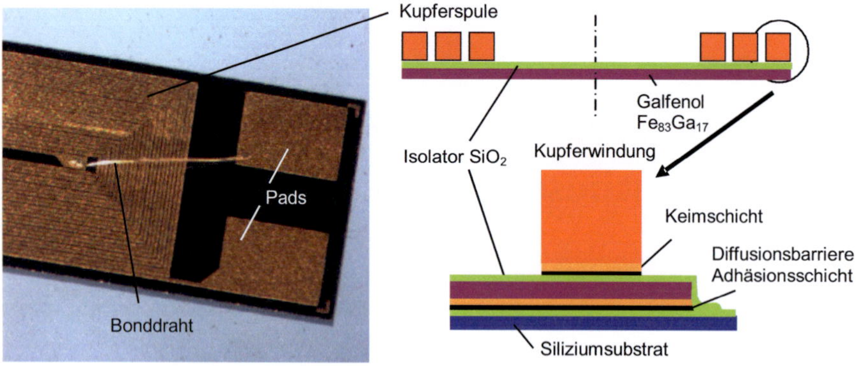

Bild 6.1.: Resonanter Biegesensor mit 23 Windungen und Windungsquerschnitt [295]

Bild 6.2.: Probenhalter mit eingespannter, deformierter Al-Testprobe

6.2. Charakterisierung der Galfenolschicht

Die Charakterisierung der Galfenolschicht wurde durch Adolphi et al. vorgenommen [2]. Die chemische Zusammensetzung der Schichten wurde mit EDX bestimmt und ergab im Rahmen der Messgenauigkeit die Targetzusammensetzung. Röntgentexturmessungen zeigen zwischen einer Si- und einer SiO_2-Unterlage unter dem Galfenol keine Unterschiede, auch keine deutlichen Texturen. Titan- oder Kupferunterlagen erzeugen hingegen Texturen in der Galfenolschicht. Ebenso wirkt sich die Schichtdicke auf die Texturbildung aus. Auf dem Titan prägt sich eine (111)-Fasertextur mit zunehmender Schichtdicke deutlicher aus. Bei Kupfer ändert sich mit der Schichtdicke die Textur. So können bei 1 µm dicken Schichten (110)<001>- und (110)<110>-Texturen beobachtet werden, die den theoretischen Wünschen nach (100)<001>-Textur näher kommen.

Die Galfenolschichten auf rechteckigen Sensoren zeigen eine spannungsinduzierte magnetische Anisotropie. Wird der Wafer in rechteckige Stücke parallel zu den Hauptphasen des Wafers geschnitten, dann findet man in einem größeren Bereich der Wafermitte die magnetischen Achsen parallel zu den Schnittkanten. Weiter zum Rand hin liegen die Achsen schräg im Rechteck. Auswirkungen von den Maßen und Proportionen des Rechtecks wurden nicht gefunden.

Die magnetischen Eigenschaften wurden mit einer Helmholtz-Spulen-Anordnung gemessen. Die verwendete Wechselspannung hatte eine Frequenz von 10 Hz und die $B(H)$-

Tabelle 6.1.: Rel. Permeabilität μ_r bei einer Feldstärkeamplitude von $H_{ext} = \pm 25\,\mathrm{Oe}$

Probe	$\mu_{r\parallel}$	$\mu_{r\perp}$	$\Delta\mu_{r\parallel}$ (D) %	$\Delta\mu_{r\parallel}$ (S) %	$\Delta\mu_{r\perp}$ (D) %	$\Delta\mu_{r\perp}$ (S) %
Ti + 300 nm **FeGa**	108 (40 to 133)	241 (149 to 358)	+7 (−8 to +20)	+61 (+8 to +113)	+9 (−17 to +47)	−22 (−48 to +21)
Ti + 1000 nm **FeGa**	137 (72 to 253)	94 (51 to 164)	+1 (−11 to +11)	+36 (−7 to +92)	+29 (+13 to +45)	+22 (−7 to +22)
Ti + Cu + 300 nm **FeGa**	329 (114 to 411)	147 (87 to 253)	−11 (−19 to +4)	−8 (−25 to +19)	+24 (−32 to +86)	−15 (−26 to +7)
Ti + Cu + 1000 nm **FeGa**	213 (86 to 348)	43 (11 to 75)	+7 (−23 to +37)	+1 (−25 to +40)	+62 (+7 to +109)	+56 (+22 to +104)

Kurve ist der Mittelwert über 16 Messungen. Die Messungen der magnetischen Eigenschaften der verschiedenen Schichtsysteme sind in Tabelle 6.1 zusammengefasst. In allen Fällen ist die oberste Schicht Galfenol. Die relative Permeabilität μ_r wurde aus dem durchschnittlichen Anstieg bei +23 und −23 Oe der Kleinsignal-Hysteresekurven mit einer Amplitude der magnetischen Feldstärke von $H_{ext} = \pm 25\,\mathrm{Oe}$ abgeleitet. Die Linearität von $B(H)$ unterhalb der Sättigung wurde bestätigt. Die Verformung betrug 0,012 %, je nach Lage der Proben als Dehnung (D) oder Stauchung (S). In der Tabelle ist der Mittelwert über ca. 6 Proben wiedergegeben. Der Index $\perp$ bedeutet, dass das äußere Feld parallel zur Probenlängsachse eingespeist wird, der Index $||$ bedeutet eine Richtung quer dazu, parallel zur Schmalseite der Probe. Die Deformation erzeugte ein Probenhalter, der die Probe auf einer starren Bettung mit definiertem Radius aufdrückt[1] (Bild 6.2).

In Tabelle 6.1 stehen in den Klammern die Extremwerte des vorgefundenen Messbereichs. Die Streuung von Wafer zu Wafer ist groß. Zusätzlich gibt es die deutliche (aber kleinere) Exemplarstreuung innerhalb eines Wafers. Ob die Ursache nur in den Ausgangsspannungszuständen zu suchen ist, konnte noch nicht befriedigend geklärt werden. Die Absolutwerte von μ_r nehmen mit zunehmender Schichtdicke ab. Die Werte für die parallele Ausrichtung der magnetischen und mechanischen Feldrichtungen sind erwartungsgemäß größer als für eine senkrechte Ausrichtung. Die Streuung von Probe zu Probe sinkt mit dicker werdenden Schichten. Für den Einsatz als piezomagnetischer Sensor ist das $\Delta\mu_r$ eine besonders wichtige Größe. $\Delta\mu_r$ sollte bei der Exemplarstreuung das Vorzeichen nicht ändern. Da das Feld senkrecht zur Probenlängsachse eingespeist werden soll, ist eindeutig die 1000 nm dicke Galfenolschicht zu favorisieren und eine Kupferunterlage bringt höhere $\Delta\mu_r$. Mit diesem Schichtaufbau wurden drei Varianten mit 7, 11 und 23 Windungen hergestellt und messtechnisch untersucht (Abschnitt 6.4). Der nachfolgende Abschnitt hat die mathematisch-physikalischen Modellierung zur Beschreibung des Sensorverhaltens zum Gegenstand.

[1]Entwurf und Aufbau: Dr. H. Neubert, IFTE der TU Dresden und M. Loeper, Fakultät Elektrotechnik

6.3. Sensormodell

Der Aufbau des Sensors durch die Anordnung einer Planarspule auf einem magnetischen Substrat hat die Ausbildung signifikanter elektrischer Felder zwischen den Windungen und dem leitfähigen Substrat zur Folge. In erster Näherung stellt der Sensor einen elektrischen Resonanzkreis dar, wie in Abschnitt 6.3.1 beschrieben. Für Planarspulen mit und ohne magnetischem Substrat sind mathematisch-physikalische Modelle aus der Literatur bekannt. Mit ihnen kann die Induktivität bei gegebenen Geometrie- und Materialparametern berechnet werden (Abschnitte 6.3.2, 6.3.7.3 und 6.3.7.4). Die Analyse des Skineffektes in Abschnitt 6.3.3 ergibt, dass dieser hier nicht von Bedeutung ist. Besonderes Augenmerk wird auf den Gütefaktor des Resonanzkreises unter dem Einfluss des Stromverdrängungseffektes (auch Proximity-Effekt) durch die Überlagerung der Magnetfelder der Windungen gelegt. Ein hoher Gütefaktor ist die Voraussetzung für die drahtlose Abfrage des Sensors über große Entfernungen.

Für piezomagnetische Wandler sind eindimensionale lineare Wandlermodelle bekannt, ebenso für piezoelektrische Bimorphe. Ausgehend von diesen Modellen und dem ebenfalls bekannten thermomechanischen Verhaltens eines Bimorphs wird ein lineares dynamisches Wandlermodell für magnetische Unimorphe in Abschnitt 6.3.6 entwickelt. Dieses Modell geht von einer konstanten Induktivität der Anordnung in einem magnetischen und mechanischen Arbeitspunkt aus. Es ist für die Beschreibung des Unimorphs bei periodischer Auslenkung geeignet, wie sie bei Anwendungen zur Schwingungsenergiegewinnung auftritt. Dieses Modell eines umkehrbaren Wandlers eignet sich nicht zur Beschreibung des hier genutzten Sensorprinzips, das auf der Änderung der Permeabilität der piezomagnetischen Schicht mit dem mechanischen Arbeitspunkt beruht. Es handelt sich somit um einen parametrischen Wandler [90]. Die Permeabilität kann mit Finite-Elemente-Modellen berechnet werden, die beispielsweise an der University of Maryland implementiert wurden. Auf diese Modelle wird in Abschnitt 6.3.5 eingegangen.

Da bei einer dünnen magnetischen Schicht nur ein Teil des Magnetflusses in der Schicht konzentriert wird, steht der resultierende elektromagnetische Übertragungsfaktor im Fokus der Abschnitte 6.3.7.3 und 6.3.7.4. Ausgehend vom Durchflutungsgesetz wird ein einfaches Netzwerkmodell der Flachspule gefunden. Mit Hilfe des Modells kann aus Messungen der Induktivität einer planaren Spule mit und ohne magnetischem Substrat auf die Reluktanz der magnetischen Schicht geschlossen werden. Dieses Modell diente ebenfalls als Basis für den Vorschlag zu einer vereinfachten Ersatzstruktur in Abschnitt 6.3.8, mit der im Rahmen einer kombinierten Simulation die Eigenschaften des elektromechanischen Wandlers berechnet werden können. Die Besonderheit dieser Methodik liegt darin, dass die Windungen und die den Unimorph umgebende Luft nicht mit Finiten Elementen beschrieben werden müssen.

6.3.1. Ausschwingfrequenz und Resonanzfrequenzen des Sensors

Der Sensor wird nachfolgend elektrisch als der Resonanzkreis in Bild A.1 modelliert[2]. Tabelle A.1 listet die charakteristischen Frequenzen des Resonanzkreises auf. Die Parameter

[2] In der Elektrotechnik wird nicht wie in der Mechanik nach Resonanz oder Antiresonanz unterschieden, sondern Resonanz als Extremwert einer Übertragungsfunktion definiert.

des Sensormodells können im Zeitbereich aus der Ausschwingfunktion

$$\frac{\mathrm{d}^2 i_L}{\mathrm{d}t^2} + \left(\frac{1}{R_a C_r} + \frac{R_L}{L_r}\right)\frac{\mathrm{d}i_L}{\mathrm{d}t} + \left(\frac{R_L}{R_a} + 1\right)\frac{1}{L_r C_r}\, i_L = 0$$

oder im Frequenzbereich aus dem Amplitudengang oder Phasengang einer Übertragungsfunktion bestimmt werden. Werden z.B. R_L und die Kreisfrequenz ω_r des Phasennulldurchgangs der Quellenimpedanz

$$\underline{Z}_i = \frac{R_L + \mathrm{j}\omega L_r}{1 - \omega^2 L_r C_r + \mathrm{j}\omega R_L C_r},$$

die dann den rein reellen Wert Z_r erreicht, gemessen, dann gilt nach Gln. (A.2) für die Schwingkreisparameter

$$L_r = \frac{\sqrt{(Z_r - R_L)\, R_L}}{\omega_r}, \quad C_r = \frac{L_r}{R_L^2 + (\omega_r L_r)^2}. \tag{6.1}$$

Bei drahtloser Messung der Impedanz $\underline{Z}_e$ ist der Einfluss des Koppelfaktors zu berücksichtigen [247].

Bei höheren Frequenzen verändern Skineffekt und Proximityeffekt die Verteilung der Stromdichte in den Leitbahnen, wie in den nächsten Abschnitten anhand einer rechteckigen $2\times10\,\mathrm{mm}^2$ großen Planarspule mit 23 Windungen, einer Breite und einem Abstand von $20\,\mu\mathrm{m}$ und einer Höhe von $10\,\mu\mathrm{m}$ untersucht wird.

6.3.2. Induktivität einer rechteckigen Planarspule

Die Induktivität einer rechteckigen Luftspule ist die Summe aus der Selbstinduktivität der geraden Leitbahnen L_L und der positiven Gegeninduktivität der in gleicher Richtung stromdurchflossenen Leitbahnen M_+ abzüglich der negativen Gegeninduktivität der in entgegengesetzter Richtung durchflossenen Leitbahnen M_-:

$$L = L_L + M_+ - M_- \tag{6.2}$$

Die Selbstinduktivität eines geraden Leiters ist frequenzabhängig durch die Auswirkung des Skineffektes. Die Induktivität L_L eines rechteckigen Leiters der Länge l, Breite b und Höhe h wurde durch Ollendorff als Summe der frequenzunabhängigen äußeren Induktivität und frequenzabhängigen inneren Induktivität beschrieben [214]:

$$L_L = \frac{\mu_0 l}{2\pi}\left[\ln\left(\frac{2l}{\zeta}\right) - 1\right] \tag{6.3}$$

mit $2c = \sqrt{b^2 + h^2}$ und

$$\ln\frac{\zeta}{2c} = -\frac{25}{12} - \frac{1}{6}\left(\frac{b^2}{h^2}\ln\sqrt{1 + \frac{h^2}{b^2}} + \frac{h^2}{b^2}\ln\sqrt{1 + \frac{b^2}{h^2}}\right) + \frac{2}{3}\left(\frac{b}{h}\arctan\frac{h}{b} + \frac{h}{b}\arctan\frac{b}{h}\right). \tag{6.4}$$

Wenn die Leitbahnbreite größer ist als die Leitbahndicke ($b > h$) dann kann mit der Leitfähigkeit σ und Permeabilität μ der folgende analytische Ausdruck für die innere Induktivität angegeben werden [222, 214]:

$$L_i = \frac{l m^2}{8\sigma\omega}\frac{\sinh^2(m'b) - \sin^2(m'b)}{[\cosh(m'b) - \cos(m'b)]^2}, \quad m' = m\big/\sqrt{2}, \quad m = \sqrt{\pi f \sigma \mu}. \tag{6.5}$$

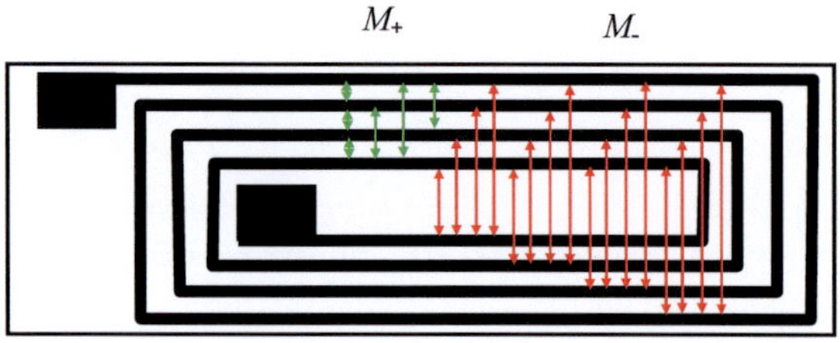

Bild 6.3.: Gegeninduktivitäten der waagerechten Leitbahnen einer Planarspule

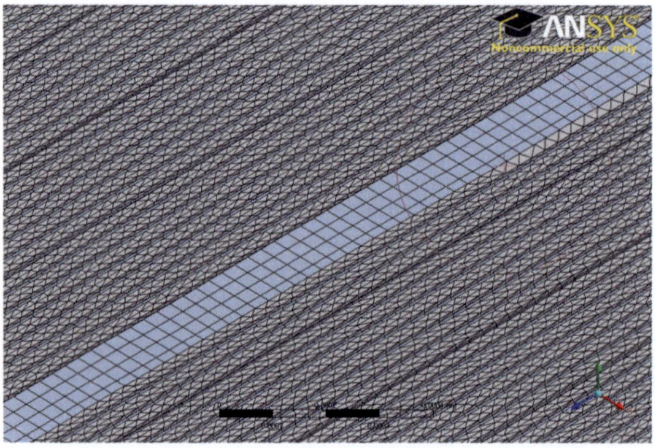

Bild 6.4.: Vernetzung der Spule und der Galfenolschicht

Mit Gln. (6.3) beträgt die äußere Induktivität 1,006 µH und die innere Induktivität 23,6 nH bei einer Frequenz von 30 MHz mit Gln. (6.5) [288]. Im betrachteten Frequenzbereich unterhalb 30 MHz kann die Induktivität der geraden Leiter daher als näherungsweise frequenzunabhängig gelten.

Nach Greenhouse ist die Gegeninduktivität M zwischen parallelen Leitern der Länge l in cm durch

$$M = 2lK \text{ in nH} \tag{6.6}$$

gegeben [99]. Dabei ist der Gegeninduktivitätsparameter

$$K = \ln\left(\frac{l}{d_\mathrm{m}} + \sqrt{1 + \frac{l^2}{d_\mathrm{m}^2}}\right) - \sqrt{1 + \frac{d_\mathrm{m}^2}{l^2}} + \frac{d_\mathrm{m}}{l} \tag{6.7}$$

eine Funktion des mittleren geometrischen Abstandes d_m zwischen den Leitern. Der exakte Wert von d_m liegt bei Berücksichtigung des tatsächlichen Abstandes d_w bei

$$\ln d_\mathrm{m} = \ln d_w + \left[\frac{1}{12}\left(\frac{d_w}{b}\right)^2 + \frac{1}{60}\left(\frac{d_w}{b}\right)^4 + \frac{1}{168}\left(\frac{d_w}{b}\right)^6 + \frac{1}{360}\left(\frac{d_w}{b}\right)^8 + \cdots\right] \tag{6.8}$$

Die Leitbahndicke wird als klein gegenüber ihrer Breite angenommen. Mit den Gln. (6.6), (6.7) und (6.8) ergeben sich die Gegeninduktivitäten $M_+ = 5{,}13\,\mu\mathrm{H}$ und $M_- = 3{,}52\,\mu\mathrm{H}$. Inklusive L_L ist die theoretische Induktivität der planaren Luftspule somit $L_0 = 2{,}67\,\mu\mathrm{H}$.

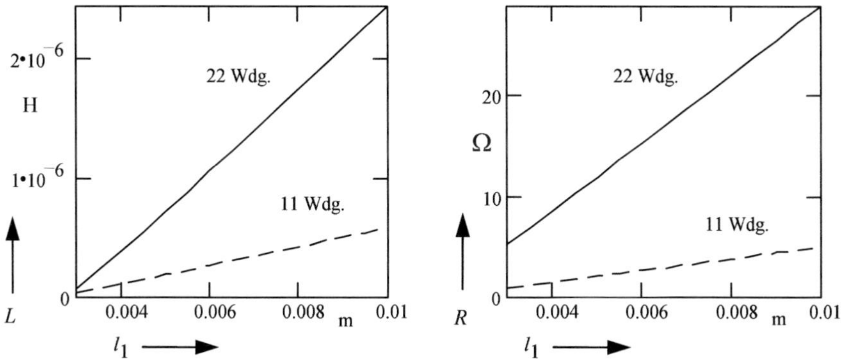

Bild 6.5.: a) Induktivität und Gleichstromwiderstand einer rechteckigen Planarspule mit der Breite $l_2 = 2\,\text{mm}$ und variabler Länge l_1, variabler Leitbahnbreite $b = l_2/(2N) - d_w$ und Leitbahnabstand $d_w = 18\ \mu\text{m}$ bei homogener Stromdichteverteilung

Dieses Ergebnis wurde im Wesentlichen durch eine dreidimensionale FE-Magnetfeldsimulation der planaren Luftspule mit 23 Windungen bestätigt[3]. Die Kupferleitbahnen waren b =26 µm breit, t_n =10 µm dick und d_w =14 µm voneinander entfernt. Trotz variabler Größe der Elemente ist die dreidimensionale FE-Simulation dieses Aufbaus aufwändig. Problematisch ist der Größenunterschied zwischen der Dicke der Isolationsschicht und den Abmessungen der die Spule umgebenden Luft. Er liegt hier bei etwa 1:10000. Zur Vernetzungsunterstützung wurde die umgebende Luft in einen kleineren Luftquader mit den Außenabmessungen 10,2 x 2,2 x 0,2 mm^3 und einen größeren Luftquader mit den Außenabmessungen 20 x 14 x 12 mm^3 unterteilt. Das Modell enthält insgesamt 4.149.472 Knoten. Mit Hilfe der Energie des magnetischen Feldes wurde eine Induktivität der Luftspule von 3,07 µH berechnet. Diese Induktivität ist etwas höher, als die mit Gln. (6.6) berechnete. Bei der analytischen Rechnung der Gegeninduktivitäten ist das Aspektverhältnis des Windungsquerschnittes von nahezu 1:1 nicht berücksichtigt. Die Induktivität erhöhte sich in der Simulation auf 3,75 µH, wenn eine 3 µm dicke magnetische Schicht mit $\mu_r = 100$ in einem Abstand von 0,5 µm unter den Windungen platziert wurde. Dieser Effekt wird in Abschn. 6.3.7.4 analysiert.

Wegen der großen Längsabmessungen der Planarspule erreicht ihr Gleichstromwiderstand 30 Ω. Er erklärt den geringen Gütefaktor im Zielfrequenzbereich von 1-30 MHz. Es stellt sich die Frage nach dem Einfluss der Länge des Spulenrechtecks auf den Gütefaktor, da Induktivität und Widerstand Funktionen der Länge sind. Bild 6.5 zeigt die Ergebnisse der Rechnungen mit Gln. (6.2) und $R = \rho \cdot 2(l_1 + l_2)/(t_n \cdot b)$ als Funktion der Spulenlänge l_1 bei $l_2 = 2\,\text{mm}$ für 11 und 22 Windungen[4]. Der resultierende Gütefaktor in Bild 6.6 zeigt, dass sich eine große Spulenlänge positiv auf ihn auswirkt, der Gütefaktor aber auch bei größeren Längen insgesamt klein ausfällt. Eine Vergrößerung der Windungszahl verkleinert den Gütefaktor. Im Gegensatz dazu ist die Spannung über der Spulenkapazität als Maß für die Energie im Schwingkreis bei 22 Windungen größer, wenn Spannungen

[3]Modellierung und Simulation durch E. Starke, TU Dresden, IHM

[4]Die Spule ist aus 87 Leitbahnsegmenten zusammengesetzt. Bei den Berechnungen wurde daher näherungsweise mit 22 oder mit 23 Windungen gerechnet.

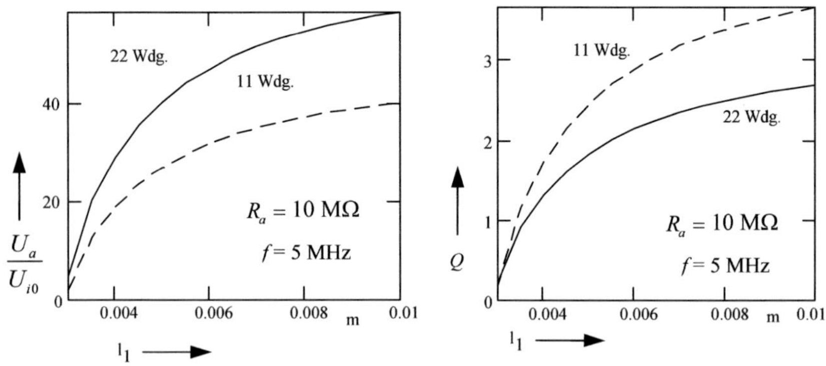

Bild 6.6.: a) Normierte Ausgangsleistung eines Resonanzkreises mit rechteckiger Planarspule mit der Breite $l_2 = 2\,\mathrm{mm}$ und variabler Länge l_1, variabler Leitbahnbreite $b = l_2/(2N) - d_w$ und Leitbahnabstand $d_w = 18\,\mu\mathrm{m}$ bei $f = 5\,\mathrm{MHz}$, homogener Stromdichteverteilung und Belastung $R_a = 10\,\mathrm{M\Omega}$

in der Spule induziert werden. Der Gütefaktor wird durch Stromverdrängungseffekte bei höheren Frequenzen noch verringert. Für eine drahtlose Abfrage des Sensors ist ein höherer Gütefaktor wünschenswert, was beispielsweise durch eine größere Leitbahndicke erzielt werden kann.

6.3.3. Skineffekt

Eine zeitliche Änderung des Magnetfeldes in einem Leiter bildet den Wirbel $\partial\vec{B}/\partial t$ eines induzierten elektrischen Feldes. Dieses elektrische Feld baut im leitfähigen Bereich ein Strömungsfeld auf, das ein Magnetfeld erzeugt. Dieser Wirbelstrom erzeugt ebenfalls ein Magnetfeld, das das Gleichstrommagnetfeld in den randnahen Gebieten verstärkt und im Innern schwächt. Dieser Vorgang kennzeichnet eine Stromverdrängung, die auch als Skineffekt bekannt ist. Der Skineffekt erhöht die Impedanz des Leiters frequenzabhängig.

Messungen des frequenzabhängigen Widerstandes eines metallischen Leiters mit quadratischem Querschnitt von Haefner [103] wurden für Werte der normierten Frequenz $x_W = \sqrt{2f\sigma\mu br} \geq 2{,}5$, der Länge l, Leitbahnbreite b, Leitbahndicke t_n, Leitfähigkeit σ und Permeabilität μ von Pettenpaul et al. mit der folgenden Formel adaptiert [222]:

$$R = \frac{l}{\sigma b t_n}\left\{\frac{0.43093 x_W}{1 + 0.041\,(b/t_n)^{1.19}} + \frac{1.1147 + 1.2868 x_W}{1.2296 + 1.287 x_W^3} + 0.0035\,(b/t_n - 1)^{1.8}\right\}$$

und für $x_W < 2{,}5$ mit

$$R = \frac{l}{\sigma b t_n}\left\{1 + 0.00122 x_W^{\left(3+0.01 x_W^2\right)}\right\}.$$

Die Genauigkeit erreichte 3…5 % im Bereich $b/t_n < 12$ und $x_w < 20$. Der Wechselstromwiderstand wächst demnach exponentiell mit Frequenzen größer 100 MHz. Bei dieser Frequenz ist der Quotient aus Wechsel- und Gleichstromwiderstand gleich 1,03, d.h. der Skineffekt spielt bis zu dieser Frequenz bei diesen Leitbahnabmessungen eine untergeordnete Rolle [288].

6.3.4. Proximityeffekt

Durch die geringen Windungsabstände greifen die Magnetfelder der einzelnen Windungen mit großen Beträgen ineinander. In der Summe heben sich die Magnetfelder teilweise auf, wodurch die Stromverdrängung infolge dieses Proximityeffektes (auch Nahe-Effekt genannt) bei Wechselströmen geringer wird. In anderen Bereichen der Windungsquerschnitte kommt es hingegen zu einer Erhöhung des magnetischen Feldes und somit des Proximity-Effektes. Dieser Effekt wird durch die Leitbahnabschnitte, in denen der Strom antiparallel fließt, verstärkt. Bild 6.7 zeigt die resultierende Stromdichteverteilung in runden Windungen bei $f = 13{,}56\,\mathrm{MHz}$, die von Reitz simuliert wurde [182]. Der Innenradius der axialsymmetrisch angeordneten Leitbahnringe betrug $150\,\mu\mathrm{m}$. In einer Entfernung von $1\,\mu\mathrm{m}$ war ein magnetisches Substrat mit $\mu_r = 200$ unter den Leitbahnen platziert. Die resultierende Stromdichte wird durch den Einfluss der Schicht zusätzlich im oberen Randbereich der Windungen verdrängt.

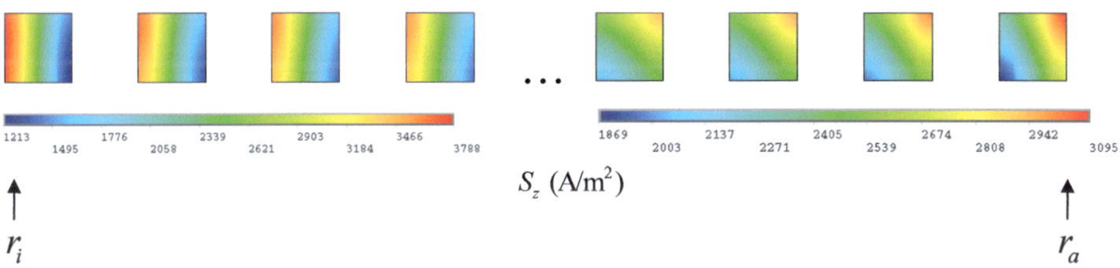

Bild 6.7.: Simulierte Stromdichteverteilung in runden Windungen bei $f = 13{,}56$ MHz [182]

Bei den untersuchten runden Spulen mit Leitbahnbreiten und -abständen von einigen $10\,\mu\mathrm{m}$ ist der Proximityeffekt der dominierende, den Gütefaktor verschlechternde, dynamische Effekt. Mit einer gekoppelten Simulation wurde der Einfluss von Windungszahl und Leitbahnbreite auf den Gütefaktor bei belasteten Schwinkreisen untersucht. Die Ergebnisse wurden in Abschnitt 3.8.5 diskutiert.

6.3.5. Piezomagnetisches Wandlermodell mit verteilten Parametern

Bei der geplanten Anwendung des Biegesensors mit rechteckiger Planarspule liegt die mechanische Spannung in Längsrichtung des Streifens, aber das äußere Magnetfeld ist senkrecht dazu, parallel zur Schmalseite des Sensors orientiert. Durch Adolphi et al. [2] wurde abgeschätzt, mit welcher Reaktion des piezomagnetischen Materials gerechnet werden kann. Die theoretischen Überlegungen stützen sich auf die Arbeiten von E. du Trémolet de Lacheisserie [283], die sich mit magnetisch unimorphen Aufbauten, bestehend aus einer dünnen piezomagnetischen Schicht auf einem dicken Substrat, beschäftigen.

Wie in Abschnitt 6.3.6 mit Gln. (6.20) für einen magnetischen Unimorph mit der Länge l gezeigt, kann isotropes Materialverhalten in einem Arbeitspunkt mit einem rotatorisch-magnetomechanischen Netzwerkmodell mit dem Wandlerfaktor

$$\frac{1}{Y_r} = \frac{\underline{\Omega}}{\underline{I}_{\mathrm{m,W}}} = \frac{\underline{M}_W}{\underline{V}_m} = \frac{K_{\mathrm{mag,r}}}{R_m} = \frac{E_2 h_2 E_{33}^B h_1 w}{2} \frac{(h_1 + h_2)}{E_{33}^B h_1 + E_2 h_2} \cdot \frac{d_{33}}{l} \cdot \frac{\mu_{33}^S}{\mu_{33}^T}$$

beschrieben werden [163]. Der Wandler setzt Winkelgeschwindigkeit $\underline{\Omega}$ und magnetische Flussrate $\underline{I}_{\mathrm{m,W}}$ sowie Biegemoment $\underline{M}_{\mathrm{W}}$ und magnetische Spannung $\underline{V}_{\mathrm{m}}$ miteinander in

Beziehung. Parameter des Wandlerfaktors sind die Elastizitätsmodule des Substrats E_2 und der piezomagnetischen Schicht $E_1^B = 1/s_{33}^B = 1/s_{33}^H - d_{33}^2/\mu_{33}^T$, die Dicken der piezomagnetischen Schicht h_1 und des Substrats h_2, die Breite w des Unimorphs, die Permeabilitäten μ_{33}^T und μ_{33}^S der piezomagnetischen Schicht bei konstanter mechanischer Spannung bzw. Dehnung und der piezomagnetische Koeffizient d_{33}. Im Arbeitspunkt gelten die magnetischen und mechanischen Materialparameter als konstant, sowie die Gleichheit der piezomagnetischen Koeffizienten $d_{33} = d_{33}^*$. Es werden eine homogene Konzentration des Magnetflusses in der piezomagnetischen Schicht und ein linearer Zusammenhang von Dehnung und Abstand von der neutralen Schicht vorausgesetzt.

Biegeradius und mechanische Spannung der magnetischen Schicht stehen miteineinder über $\rho = \overline{EI}/M_0$ in Beziehung, wenn keine externen Momente wirken. Durch Trémolet wurde als Lage der neutralen Schicht $c = 2/3 \cdot h_2$ berechnet, wenn die magnetische Schicht sehr dünn im Vergleich zur Schichtdicke des Substrats ist ($h_1 \ll h_2$). Mit diesen beiden Annahmen wird

$$\frac{1}{\rho} = \frac{3 \cdot E_1 \alpha_1 B \cdot (2h_1^2 + 4h_1 h_2)}{2 \cdot \left(E_2 h_2^3 + E_1 h_1 \left(4h_2^2 + 6h_1 h_2 + 3h_1^2\right)\right)} \approx 6 \cdot T_1 \frac{h_1}{E_2 h_2^2 + 4E_1 h_1 h_2}\,.$$

Mit $E_2 = 2G_s = E_s/(1-\nu_s)$ erhält man die Gleichung, die Trémolet für Biegeradius und Auslenkung im Fall isotroper interner mechanischer Spannungen angibt:

$$\frac{1}{\rho} = \frac{\varphi}{l} \approx 3 \cdot \frac{h_1}{h_2^2}\frac{T_1}{G_s} \quad \text{und} \quad \xi \approx \frac{3}{2} \cdot \frac{h_1}{h_2^2}\frac{T_1}{G_s} l^2\,.$$

Für anisotropes Materialverhalten zeigt Trémolet, dass die Magnetostriktion der dünnen Schicht nicht mehr die relevante Größe ist, um die magnetoelastischen Effekte des Aufbaus zu beschreiben, sondern die magnetoelastische Kopplung $b(H)$ als Funktion des äußeren Feldes und der mechanischen Parameter des Unimorphs. Die Magnetostriktion λ ist direkt proportional zur magnetoelastischen Kopplung b. Die inverse magnetische Suszeptibilität χ, deren Änderung infolge Verformung des Sensors elektrisch abgefragt werden soll, ist wiederum linear von λ abhängig und damit von b. Somit wird χ mit steigendem b in einem bestimmten Bereich positiver. Die Bereichsgrenzen legen die die mechanische Spannung und die Anisotropie des Materials fest. Nach E. du Trémolet de Lacheisserie ergibt sich für einen Unimorph mit dem Schubmodul des Substrats G_s der Neigungswinkel:

$$\varphi = 3\frac{h_1}{h_2^2}\frac{l}{G_s} b(H)\,,$$

$$b(H) = \frac{1}{2} b^{\gamma,2} \left[\left(\alpha_1^2 - \alpha_2^2\right) - \frac{(1-\nu_s)\,(1+\nu_f)}{(1+\nu_s)\,(1-\nu_f)} \left(\alpha_3^2 - \frac{1}{3}\right) \right]. \tag{6.9}$$

Die ν_i sind dabei die Poisson-Konstanten für Substrat und dünne Schicht, die α_i die Richtungskosinusse der Magnetisierung:

$$\alpha_i = \cos\theta = \frac{M_i}{M}$$

und $b^{\gamma,2}$ die Materialkonstante für scherende Verformung. Die Differenz $\varphi_{||} - \varphi_{\perp} = 3\,(h_1 l)\,/\,(h_2^2 G_s)\, b^{\gamma,2}$ bzw. $b_{||} - b_{\perp} = b^{\gamma,2}$ ist unabhängig vom Magnetisierungszustand. Dieser Schluss ist die Grundlage für die experimentelle Bestimmung des magnetoelastischen Kopplungskoeffizienten $b^{\gamma,2}$ bei einer einkristallinen piezomagnetischen Schicht. In polykristallinen Materialien ist ein Set von Richtungskosinussen der Magnetisierung in einem globalen Koordinatensystem zur Beschreibung der verschiedenen Orientierungen der Kristallkörner nicht mehr ausreichend.

Die hier untersuchten polykristallinen Proben zeigen, je nach Schichtaufbau, (111)- und (110)-Textur (Abschnitt 6.2). Die Richtung mit der größten Magnetostriktion – die Vorzugsrichtung – ist in kubischen Systemen die <100>-Richtung. Sie liegt bei (111)- Textur 60° und bei (110)-Textur 45° und 90° zur Oberflächennormalen. Die Ausgangssituation, charakterisiert durch b_0, ist nach Vermutung von Adolphi et al. dadurch gekennzeichnet, dass ein großer Anteil der spontan gebildeten Momente 60° oder 45° zur Oberflächennormalen gerichtet ist [2]. Sie werden durch das äußere Feld nun in die Schicht, parallel zur schmalen ($b(H) = (b_\perp - b_0)$) oder zur langen ($b(H) = (b_{||} - b_0)$) Sensorseite, gedreht. Als weitere Vergleichsgrößen dienen die Ausgangsmagnetisierung 0° (out-of-plane) und 90° (in-plane). Tabelle 6.2 zeigt $b(H)$ nach (6.9) für die Annahme, dass von den spontan gebildeten Ausgangssituationen die Magnetisierung in die Längsseite, $b_{||}$, oder Querseite, $b_\perp$, gedreht wird.

Tabelle 6.2.: Magnetoelastische Kopplung für verschiedene Drehungen der magnetischen Momente mit $\nu_s = 0{,}279$ für Si und $\nu_f = 0{,}240$ für Fe

	$b_0(90°)$	$b_0(\mathbf{60°})$	$b_0(\mathbf{45°})$	$b_0(0°)$
$b_\perp - b_0$	-0,5 $b^{\gamma,2}$	-0,38 $b^{\gamma,2}$	-0,26 $b^{\gamma,2}$	-0,04 $b^{\gamma,2}$
$b_{\vert\vert} - b_0$	0,5 $b^{\gamma,2}$	0,62 $b^{\gamma,2}$	0,73 $b^{\gamma,2}$	0,96 $b^{\gamma,2}$

Wenn die Ausgangsmagnetisierung mit 60° angenommen wird und die Drehung parallel zur schmalen Sensorseite erreicht werden soll, dann ist die magnetoelastische Kopplung dem Betrag nach reichlich halb so groß wie bei der Drehung in die lange Sensorseite. Bei sehr dünnen Schichten kann außerdem angenommen werden, dass die out-of-plane-Komponente klein ist, also eher die Ausgangssituation 90° zutrifft.

Für die Modellierung von polykristallinen Materialien wurde von Armstrong ein hysteresefreies phänomenologisch-statistisches Modell vorgestellt [7]. Der Ansatz hat die Form der Boltzmann-Verteilung, ist aber lediglich eine phänomenologische Näherung, die kein Postulat der Boltzmann-Statistiken verwendet. Dieses Modell wurde von Atulasimha, Datta, Flatau et al. genutzt, um die piezomagnetischen Eigenschaften von mono- und polykristallinen piezomagnetischen Proben in eindimensionalen Aktor- und Sensoranwendungen zu beschreiben [11, 10, 44]. Bemerkenswert ist dabei, dass Galfenol nur eine geringe Hysterese zeigt. Ausgehend von einer vorgegebenen mechanischen Spannung T_{ext} und einer äußeren magnetischen Feldstärke H_{ext} beschreibt das Modell die dreidimensionalen Energieverteilungen für eine Kristallstruktur und daraus die Magnetisierung M und Magnetostriktion λ oder die magnetische Flussdichte B und die Dehnung S. Bild 6.8 zeigt die Energieverteilung in einem Kristall im Kugelkoordinatensystem mit den <100>-Kristallrichtungen entlang den Koordinatenachsen. Die Konkavität in der Energieverteilung kennzeichnet das Energieminimum in einem gegebenen Magnetisierungszustand. Die Richtungen der Energieminima sind die bevorzugten Richtungen für die Ausrichtung der magnetischen Momente. Bei der Berechnung einer physikalischen Größe Q, z.B. der Magnetisierung entlang [100] mit $Q = M_s\alpha_1$, in einem Zustand i wird eine große Anzahl sich nicht beeinflussender Domänen angenommen. Die wahrscheinlichste Domänenorien-

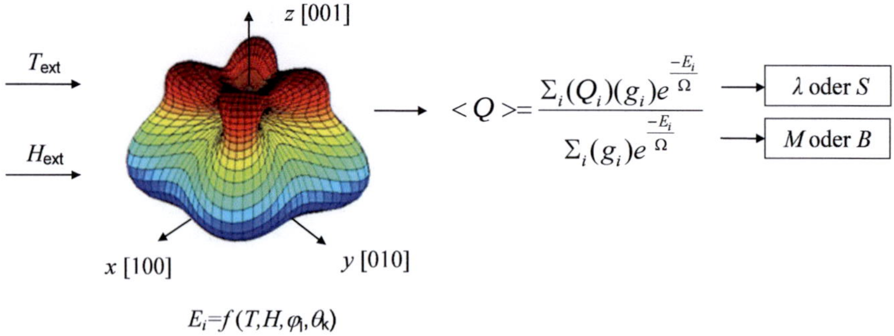

Bild 6.8.: Mit dem Armstrongmodell durch Datta berechnete Energieverteilung in einem Kristallkorn [44]

tierung korrespondiert mit den kleinsten Energiezuständen. Dabei sind die g_i die Dichten der Zustände i, die E_i deren Energien, φ und θ die Winkel des Kugelkoordinatensystems und Ω ein empirischer Skalierungsfaktor. Es wird außerdem angenommen, dass die Energie in einer Kugel mit dem Einheitsradius verteilt ist.

Das durch Atulashima und Datta in COMSOL® implementierte Armstrongmodell wurde eingesetzt, um die magnetische Flussdichte $B(H,T)$ in Abhängigkeit von magnetischer Feldstärke und mechanischer Spannung in einem piezomagnetischen Unimorph zu berechnen [168]. Dabei wurden Rückwirkungen des magnetischen Zustandes auf den mechanischen Zustand und umgekehrt nicht berücksichtigt. Eine aktuelle Aufgabe ist die Implementierung einer solchen bidirektional gekoppelten FE-Simulation für piezomagnetische Materialien.

Mit dem Armstrongmodell kann das Verhalten des Biegesensoraufbaus mit Hilfe von Finiten Elementen vorausberechnet werden. Datta et al. [44] erweiterten Atulashimas Modell zu einem nichtlinearen magnetomechanischen Plattenmodell für große Änderungen der geometrischen und mechanischen Größen. Grundlage ist die klassische Laminarplattentheorie [283, 21, 294]. Es stellte sich die Frage nach einem rotatorisch-magnetischen Unimorph-Wandlermodell mit konzentrierten Parametern für isotrope Materialverbünde bei kleinen Änderungen der magnetischen und mechanischen Koordinaten. Es wird nachfolgend entwickelt.

6.3.6. Rotatorisch magnetomechanisches Unimorph-Netzwerkmodell

Linearisierung der Materialgleichungen Der Sensoraufbau definiert einen Arbeitspunkt, in dessen Umgebung kleine harmonische Änderungen der mechanischen und magnetischen Größen angenommen werden. Die Zusammenhänge zwischen den Größen können in der komplexen Ebene beschrieben werden und sind dort durch einen Unterstrich gekennzeichnet. Beispielsweise sind Geschwindigkeit v und Auslenkung ξ verknüpft durch $\underline{v} = \mathrm{d}/\mathrm{d}t(\underline{\xi}) = \mathrm{d}/\mathrm{d}t(\hat{\xi} e^{\mathrm{j}\omega t + \varphi}) = j\omega\underline{\xi}$.

Wenn Verlustlosigkeit des Wandlers und aufgrund der kleinen Auslenkungen lineares Materialverhalten und Unabhängigkeit der Feldgrößen mechanische Spannung T und magnetische Feldstärke H untereinander angenommen werden, dann beschreiben die totalen

Differenziale den piezomagnetischen Körper im Arbeitspunkt [90].

Mit analogen Überlegungen wie in Anhang B können die totalen Differenziale für piezomagnetische Wandler hergeleitet werden:

$$\begin{aligned} \mathrm{d}B_m &= \left(\frac{\partial B_m}{\partial H_k}\right)_T \mathrm{d}H_k + \left(\frac{\partial B_m}{\partial T_j}\right)_H \mathrm{d}T_j \qquad k,m = 1...3 \\ \mathrm{d}S_i &= \left(\frac{\partial S_i}{\partial H_k}\right)_T \mathrm{d}H_k + \left(\frac{\partial S_i}{\partial T_j}\right)_H \mathrm{d}T_j \qquad i,j = 1...6 \end{aligned} \tag{6.10}$$

Im eindimensionalen Fall, wenn mechanische Spannung T, Dehnung S, magnetische Flussdichte B und Feldstärke H gleich gerichtet sind und komplexe Größen angenommen werden, vereinfacht sich das Gleichungssystem 6.10 zu:

$$\begin{aligned} \underline{B}_3 &= \mu_{33}^T \cdot \underline{H}_3 + d_{33} \cdot \underline{T}_3 \\ \underline{S}_3 &= d_{33}^* \cdot \underline{H}_3 + s_{33}^H \cdot \underline{T}_3 \quad . \end{aligned} \tag{6.11}$$

Für die angenommenen kleinen Auslenkungen gilt näherungsweise $d_{33}^* = d_{33}$.

Unimorph als Momentenquelle Für die Entwicklung eines reversiblen Unimorph-Wandlermodells wird von der in Bild 6.9 dargestellten Struktur ausgegangen. Dabei ist eine Galfenolschicht der Dicke h_1 und dem Elastizitätsmodul E_1 auf einen Balken der Dicke h_1 und Elastizitätsmodul E_2 laminiert, so dass die Materialdehnung an der Schichtgrenze kontinuierlich verläuft. Der Balken hat die Breite w und die Länge l.

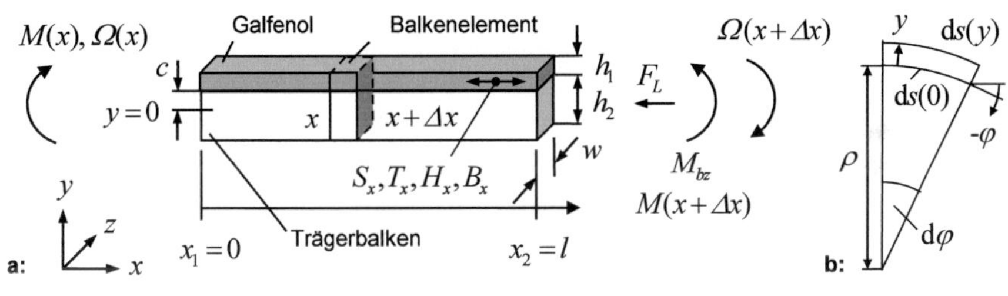

Bild 6.9.: Piezomagnetischer Unimorph

Unterschiedliche Materialeigenschaften, beispielsweise die Temperatursensitivität oder Magnetfeldsensitivität, sind die Ursache für ein Biegemoment M_{bz} im Balken. Es kann als Momentenquelle M_0 im rotatorischen System dargestellt werden [89, S.121], wie in Bild 6.10 für einen einseitig eingespannten Balken der Länge l gezeigt. Ein solches Moment bedingt in einem Balkenelement der Länge Δx die Winkeländerung $\Delta\underline{\varphi} = \Delta n_R \cdot \underline{M}_0$. In der vorliegenden Anwendung soll angenommen werden, dass nur geringe Temperaturänderungen auftreten, die den Arbeitspunkt unwesentlich verschieben. Nachfolgend repräsentiert M_0 daher nur Änderungen der magnetischen Feldgrößen.

Neben der Anwendung in Mikrosystemen ist die Beobachtung der Auslenkung eines magnetisierten Unimorphs in einer solchen Anordnung eine etablierte experimentelle Methode zur Bestimmung der magnetoelastischen Eigenschaften dünner Schichten. Wenn nur die Verknüpfungen zwischen den Koordinaten an den Biegerenden betrachtet werden,

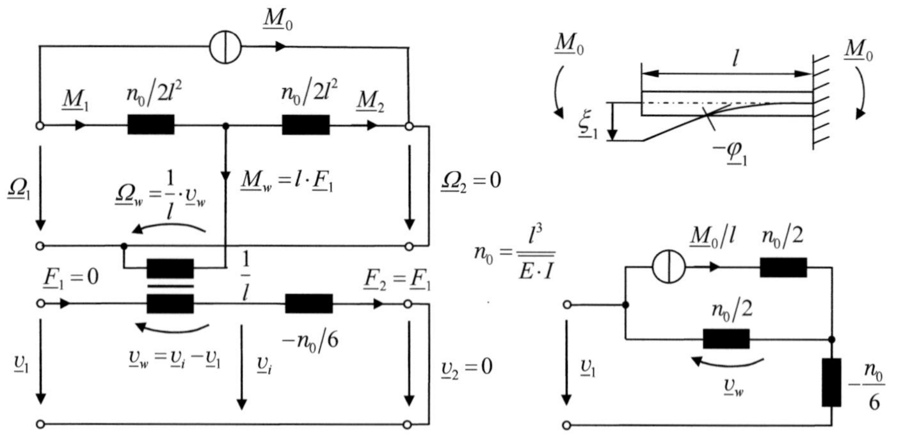

Bild 6.10.: Translatorisch-rotatorisches Netzwerkmodell eines einseitig fest eingespannten Unimorphs

dann kann zur Abbildung quasistatischer Vorgänge ohne Druckbelastung die in Bild 6.10 links gezeigte Viertorschaltung verwendet werden [149]. Im rechtsseitig eingespannten Fall gelten $\underline{\Omega}_2 = 0$ und $\underline{v}_2 = 0$. Wegen $\underline{F}_1 = 0$ ist $\underline{M}_W = 0$ und die Drehnachgiebigkeit beträgt $n_R = n_0/l^2 = l/\overline{\overline{EI}}$ aus Sicht von $\underline{M}_0$. Damit ist der Neigungswinkel des freien Endes

$$\underline{\varphi}_1 = \frac{\mathrm{d}\underline{\xi}_1}{\mathrm{d}x} = \frac{\underline{\Omega}_1}{\mathrm{j}\,\omega} = n_R M_0 = \frac{l M_0}{\overline{\overline{EI}}}\,. \tag{6.12}$$

Die rechte Seite von Bild 6.10 zeigt die vereinfachte Schaltungsdarstellung. Die Geschwindigkeitsmasche mit $\underline{v}_W$ führt zur Auslenkung $\underline{\xi}_1$ des freien Endes:

$$\underline{\xi}_1 = -\frac{\underline{v}_w}{\mathrm{j}\,\omega} = -\frac{n_0}{2}\frac{M_0}{l} = -\frac{l^2 M_0}{2\overline{\overline{EI}}} = -\underline{\varphi}_1\frac{l}{2}\,. \tag{6.13}$$

Das Ziel der weiteren Überlegungen ist die Herleitung eines rotatorisch-magnetischen Wandlermodells, das die zeitliche Winkeländerung mit der zeitlichen Änderung der magnetischen Flussdichte verknüpft. Für Balken mit kleinen Querschnittsabmessungen im Vergleich zur Länge bilden alle Schichten mit $y =$ konst. bei diesem einachsigen Spannungszustand konzentrische Kreise um einen Krümmungsmittelpunkt mit dem Radius ρ der Nullschicht [93, S.162]. Die in der Nullschicht liegenden Fasern behalten ihre Länge $\mathrm{d}x = \mathrm{d}s(0) = \rho\,\mathrm{d}\varphi$ bei (Bild 6.9). In einem Abstand y von der Nullschicht nehmen Fasern die Länge $\mathrm{d}s(y) = (\rho + y)\mathrm{d}\,\varphi$ an, so dass gilt [93, S. 163], [149, S. 153], [92]:

$$S_x(y) = \frac{\mathrm{d}s(y) - \mathrm{d}s(0)}{\mathrm{d}s(0)} = \frac{y}{\rho} = y \cdot \frac{\mathrm{d}\varphi}{\mathrm{d}x} \tag{6.14}$$

Die Querschnitte bleiben nach dieser Hypothese, die erstmalig von Jakob Bernoulli formuliert wurde, eben. Die Winkeländerung $\mathrm{d}\varphi/\mathrm{d}x$ ist dabei umgekehrt proportional zum Radius ρ. Gln. 6.14 setzt zudem elastisches Materialverhalten voraus, das durch das

Hooksche Gesetz beschrieben wird:

$$T_x(y) = E(y) \cdot S_x(y) = E(y)\frac{y}{\rho} \tag{6.15}$$

Daraus resultiert eine lineare Zunahme der Längsspannung mit dem Abstand y senkrecht zur Nullschicht. Die Gleichung berücksichtigt eine Änderung des Elastizitätsmoduls beim Materialübergang.

Die Lage der Nullschicht $y = 0$ im Abstand c von der Materialgrenze kann aus der Äquivalenzbedingung für die Längskraft F_L errechnet werden:

$$F_\mathrm{L} = 0 = -\frac{1}{\rho}\left[E_2\int_{-h_2+c}^{c} y\,\mathrm{d}y + E_1\int_{c}^{c+h_1} y\,\mathrm{d}y\right]. \tag{6.16}$$

Damit ergibt sich für eine in positiver y-Richtung angenomme Materialgrenze [89]:

$$c = \frac{E_2h_2^2 - E_1h_1^2}{2(E_1h_1 + E_2h_2)}. \tag{6.17}$$

Mit bekanntem c können die Beiträge der einzelnen Schichten zum Biegemoment M_bz mit der zweiten Äquivalenzbedingung berechnet werden:

$$\begin{aligned} M_\mathrm{bz} &= -w\int_{-h_2+c}^{c} T_{x2}(y)\,y\,\mathrm{d}y - w\int_{c}^{c+h_1} T_{x1}(y)\,y\,\mathrm{d}y \\ T_{x1}(y) &= E_1\left(\frac{\mathrm{d}\,\varphi}{\mathrm{d}\,x}y + \frac{\mathrm{d}\,s_1}{\mathrm{d}\,x} - \alpha_1 B\right) \\ T_{x2}(y) &= E_2\left(\frac{\mathrm{d}\,\varphi}{\mathrm{d}\,x}y + \frac{\mathrm{d}\,s_1}{\mathrm{d}\,x} - \alpha_2 B\right) \end{aligned} \tag{6.18}$$

Die linearisierte Betrachtung ist konform mit den Materialgleichungen (6.11) in der Form

$$\begin{aligned} \underline{T}_3 &= \frac{1}{s_{33}^H - d_{33}^2/\mu_{33}^T}\cdot\underline{S}_3 - \frac{d_{33}}{s_{33}^H\cdot\mu_{33}^T - d_{33}^2}\cdot\underline{B}_3 \\ \underline{H}_3 &= -\frac{d_{33}}{s_{33}^H\cdot\mu_{33}^T - d_{33}^2}\cdot\underline{S}_3 + \frac{1}{\mu_{33}^T - d_{33}^2/s_{33}^H}\cdot\underline{B}_3 \end{aligned} \tag{6.19}$$

mit

$$\frac{1}{s_{33}^B} = \frac{1}{s_{33}^H - d_{33}^2/\mu_{33}^T} \quad \text{und} \quad \frac{1}{\mu_{33}^S} = \frac{1}{\mu_{33}^T - d_{33}^2/s_{33}^H}.$$

Die Richtung "3" ist der x-Richtung in Bild 6.9 zugeordnet. Die bei Einwirkung eines Magnetfeldes auftretende Längenänderung in Längsrichtung $\mathrm{d}s_1/\mathrm{d}x$ hat keinen Einfluss auf das Biegemoment. Der Koeffizientenvergleich zeigt, dass $\alpha_1 = d_{33}/\mu_{33}^T$ der magnetische Wandlerkoeffizient von Galfenol im Arbeitspunkt ist und $\alpha_2 \approx 0$ der des Trägermaterials. Nach Einsetzen von T_{x1} und T_{x2} erhält man:

$$\begin{aligned} M_\mathrm{bz} &= \underbrace{-\frac{w}{\rho}\left[\int_{-h_2+c}^{c} E_2y^2\,\mathrm{d}y + \int_{c}^{c+h_1} E_1y^2\,\mathrm{d}y\right]}_{M_1 = \frac{\overline{EI}}{\rho}} \underbrace{-w\left[\int_{-h_2+c}^{c} E_2\alpha_2By\,\mathrm{d}y + \int_{c}^{c+h_1} E_1\alpha_1B\,\mathrm{d}y\right]}_{M_0} \\ M_\mathrm{bz} &= -\overline{EI}\,\frac{\mathrm{d}\varphi}{\mathrm{d}x} + M_0 \end{aligned} \tag{6.20}$$

mit:

$$\overline{EI} = \frac{w}{12}\frac{E_1^2h_1^4 + E_2^2h_2^4 + E_1E_2h_1h_2\left(4h_1^2 + 6h_1h_2 + 4h_2^2\right)}{E_1h_1 + E_2h_2} \tag{6.21}$$

und

$$\begin{aligned} M_0 &= -wE_2\alpha_2B\frac{y^2}{2}\bigg|_{-h_2+c}^{c} - wE_1\alpha_1B\frac{y^2}{2}\bigg|_{c}^{c+h_1} \\ M_0 &= \frac{w}{2}\frac{E_1E_2h_1h_2\left(h_1+h_2\right)}{E_1h_1 + E_2h_2}\left(\alpha_1-\alpha_2\right)B \quad . \end{aligned} \tag{6.22}$$

Die bei Einwirkung eines Magnetfeldes auftretende Längenänderung ruft eine Winkeländerung $\Delta\varphi$ in negativer Richtung, wie in Bild 6.9 vereinbart, hervor und ein äußeres Moment in positiver definierter Richtung eine Auslenkung in positiver Richtung. In der Schaltungsdarstellung in Bild 6.10 ist dies mit der Anordnung der Momentenquelle berücksichtigt.

Gleichung 6.22 beschreibt die Auswirkung einer magnetischen Flussdichte auf das Biegemoment. Damit kann der rotatorisch-magnetische Wandlerfaktor $K_{\mathrm{mag,r}}$ der Aktorgleichung $M_0 = K_{\mathrm{mag,r}} \cdot \varPhi$ in Beziehung zum Magnetfluss $\varPhi = B \cdot A$ in der Schicht abgeleitet werden. Dazu sei angenommen, dass das piezomagnetische Material den Fluss in seiner Querschnittsfläche $A = w \cdot h_1$ konzentriert. Damit ergibt sich:

$$\begin{aligned} K_{\mathrm{mag,r}} &= \frac{E_2h_2E_1^B}{2}\frac{\left(h_1+h_2\right)}{E_1^Bh_1 + E_2h_2}\cdot\alpha_1 \\ E_1^B &= \frac{1}{s_{33}^H - d_{33}^2/\mu_{33}^T}, \quad \mu_{33}^S = \mu_{33}^T - \frac{d_{33}^2}{s_{33}^H} \end{aligned} \tag{6.23}$$

Die Sensorbeziehung $\underline{V}_m = K_{\mathrm{mag,r}} \cdot \underline{\varphi}$ ergibt sich aus der ersten Gln. in 6.19:

$$\underline{H}_3 = 1/\mu_{33}^S \cdot \underline{B}_3 - E_1^B\alpha_1 \cdot \underline{S}_3\,, \tag{6.24}$$

wenn der Abstand $y = c + h_1/2$ zur Mitte der Galfenolschicht als Wirkungszentrum für die Dehnung in Gln. 6.14 angesehen wird. Diese Annahme ist zulässig, wenn mit geringen Querabmessungen gegenüber der Länge und dem kleinen Verhältnis von piezomagnetischer zu Substratschichtdicke der Bernoulli-Hypothese entsprochen wird. Damit wird

$$\begin{aligned} \underline{H}_3 &= \frac{1}{\mu_{33}^S}\cdot\underline{B}_3 - E_{33}^B\cdot\frac{d_{33}}{\mu_{33}^T}\cdot\underline{S}_3 \\ \underline{H}_3 &= \frac{1}{\mu_{33}^S}\cdot\underline{B}_3 - \underbrace{E_1^B\alpha_1\cdot\left(c+\frac{h_1}{2}\right)}_{K_{\mathrm{mag,r}}}\cdot\frac{\mathrm{d}\,\varphi}{\mathrm{d}\,x}\,. \end{aligned} \tag{6.25}$$

Der Übergang zu den magnetischen und rotatorischen mechanischen Netzwerkkoordinaten mit $\mathrm{d}\varphi/\mathrm{d}x \to \varphi/l$, $B = \varPhi/A$, $\underline{\varOmega} = \mathrm{j}\,\omega\underline{\varphi}$, $\underline{\varPhi} = \underline{I}_{\mathrm{m}}/(\mathrm{j}\,\omega)$ (siehe Abschn. 6.3.7.1) und der Reluktanz der piezomagnetischen Schicht $R_m = l/(\mu A)$ im magnetischen Arbeitspunkt und bei homogenem Magnetfluss ergibt die zweite Systemgleichung:

$$\underline{V}_m = \frac{R_m}{\mathrm{j}\,\omega}\cdot\underline{I}_{\mathrm{m},3} - \frac{K_{\mathrm{mag,r}}}{\mathrm{j}\omega}\cdot\underline{\varOmega}\,. \tag{6.26}$$

Unter Berücksichtigung der durchschnittlichen Drehnachgiebigkeit des Unimorphs $n_R = \Delta x / \overline{EI}$ im magnetischen Arbeitspunkt repräsentieren Gln. 6.20 und Gln. 6.26 das rotatorisch-magnetomechanische System:

$$\begin{pmatrix} \underline{M} \\ \underline{V}_m \end{pmatrix} = \begin{pmatrix} -1/(\mathrm{j}\,\omega n_R) & K_{\mathrm{mag,r}}/(\mathrm{j}\,\omega) \\ -K_{\mathrm{mag,r}}/(\mathrm{j}\,\omega) & R_m/(\mathrm{j}\,\omega) \end{pmatrix} \cdot \begin{pmatrix} \underline{\Omega} \\ \underline{I}_{\mathrm{m}} \end{pmatrix} \tag{6.27}$$

Dieses System beinhaltet einen imaginären Wandlerfaktor. Den reellen Faktor

$$\frac{1}{Y_r} = \frac{K_{\mathrm{mag,r}}}{R_m} = \frac{E_2 h_2 E_{33}^B h_1 w}{2} \frac{(h_1 + h_2)}{E_{33}^B h_1 + E_2 h_2} \cdot \frac{d_{33}}{l} \cdot \frac{\mu_{33}^S}{\mu_{33}^T}$$

erhält man, wenn das Gleichungssystem (6.27) in $(\underline{I}_{\mathrm{m}}, \underline{M}) = f(\underline{\Omega}, \underline{V}_m)$ umgeformt wird:

$$\begin{aligned} \underline{I}_{\mathrm{m}} &= \frac{1}{Y_r}\underline{\Omega} + \frac{\mathrm{j}\omega}{R_m}\underline{V}_m \\ \underline{M} &= -\left(-\frac{R_m}{\mathrm{j}\omega Y_r^2} + \frac{1}{\mathrm{j}\omega n_R}\right)\underline{\Omega} + \frac{1}{Y_r}\underline{V}_m\,. \end{aligned} \tag{6.28}$$

Das Gleichungssystem (6.28) kann als die magnetomechanische Schaltung in Bild 6.11 interpretiert werden. Die magnetische Domäne enthält einen Flussratenknoten und die mechanische Domäne einen Momentenknoten. Der magnetomechanische Wandler ist ein Gyrator.

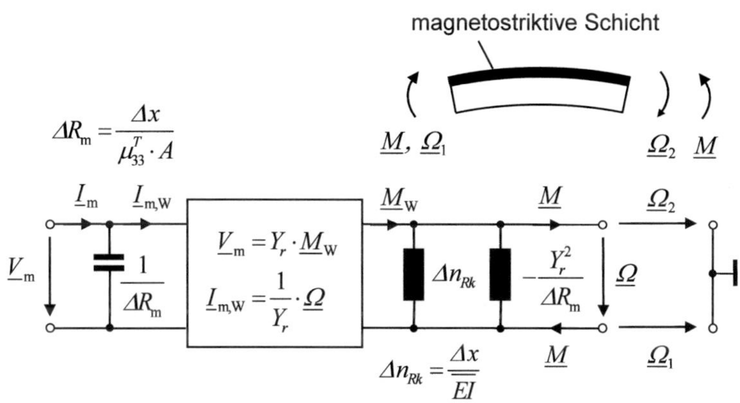

Bild 6.11.: Netzwerkmodell eines piezomagnetischen Unimorphelementes

Der Unimorph wandelt nur einen Teil der an den Toren eingespeisten Energie um. Der andere Teil der Energie wird in der Reluktanz und in der Nachgiebigkeit gespeichert. Der Wandlerfaktor Y kann aus Messungen bestimmt werden, wenn der Flussratenanteil $\underline{I}_{\mathrm{m,W}}$ und der Momentenanteil $\underline{M}_{\mathrm{W}}$ bekannt sind. Diese Größen können in Beziehung zur gemessenen Flussrate $\underline{I}_{\mathrm{m}}$ und dem gemessenen Moment $\underline{M}$ gesetzt werden, wenn die Netzwerkelemente in Bild 6.10 in die jeweils andere Netzwerkebene transformiert werden. Bild 6.12 zeigt die resultierenden Schaltungen. Für $\underline{M} = 0$ ergibt sich aus Bild 6.12(a) für die Flussrate:

$$\frac{\underline{I}_{\mathrm{m,W}}}{\underline{I}_{\mathrm{m}}} = \frac{n_R \cdot R_{\mathrm{m}}}{Y_r^2} \tag{6.29}$$

ebenso wie für das Momentenverhältnis aus Bild 6.12(b), wenn $\underline{I}_\mathrm{m} = 0$ ist:

$$\frac{\underline{M}_W}{\underline{M}} = \frac{n_R \cdot R_\mathrm{m}}{Y_r^2}\,. \tag{6.30}$$

Mit den Wandlergleichungen $\underline{I}_\mathrm{m,W} = \underline{\Omega}/Y_r$ oder $\underline{\Phi}_\mathrm{m,W} = \underline{\varphi}/Y_r$ und $\underline{V}_m = Y_r \cdot \underline{M}_W$ erhält man:

$$Y_r = \frac{\Phi}{\varphi} \cdot n_R R_\mathrm{m} = \frac{M}{H \cdot l} \cdot n_R R_\mathrm{m}\,. \tag{6.31}$$

Mit Gln. (6.31) kann nun der Wandlerfaktor aus den Messungen der magnetischen Flussdichte und dem Neigungswinkel oder aus dem Biegemoment und der internen magnetischen Feldstärke berechnet werden. Gegenwärtig erfolgt dies in Zusammenarbeit mit S. Datta für Messungen, die durch ihn an der University of Maryland an einem piezomagnetischen Unimorph durchgeführt wurden.

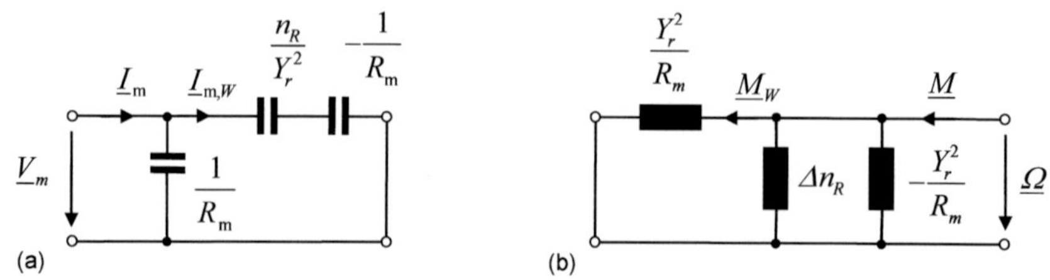

Bild 6.12.: Transformation der Netzwerkelemente in Bild 6.10 in die andere Netzwerkebene

6.3.7. Netzwerkmodelle elektromagnetischer Wandler

Als Voraussetzung für eine kostengünstige Herstellung des elektromagnetischen Wandlers mit Mikrosystemtechnologien wurde eine Flachspule auf der piezomagnetischen Schicht angeordnet. Für den Resonanzsensor wird dabei ein hoher Gütefaktor Q angestrebt, der eine geringe Bandbreite $B = f_0/Q$ im Frequenzbereich und eine große Abklingkonstante $\tau_L = L_r/R_L = Q/\omega_0$ im Zeitbereich bewirkt.

Wie bei der Charakterisierung der piezomagnetischen Schichteigenschaften in Abschnitt 6.2 festgestellt wurde, streuen die magnetischen Materialparameter stark. Es wurde nach einer Methodik gesucht, mit der die Permeabilität aus Messungen der Induktivitäten der Planarspule mit und ohne magnetischem Substrat schnell und zuverlässig bestimmt werden kann. Eine Analyse der magnetischen Feldverhältnisse führte zu dem elektromagnetischen Netzwerkmodell, das nachfolgend entwickelt wird.

6.3.7.1. Magnetische Koordinaten

In magnetischen Systemen ist es üblich, ein Element mit der Länge l und Permeabilität μ durch seine magnetische Reluktanz $R_\mathrm{m} = l/(\mu A)$ zu beschreiben. Es stellt den Zusammenhang MMK $= R_\mathrm{m} \cdot \Phi$ zwischen zwei Äquipotentialflächen A der Magnetomotorischen Kraft MMK als Differenzgröße und einem diese homogen durchströmenden magnetischem Fluss her. Diese Beschreibungsform geht zurück auf Joule and Heaviside, wird aber nach John und Edward Hopkinson benannt, die Ende des 19. Jahrhunderts die

Theorie magnetischer Kreise entwickelten [301]. Für eine Netzwerkbeschreibung magnetischer Anordnungen mit Wandlern zu nichtmagnetischen Systemen sind diese Größen nicht geeignet, da ihr Produkt keine Leistung ergibt. Der Übergang in eine andere Differenzialebene ist erforderlich, beispielsweise durch Ableitung des Magnetflusses. Die neue Größe ist die magnetische Flussrate $I_{\mathrm{m}} = \mathrm{d}\Phi/\mathrm{d}t$, die als Analogon zur elektrischen Stromstärke $I = \mathrm{d}Q/\mathrm{d}t$ gesehen werden kann. Der magnetische Fluss ist dann das Analogon zur elektrischen Ladung [105, 48].

Als Differenzgröße dient die magnetische Spannung V_{m}. In der Quellensituation eines elektrischen Stromes in N Windungen ist sie gleich der MMK:

$$\mathrm{MMK} = V_{\mathrm{m}} = I \cdot N$$

Sie teilt sich nach dem Durchflutungsgesetz entlang eines den Strom umschließenden Pfades unter den magnetischen Netzwerkelementen auf, so dass über diesen bei konstanter magnetischer Feldstärke $V_{\mathrm{m}} = H \cdot l$ gilt. Das Produkt $P_{\mathrm{m}} = V_{\mathrm{m}} \cdot I_{\mathrm{m}}$ ergibt nun eine Leistung.

Die magnetische Leitfähigkeit oder Permeanz $G_{\mathrm{m}} = 1/R_{\mathrm{m}} = \Phi/V_{\mathrm{m}}$ setzt die magnetische Spannung zur magnetischen Flussrate in Beziehung, wie der Kondensator die elektrische Spannung zum Strom:

$$V_{\mathrm{m}} = \frac{1}{G_{\mathrm{m}}} \int I_{\mathrm{m}}\,\mathrm{d}t \quad \circ\!-\!\!-\!\circ \quad u = \frac{1}{C} \int i\,\mathrm{d}t\,. \tag{6.32}$$

Ihr ist daher im magnetischen Netzwerk das Kapazitätssymbol zugeordnet, wie in Bild 6.13 dargestellt. Da im Weiteren sinusförmige Anregungen des elektromagnetischen Netzwerkes und lineares Verhalten um einen magnetischen Arbeitspunkt betrachtet werden, ist die Auswertung der komplexen Amplituden ausreichend, die durch den Unterstrich gekennzeichnet sind.

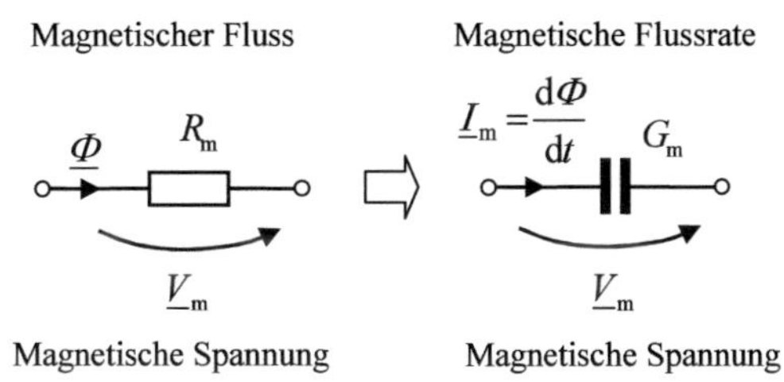

Bild 6.13.: Magnetische Koordinaten

Bei verschiedenen elektromagnetischen Wandlerkonstruktionen ist nur ein Teil der elektrischen Energie als magnetische Energie in einem Funktionselement nutzbar. Ausgehend vom bekannten Zylinderspulenmodell wird ein Netzwerkmodell für Flachspulen entwickelt, die sich auf einem magnetischen Substrat befinden.

6.3.7.2. Zylinderspule

Eine lange und dünne (Radius $r \ll$ Länge l) Zylinderspule (Solenoid) ist ein idealer elektromechanischer Wandler, der das magnetische Feld nahezu vollständig im Innern konzentriert, während es außerhalb verschwindet. Ein elektrischer Strom erzeugt im Inneren eine magnetische Feldstärke $\underline{H} = N/l \cdot \underline{i}$ während ein magnetischer Wechselfluss $\underline{\Phi} = \underline{B} \cdot A$ die elektrische Spannung $\underline{u} = \mathrm{j}\omega \cdot A \cdot N \cdot \underline{B}$ induziert. Der Übergang zur magnetischen Spannung und magnetischen Flussrate führt zum elektromagnetischen Wandlermodell des Solenoids mit der Windungszahl N als Wandlerfaktor [105]. Die Windungszahl verknüpft die magnetischen und elektrischen Koordinaten gyratorisch, d.h. die Flussgrößen werden zu Differenzgrößen und umgekehrt. Die Materialbeziehung des Kerns $B = \mu \cdot H$ wird in magnetischen Koordinaten zu

$$\underline{I}_{\mathrm{m}} = \mathrm{j}\omega \frac{\mu \cdot A}{l} \underline{V}_{\mathrm{m}} = \frac{\mathrm{j}\omega}{R_{\mathrm{m}}} \underline{V}_{\mathrm{m}} .$$

Eine Gyration der magnetischen Permeanz in Bild 6.14b) auf die elektrische Seite über das Quadrat des Wandlerfaktors ergibt die Induktivität $L = \mu \cdot A/l \cdot N^2$. Sie ist in Reihe zum Wandler geschaltet, wie in Bild 6.14:a dargestellt [184].

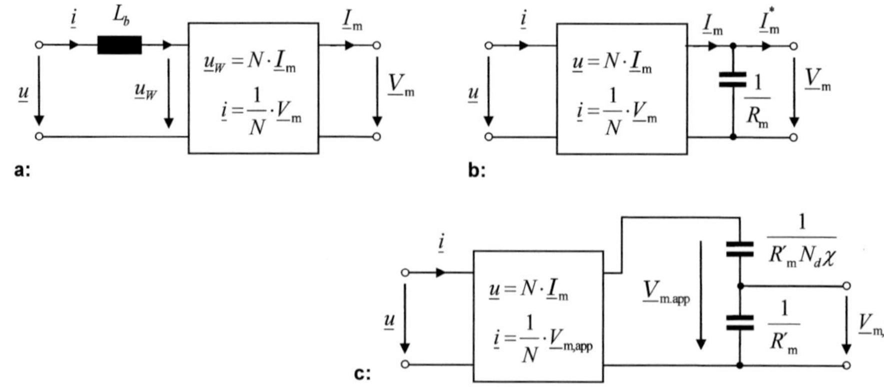

Bild 6.14.: Transformation der Induktivität einer Zylinderspule (a:) in die Permeanz (b:) und umgekehrt und Berücksichtigung des Demagnetisierungsfaktors (c:)

Die Schaltungen in Bild 6.14:a und :b zeigen das ideale Solenoidmodell. Es enthält nicht das Demagnetisierungsfeld, mit dem ein ferromagnetisches Material auf ein äußeres magnetisches Feld H_{app} reagiert. Das Demagnetisierungsfeld ist entgegengesetzt zur Magnetisierung gerichtet, die durch die freien Pole an den Enden des Kerns auftritt. Die Feldstärke ist proportional zur Polstärke des magnetisierten Materials und eine Funktion der Kerngeometrie. Für ein gleichförmig magnetisiertes Material wird das äußere Magnetfeld entsprechend Gln. (6.33) vermindert, wobei N_d der Demagnetisierungsfaktor und χ die magnetische Suszeptibilität sind [4]:

$$\frac{H_{\mathrm{in}}}{H_{\mathrm{app}}} \cdot \frac{l}{l} = \frac{V_{\mathrm{m,in}}}{V_{\mathrm{m,app}}} = \frac{1}{1 + N_d \chi} = \frac{R'_{\mathrm{m}}}{R'_{\mathrm{m}} + R'_{\mathrm{m}} N_d \chi} . \tag{6.33}$$

Das Demagnetierungsphänomen bedingt eine geringe Feldstärke H_{in} im Kern und kann als magnetischer Spannungsteiler mit $R_{\mathrm{m}} = R'_{\mathrm{m}}(N_d \chi + 1)$ dargestellt werden, wie in Bild 6.14:c gezeigt.

6.3.7.3. Planarspulen-Netzwerkmodell bei dicker magnetischer Schicht

Die neben einer Planarspule angeordnete piezomagnetischen Schicht beeinflusst die Verteilung des Magnetfeldes. Die Kenntnis der Feldstärke in der Schicht wird zur Charakterisierung des elektromechanischen Wandlers benötigt. Es ist bekannt, dass die Feldstärke näherungsweise mit Hilfe der Spiegelstrommethode berechnet werden kann. Der Ansatz wird zur Erklärung eines neuen Netzwerkmodells mit herangezogen [183, 270].

Eine rotationssymmetrische 2D-FE-Simulation der magnetischen Feldstärke und der Flusslinien einer Flachspule auf einem magnetischen Substrat veranschaulicht dessen Wirkung auf das Magnetfeld. Bei der Simulation wurde zwischen einer 500 µm und einer 3 µm dicken magnetischen Schicht unterschieden (siehe Abschn. 6.3.7.4), die näherungsweise den Einfluss einer unendlich dicken und einer dünnen Schicht widerspiegeln. Die elektrische Isolationsschicht zwischen den Windungen und der elektrisch leitfähigen magnetischen Schicht hat bei den Simulationen eine Dicke von 1 µm. Konzentrische Kreisströme bilden das Feld einer spiralförmigen Wicklung ab, wie von Rodriques et al. [238] gezeigt wurde. Im Modell wurden 10 Leiter mit einem quadratischen Querschnitt von $20{\times}20\ \mu m^2$ auf einer magnetischen Schicht und einer 1 µm dicken Isolationsschicht angeordnet und von einem elektrischen Strom einer Stärke von 1 µA durchflossen.

Die FE-Simulation führt zu dem in Bild 6.16 gezeigten Ergebnis. Das Verhältnis der magnetischen Feldstärke in Luft über der Wicklung und im Substrat entspricht etwa dem reziproken Verhältnis der Permeabilitäten. Der Sprung der magnetischen Feldstärke an der Materialgrenze bildet die Grundlage für das Netzwerkmodell.

Die Feldstärke in Luft kann mit Hilfe der Spiegelstrommethode berechnet werden. Dazu wird die magnetische Schicht durch die gespiegelte Planarspule ersetzt. Durch die gespiegelte Spule fließt ein Strom mit der Stärke $I' = (\mu_r - 1)I/(\mu_r + 1)$ in gleicher Richtung [242]. Eine magnetische Schicht kann somit die magnetische Feldstärke im Vergleich zu einer planaren Luftspule maximal verdoppeln. Die nachfolgende vereinfachte Analyse zeigt, dass die Feldstärke oberhalb der Windungen näherungsweise radial ausgerichtet ist. Dazu werden die Windungen durch Linienströme in der Entfernung a von der magnetischen Schicht betrachtet. Bei Anwendung der Spiegelstrommethode [233, 242] ist die magnetische Feldstärke über Windung 2 in der Entfernung e_2 näherungsweise die Überlagerung der Beiträge der Windungen ({2}+{2´}) + ({1}+{3}) + ({1´}+{3´}), wenn $a \ll b + d_w$ gilt und nur die Beiträge der Nachbarwindungen berücksichtigt werden:

$$\left|\vec{H}_{A,2}\right| \approx \frac{I}{2\pi \cdot e_2} + \frac{I'}{2\pi \cdot (e_2 + 2a)} + \frac{I \cdot e_2}{\pi \cdot \left[(b+d)^2 + e_2^2\right]} + \frac{I' \cdot (e_2 + 2a)}{\pi \cdot \left[(b+d)^2 + (e_2 + 2a)^2\right]} \tag{6.34}$$

Die Vektorsumme $\vec{H}_{2,1} + \vec{H}_{2,3} = 2 \cdot \left|\vec{H}_1\right| \cdot \cos\alpha$ der Beiträge $\vec{H}_1$ und $\vec{H}_3$ von den Windungen 1 und 3 hat die selbe Richtung wie $\vec{H}_2$ aufgrund der Symmetrie des Punktes. In der Mitte zwischen den Windungen 1 und 2, die im Abstand $b + d_w$ voneinander entfernt sind, hat die Feldstärke ihr Minimum

$$\left|\vec{H}_{A,m}\right| \approx \frac{I \cdot e_2}{\pi \cdot \left[(b+d)^2/4 + e_2^2\right]} + \frac{I' \cdot (e_2 + 2a)}{\pi \cdot \left[(b+d)^2/4 + (e_2 + 2a)^2\right]} \tag{6.35}$$

Wie in Bild 6.19 beobachtet werden kann, verringert die magnetische Schicht die Amplitude der örtlichen Feldstärkeschwankung über der Wicklung. Der integrale Mittelwert

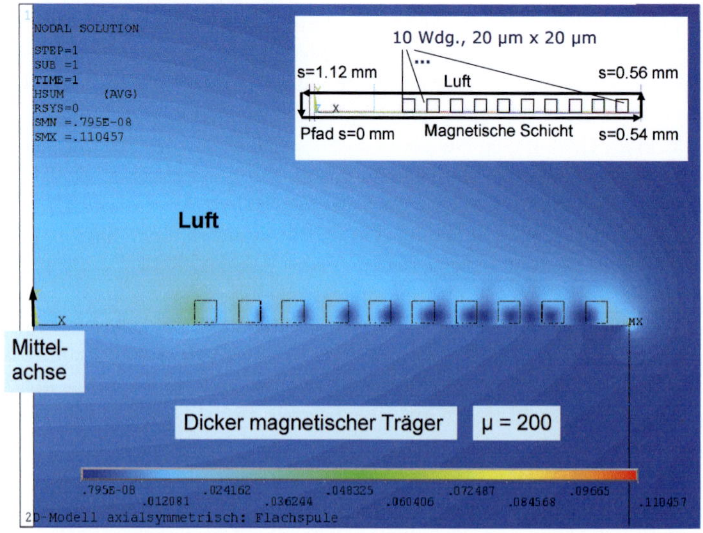

Bild 6.15.: Axialsymmetrische FE-Simulation der magnetischen Feldstärke einer Planarspule auf einer 500 µm dicken magnetischen und 1 µm dicken Isolationsschicht. Kleines Bild: Pfad zur Bestimmung der magnetischen Feldstärke in Bild 6.16

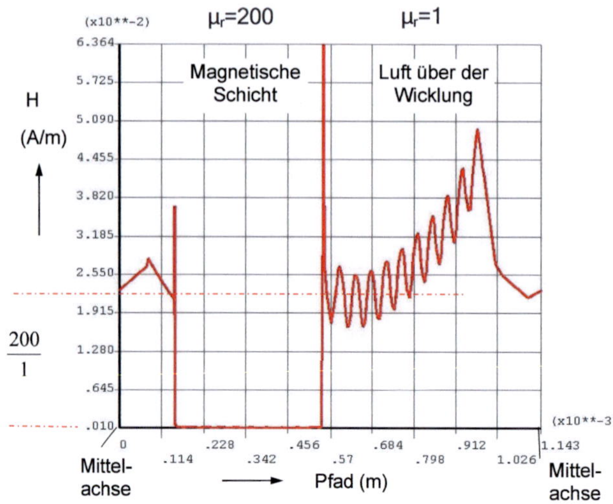

Bild 6.16.: Betrag der magnetischen Feldstärke der Anordnung in Bild 6.15 entlang des gekennzeichneten Pfades ausgehend von der Mittelachse zum Außenradius und zurück in einer Entfernung von 1 µm um die Wicklung

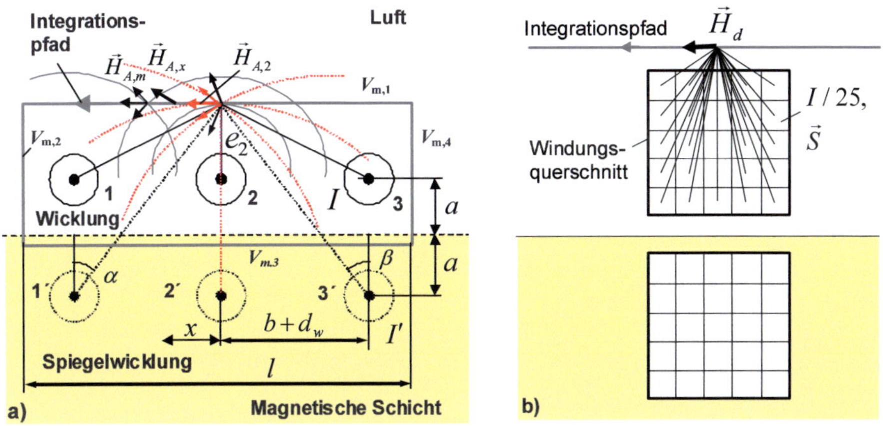

Bild 6.17.: Anwendung der Spiegelstrommethode zur Bestimmung der Feldstärke in Luft

der Feldstärke zweier Windungen beträgt

$$\left|\tilde{\vec{H}}_{A,int}\right| \approx \frac{1}{b+d_w} \int\limits_{x=0}^{b+d_w} \left|\vec{H}_{1,x} + \vec{H}'_{1,x} + \vec{H}_{2,x} + \vec{H}'_{2,x}\right| \mathrm{d}x\,. \tag{6.36}$$

Vereinfacht kann die Feldstärke über der Wicklung mit dem Mittelwert von Gln. (6.34) und Gln. (6.35) berechnet werden:

$$\left|\tilde{\vec{H}}_{A}\right| \approx \frac{\left|\vec{H}_{A,2}\right| + \left|\vec{H}_{A,m}\right|}{2}\,. \tag{6.37}$$

Ist die Feldstärke in Luft bekannt, dann gibt das Durchflutungsgesetz die Feldstärke in der magnetischen Schicht vor. Werden die magnetischen Teilspannungen $V_{\mathrm{m},2}$ und $V_{\mathrm{m},4}$ wegen des kleinen Pfadabschnittes vernachlässigt, dann ergibt sich:

$$\oint \vec{H} \cdot \mathrm{d}\vec{s} = \sum_k I = N \cdot I \;\; (= \mathrm{MMK}) \approx V_{\mathrm{m,Air,a}} + V_{\mathrm{m,Air,b}}\,. \tag{6.38}$$

Gln. (6.38) erklärt die geringere magnetische Feldstärke in der magnetischen Schicht im Vergleich zur Luft über der Wicklung. Mit den Gln. (6.37) und (6.38) kann der elektromagnetische Übertragungsfaktor Y_{mP} zwischen der magnetischen Spannung der magnetischen Schicht $V_{\mathrm{m},3}$ und der Spulenstromstärke I angegeben werden:

$$\begin{aligned} V_{\mathrm{m},3} = H_{\mathrm{m}} \cdot l = I \cdot N - V_{m,1} &= I \cdot N - \left|\tilde{\vec{H}}_{A}\right| \cdot l \\ &= I \cdot Y_{\mathrm{mP}} = I \cdot \left(N - \left|\tilde{\vec{H}}_{A}\right| \cdot l/I\right)\,. \end{aligned} \tag{6.39}$$

Er ist geringer als der Übertragungsfaktor $Y_{\mathrm{mS}} = V_{\mathrm{m}}/i = N$ eines Solenoids, der gleich der Windungszahl ist.

Gln. (6.38) kann als der magnetische Spannungsteiler in Bild 6.18:a interpretiert werden. Die Transformation der magnetischen Netzwerkelemente in die elektrische Ebene ergibt bei Elimination des gyratorischen Wandlers zwei parallel geschaltete Induktivitäten.

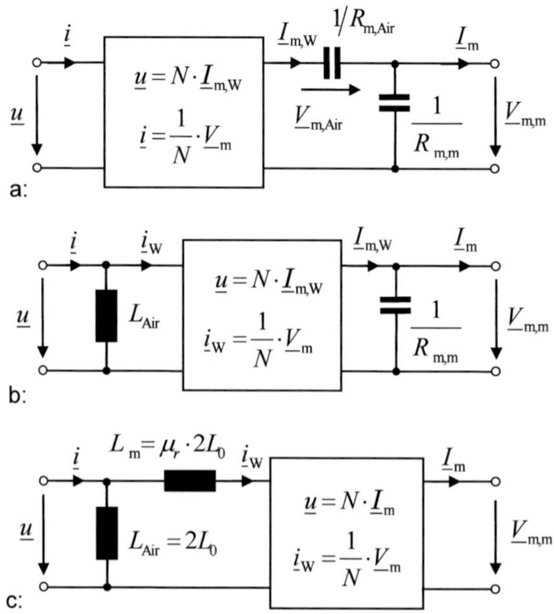

Bild 6.18.: Netzwerkmodell einer Planarspule auf einer dicken magnetischen Schicht

Die Induktivität einer Planarspule L_∞ auf einem unendlich dicken magnetischen Substrat mit der rel. Permeabilität μ_r ohne Luftspalt kann maximal den doppelten Wert der Induktivität der Planarspule ohne Substrat bzw. Luftspule L_0 annehmen [242]:

$$L_\infty = \frac{2\mu_r}{\mu_r + 1} L_0 \,. \tag{6.40}$$

Für $\mu_r = 1$ kann nicht mehr von einer magnetischen Schicht gesprochen werden. Die Planarspuleninduktivität hat dann die Luftspuleninduktivität L_0. Das bedeutet, dass beide Induktivitäten in Bild 6.18:c in diesem Fall den Wert $2L_0$ besitzen. Für ein beliebiges μ_r zeigt ein Vergleich der Parallelschaltung mit Gln. (6.40)[5]:

$$L = \frac{L_\mathrm{m} \cdot 2L_0}{L_\mathrm{m} + 2L_0} = \frac{\frac{L_\mathrm{m}}{2L_0}}{\left(\frac{L_\mathrm{m}}{2L_0} + 1\right)} 2L_0 = \frac{\mu_r}{\mu_r + 1} 2L_0 \,. \tag{6.41}$$

Somit gilt für die Induktivität, die mit der magnetischen Schicht korrespondiert:

$$L_\mathrm{m} = \mu_r \cdot 2L_0 \,. \tag{6.42}$$

[5]nach E. Starke, IHM

Durch Verwendung dieses Netzwerkmodells können die Induktivität der Anordnung und die magnetischen Spannungen in Beziehung zur Permeabilität der magnetischen Schicht gesetzt werden. Es veranschaulicht, dass bereits eine rel. Permeabilität von 20 der magnetischen Schicht die Induktivität mit $1{,}9 \cdot L_0$ nahezu verdoppelt. Gleichzeitig erreicht die magnetische Spannung in der Schicht $V_{\mathrm{m,m}}$ nur noch 1/20 der magnetische Spannung in Luft.

6.3.7.4. Planarspulen-Netzwerkmodell bei dünner magnetischer Schicht

Bild 6.20 zeigt die FE-simulierten magnetischen Flusslinien bei Verwendung eines dünnen Substrats. Es kann beobachtet werden, dass die magnetische Schicht den Magnetfluss nicht vollständig konzentriert. Ein Teil des Flusses verlässt die Schicht und dringt wieder ein. Eine endliche Dicke h_1 des Substrats verringert die Induktivität um L_C [241]:

$$L = L_\infty - L_C\,. \tag{6.43}$$

Die endliche Substratdicke kann bei der Modellierung durch zusätzliche Spiegelströme in der Entfernung $2h_1$ einbezogen werden, wie von Roshen gezeigt [241]. Jeder der Kreisströme hat die Stärke $\alpha^{2l-3}(1-\alpha^2)I$, wobei l das Kreisstromset kennzeichnet und

$$\alpha = (\mu_r - 1)/(\mu_r + 1)$$

gilt. Das erklärt die geringere Feldstärke in Luft auf der den Windungen gegenüberliegenden Seite verglichen mit einem magnetischen Substrat gleicher Permeabilität, aber unendlicher Dicke.

Die magnetische Feldstärke im dünnen Substrat ist deutlich größer, als bei einem dicken Substrat, wie in Bild 6.19 zu sehen. Neben der Permeabilität hat auch die Substratdicke Einfluss auf die Feldstärke. Aus diesem Grund unterscheidet sich das Netzwerkmodell dieser Anordnung von dem der Planarspule auf einem dicken Substrat. Die von den Windungen erzeugte MMK teilt sich in die magnetische Spannung oberhalb der Windungen und die magnetische Spannung unterhalb der Windungen auf, wie Bild 6.20 verdeutlicht. Die dünne magnetische Schicht trennt die beiden Volumina. Nach dem Durchflutungsgesetz ist die magnetische Spannung in der magnetischen Schicht gleich der magnetischen Spannung unterhalb der Windungen. Es gilt daher zusätzlich zu Gln. (6.38):

$$\underline{V}_{\mathrm{m,Air,b}} = \underline{V}_{\mathrm{m,m}}\,.$$

Daraus ergibt sich die Anordnung der magnetischen Reluktanzen in Bild 6.21. Wegen der praktisch gleichen Geometrien sind die Reluktanzen der Luft oberhalb und unterhalb der Spule gleich. Nach einer Transformation auf die elektrische Seite ergibt sich eine Parallel-Serienschaltung aus zwei Spulen mit der doppelten Luftspuleninduktivität $2L_0$ und einer Spule, deren Induktivität L_x in Beziehung zur magnetischen Schicht steht. Aus der Gesamtinduktivität der Anordnung und der Luftspuleninduktivität kann L_x berechnet werden:

$$\begin{aligned} \frac{1}{L} &= \frac{1}{2L_0} + \frac{1}{2L_0 + L_x} = \frac{4L_0 + L_x}{2L_0\,(2L_0 + L_x)} \\ L_x &= \frac{4L_0\,(L - L_0)}{2L_0 - L} = \frac{N^2}{R_{\mathrm{m,m}}} \end{aligned}\,. \tag{6.44}$$

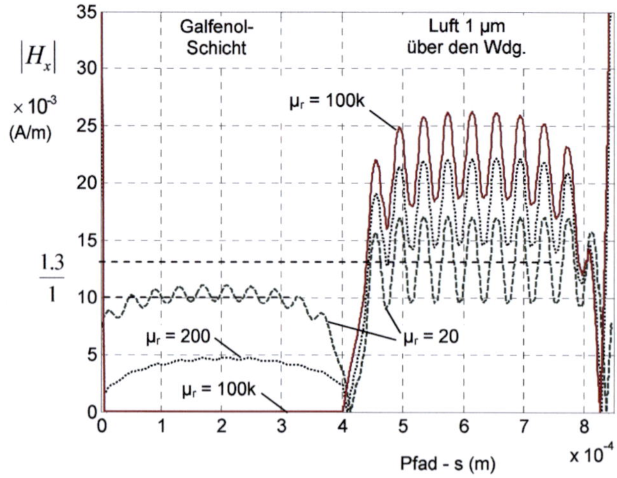

Bild 6.19.: Radiale Komponente der magnetischen Feldstärke einer Planarspule auf einer 3 µm dicken magnetischen Schicht, z.B. Galfenol, und einer 1 µm dicken Isolationsschicht entlang des in Bild 6.15 gekennzeichneten Pfades

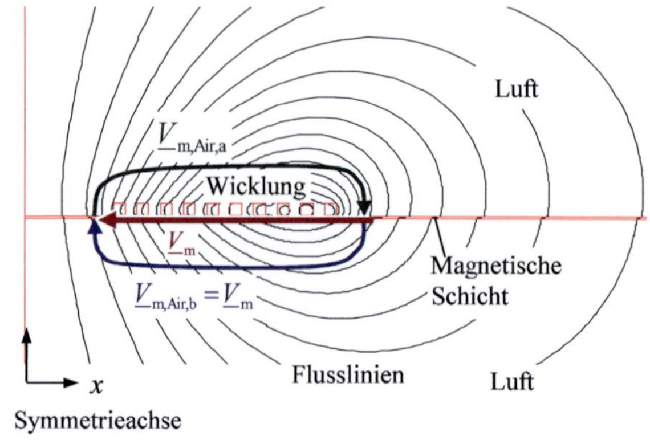

Bild 6.20.: Magnetische Spannungen oberhalb und unterhalb der Windungen in Luft ($\underline{V}_{\mathrm{m,Air,a}}$ und $\underline{V}_{\mathrm{m,Air,b}}$) und in der magnetischen Schicht $\underline{V}_{\mathrm{m,m}}$ der Planarspule

Nach der Rücktransformation in die magnetische Ebene ergeben sich die magnetischen Spannungen. Wie das FE-Simulationsergebnis in Bild 6.23 verdeutlicht, sind ist die magnetische Flussdichte in der piezomagnetischen Schicht im Bereich der Leitbahnen konzentriert und näherungsweise homogen verteilt. Daher kann die Permeabilität einer dünnen Schicht aus $R_{\mathrm{m}} = l/(\mu \cdot A)$ ermittelt werden.

Für die Induktivität der Luftspule mit 23 Windungen wurde $L_0 = 6{,}8\,\mu\mathrm{H}$ und für die Spule mit Galfenol $L = 7{,}5\,\mu\mathrm{H}$ mit einem Henrymeter gemessenen[6]. Damit sind

[6]Die Messwerte sind deutlich höher, als aus der Resonanzfrequenz und theoretisch berechnet. Sehr

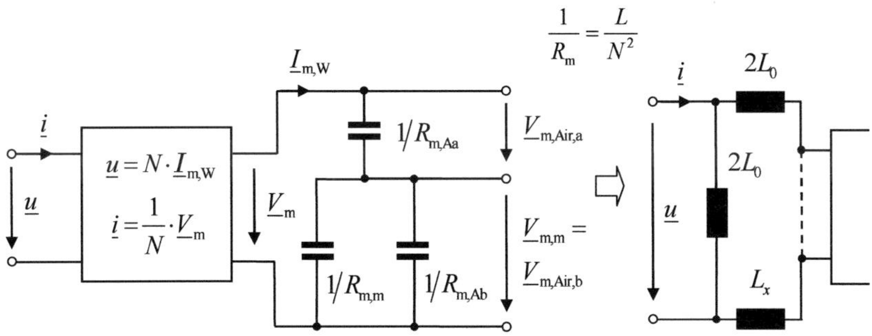

Bild 6.21.: Elektromagnetisches Netzwerkmodell einer Planarspule auf einer dünnen magnetischen Schicht

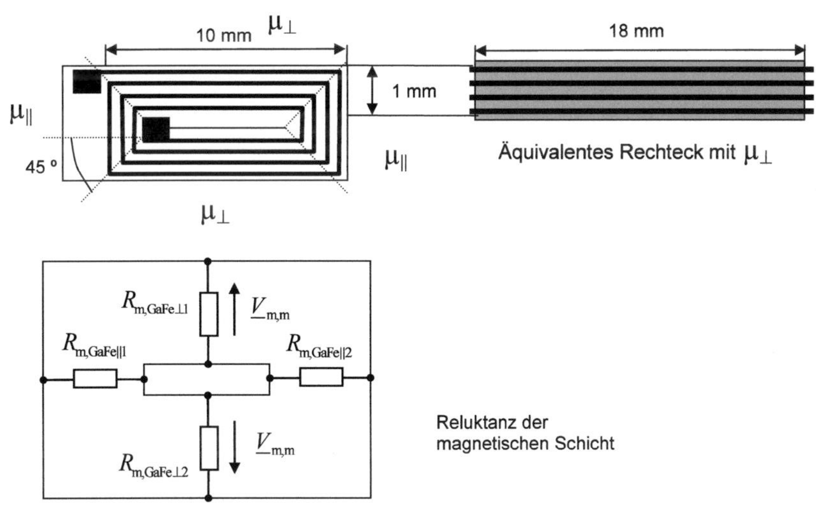

Bild 6.22.: Aufteilung der Reluktanz der magnetischen Schicht

$2L_0 = 13{,}6\,\mu\text{H}$ und $L_x = 3{,}12\,\mu\text{H}$ mit Gln. (6.44). Die Rücktransformation liefert $R_{m,m} = N^2/L_x = 163 \cdot 10^6\,\text{A/Wb}$ mit $N = 23$ Windungen.

Die mechanische Belastung erfolgt in Längsrichtung der betrachteten rechteckigen Spule. In den Gebieten, in denen die mechanische Spannung und die magnetischen Feldgrößen senkrecht zueinander gerichtet sind, ist die Permeabilität kleiner als bei parallel gerichteten Feldgrößen. Geometrische Überlegungen anhand Bild 6.22 zeigen, dass 90% des Magnetflusses im Galfenol senkrecht und 10 % parallel zur mechanischen Belastung ausgerichtet sind. Bild 6.23 verdeutlicht die nahezu homogene Verteilung der magnetischen Flussdichte und ihre Konzentration im Bereich der Leitbahnen. Die Galfenolschicht kann

wahrscheinlich liegt hier ein systematischer Messfehler vor. Es wird davon ausgegangen, dass die durch die magnetische Schicht hervorgerufene relative Induktivitätserhöhung nahezu gleich ist und die Messungen zur Bestimmung der Permeabilität herangezogen werden können.

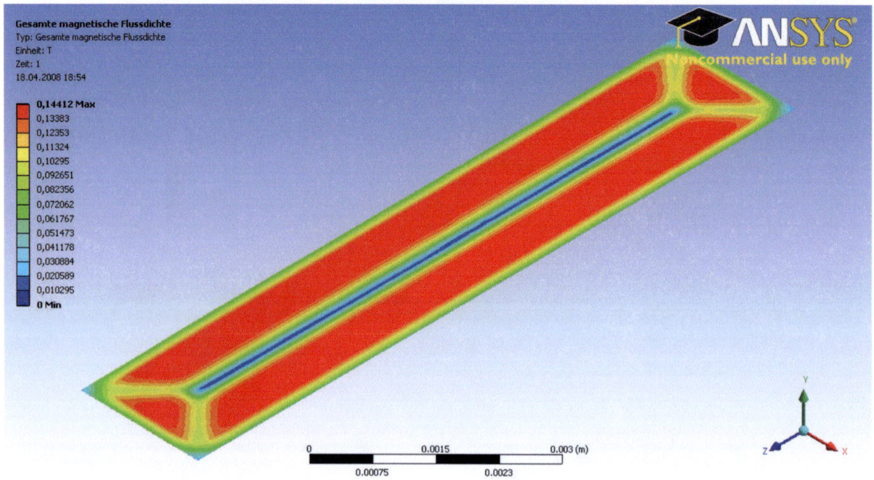

Bild 6.23.: B-Feld der Flachspule des 2x10 mm²-Sensors bei 100 mA Anregungsstrom

ebenfalls als Parallelschaltung von zwei Reluktanzen, die der jeweiligen Permeabilität zugeordnet sind, aufgefasst werden:

$$R_{\mathrm{m}\perp} = \frac{R_{\mathrm{m}} \cdot R_{\mathrm{m}\|}}{R_{\mathrm{m}\|} - R_{\mathrm{m}}}$$

Bei Annahme von $\mu_{\|} = 20 \cdot \mu_{\perp}$ lt. Tabelle 6.1 und einer Breite $b_{\perp} = 9 \cdot b_{\|}$ gilt $R_{\mathrm{m}\|} = 0{,}45 \cdot R_{\mathrm{m}\perp}$. Die durchsetzte Fläche A hat eine Dicke von 3 µm und äquivalente Breite von 18 mm, die Länge l beträgt 0,85 mm. Damit ist $\mu_r = l/(\mu_0 A R_{\mathrm{m}}) \cdot 1/3{,}2 = 24$. Der Wert stimmt ebenfalls in guter Näherung mit der Analyse von Rehfuß et al. [233] überein. Danach bedingt eine 3 µm dicke magnetische Schicht mit einer rel. Permeabilität von etwa 20 die hier beobachtete zehnprozentige Induktivitätserhöhung im Vergleich zur Luftspule.

6.3.8. Vorschlag für die kombinierte Simulation des Unimorphs

In Abschnitt 6.3.2 wurde die Induktivität der Planarspule mit einer dreidimensionalen FE-Magnetfeldsimulation berechnet. Das Größenverhältnis von magnetischer Schichtdi-

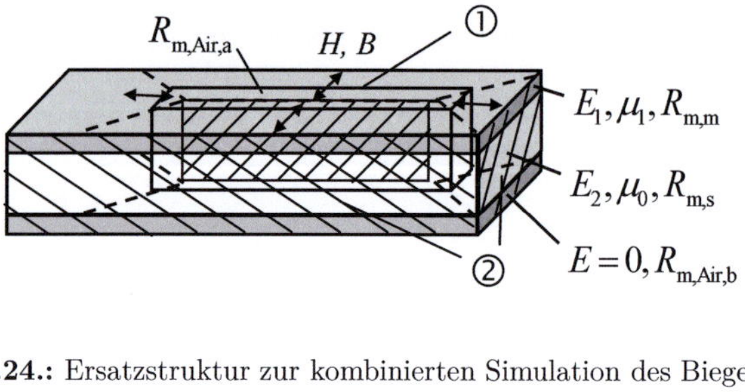

Bild 6.24.: Ersatzstruktur zur kombinierten Simulation des Biegesensors

cke zur umgebendem Luft bedingt eine hohe Anzahl an Finiten Elementen. Sind nur die magnetomechanischen Eigenschaften des Unimorphs von Interesse, so kann der Aufwand durch eine kombinierte Simulation unter Einbeziehung des Netzwerkmodells der Flachspule drastisch gesenkt werden [271]. Dabei werden die Teilreluktanzen der umgebenden Luft durch Ersatzstrukturen abgebildet, welche die mechanischen Eigenschaften des Unimorphs nicht beeinflussen. Wie in Bild 6.24 gezeigt, wird vorgeschlagen, die Reluktanz der Luft oberhalb der Windungen $R_{\mathrm{m,Air,a}}$ mit einem Block im Inneren des Unimorphs zu modellieren. Die Reluktanz der Luft unterhalb des Unimorphs $R_{\mathrm{m,Air,b}}$ wird durch eine magnetisch leitende Schicht ersetzt. Die MMK der Flachspule wirkt dann zwischen dem Zentrum des $R_{\mathrm{m,Air,a}}$-Blockes ① und der Umrandung des Unimorphs ②. Diese Ersatzstruktur bildet die Verteilung des magnetischen Feldes näherungsweise ab, ohne dass die einzelnen Windungen und die umgebende Luft durch Finite Elemente beschrieben werden müssen.

6.4. Drahtgebundene Messung der Sensorimpedanz

Resonanzfrequenz und Gütefaktor der mechanisch unbelasteten Sensoren wurden im Rahmen einer Studienarbeit unter Verwendung eines HP8752C Netzwerkanalysators bestimmt [173]. Die Sensoren besitzen durch die dünne Isolationsschicht zwischen den Spulenwindungen und dem Galfenol eine große Eigenkapazität, die die Eigenresonanz des Sensors bestimmt. Durch Parallelschalten eines Kondensators kann die Resonanzfrequenz verringert und in einen zugelassenen Frequenzbereich gelegt werden.

Im Zusammenhang mit den Untersuchungen zum Gütefaktor wurden Sensoren mit 7, 11 und 23 Windungen hergestellt. Zur Ankontaktierung der Sensoren wurde eine spezielle Vorrichtung entworfen und aufgebaut. Wie in Bild 6.25 zu sehen, stellen zwei federnde Kontaktstifte die elektrische Verbindung zum Sensor her. Ein Koaxialkabel verbindet den Kopf mit dem Netzwerkanalysator, der im Reflexionsmodus betrieben wurde. Aus dem Eingangsreflexionsfaktor s_{11} wurden die Kenngrößen des Sensorresonanzkreises unter Berücksichtigung des Kabeleinflusses errechnet.

Eine Modellierung des Koaxialkabels als Wellenleiter ergibt die erste Serienresonanz bei 53,8 MHz und die erste Parallelresonanz bei 193 MHz. Die Resonanzfrequenzen der untersuchten Sensoren liegen unterhalb der ersten Kabelresonanzen. Das Kabel wirkt im Bereich der Sensorresonanz kapazitiv und verfälscht die Messwerte. Die Korrektur der Messwerte erfolgte durch Anwendung der Theorie eindimensionaler Wellenleiter. Nach dieser Theorie verbindet die komplexen Amplituden von Kabeleingang und -ausgang der Zusammenhang

$$\begin{aligned}
\underline{U}_{\mathrm{e}} &= \underline{U}_{\mathrm{a}} \cosh \gamma l + \underline{I}_{\mathrm{a}} Z_{\mathrm{w}} \sinh \gamma l \\
\underline{I}_{\mathrm{e}} &= \frac{\underline{U}_{\mathrm{a}}}{Z_{\mathrm{w}}} \sinh \gamma l + \underline{I}_{\mathrm{a}} \cosh \gamma l \\
Z_{\mathrm{w}} &= \sqrt{\frac{R' + \mathrm{j}\omega L'}{G' + \mathrm{j}\omega C'}} \,.
\end{aligned}$$

Dabei sind $Z_{\mathrm{w}} = 50\,\Omega$, $\gamma = \sqrt{(R' + \mathrm{j}\omega L')\,(G' + \mathrm{j}\omega C')} \approx \mathrm{j}\omega\sqrt{L'C'}$ mit den Belägen $L' = 250\,\mathrm{nH/m}$, $C' = 100\,\mathrm{pF/m}$, $G' \approx 0$ und $R' \approx 0$. Mit diesen Gleichungen kann

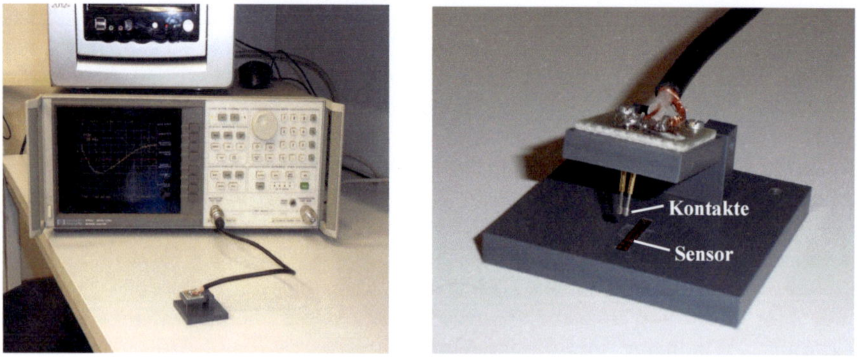

Bild 6.25.: Aufbau zur Messung der Sensorimpedanz [174]

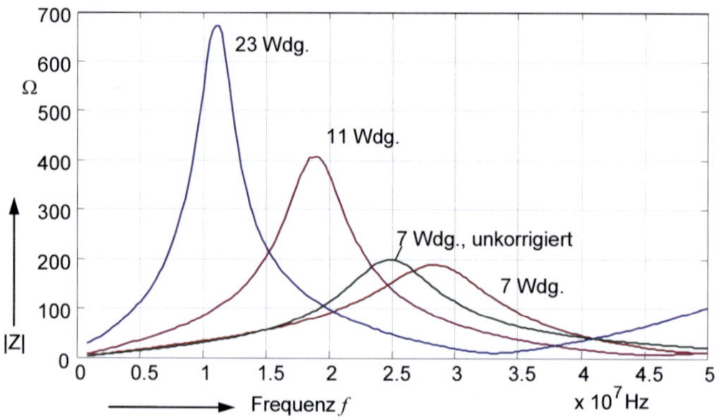

Bild 6.26.: Sensorimpedanzen nach Korrektur der Messwerte mit Gln. (6.45) [174]

Tabelle 6.3.: Gemessene Resonanzfrequenzen $f_r^\clubsuit$ und Bandbreiten $B^\clubsuit$ und mit den Gln. (A.2) und $Q^\blacklozenge = f_r^\clubsuit / B^\clubsuit$ daraus berechnete Schwingkreisparameter $R^\blacklozenge$, $L^\blacklozenge$ und $C^\blacklozenge$ von drei Spulentypen; aus den gemessenen Gleichstromwiderständen $R_{DC}^\odot$ ergeben sich theoretisch $Q^\odot$ und $L^\odot$ ohne Proximityeffekt [174]

Sensor	N	$f_r^\clubsuit$ (MHz)	$B^\clubsuit$ (MHz)	$C^\blacklozenge$ (pF)	$L^\blacklozenge$ (µH)	$L^\odot$ (µH)	$R_{DC}^\odot$ (Ω)	$R^\blacklozenge$ (Ω)	$Q^\blacklozenge$	$Q_{DC}^\odot$
1	7	28,4	8,67	107,3	0,29	0.28	9.8	15,9	3,28	5,23
2	7	32,5	9,37	83,7	0,29	0.28	9.8	16,9	3,47	5,89
3	11	18,8	4,68	88,5	0,81	0.59	15.7	23,8	4,02	6,01
4	11	22,9	5,60	94,1	0,51	0.59	15.7	18,1	4,09	4,60
5	22	11,9	2,29	76,4	2,34	2.88	31.5	33,7	5,20	5,46
6	22	11,1	2,84	88,9	2,31	2.88	31.5	41,3	3,91	5,02

die Sensorimpedanz $\underline{Z}_a = \underline{U}_\mathrm{a}/\underline{I}_\mathrm{a}$ aus der gemessenen Eingangsimpedanz $\underline{Z}_\mathrm{e} = \underline{U}_\mathrm{e}/\underline{I}_\mathrm{e}$ mit

$$\underline{Z}_\mathrm{a} = \frac{Z_\mathrm{w} \tanh(\gamma l) - \underline{Z}_\mathrm{e}}{\frac{\underline{Z}_\mathrm{e}}{Z_\mathrm{w}} \tanh(\gamma l) - 1} \tag{6.45}$$

berechnet werden. Aus diesen korrigierten Sensorimpedanzen ergaben sich mit Gln. (6.1) die in Tabelle 6.3 aufgelisteten Schwingkreisparameter. Beachtenswert ist der nahezu konstante rechnerische Gütefaktor trotz einer fast zehnfachen Induktivität der Spulen mit 22 Wdg. im Vergleich zu den Spulen mit 7 Wdg., wenn der Gleichstromwiderstand zugrunde gelegt wird. Die aus den Messungen bestimmte Güte liegt unter diesem Wert, was neben einem technologisch bedingten größeren Gleichstromwiderstand der Windungen hauptsächlich auf den Proximityeffekt zurückzuführen ist. Eine Verbesserung des Spulenentwurfs muss sich daher vor allem auf die Reduzierung dieses Effektes konzentrieren. Die gemessenen Gütefaktoren bestätigen, dass mit dieser Spulenkonstruktion nur geringe Gütefaktoren erreicht werden können.

Mit einer weiteren, in Bild 6.27 schematisch gezeigten, Vorrichtung konnte eine definierte Verformung der Sensoren eingestellt werden[7]. Die Sensoren wurden dazu auf Ti-Streifen montiert. Diese Ti-Streifen dienten gleichzeitig der Erprobung der Montagetechnologie der Sensoren auf den Knochenbruchplatten. Anders als Bruchplatten ist ihre Verformung bei Krafteinleitung der analytischen Berechnung und Messung gut zugänglich.

Die externe Kraft wurde in 1 N-Schritten von 1 auf 5 N erhöht. Vor dem Einleiten der nächststärkeren Kraft wurde der Balken jeweils für eine Zeit von 30 s entlastet, um den Ursprungszustand wieder herzustellen. Mit dieser Messung konnte eine sehr gute Korrelation zwischen mechanischer Verbiegung und Resonanzfrequenzänderung nachgewiesen werden. Bei Annahme einer konstanten Sensorkapazität und Vernachlässigung der Verluste bedeutet die Änderung der Resonanzfrequenz, dass sich Induktivität und Permeabilität – wie in Tabelle 6.4 aufgelistet – ändern. Sie kennzeichnen das in Abschnitt 6.3 angesprochene parametrische Sensorverhalten [90]. Bezogen auf das Wandlermodell des Gleichungssystems (6.28) bedeutet das, dass Veränderungen der Permeabilität zugelassen werden. Im speziellen Fall ist durch das fehlende Bias-Magnetfeld die piezomagnetische Konstante $d_{33} \approx 0$ [11] und somit $1/Y_r \approx 0$. In Gleichungssystem (6.28) verbleiben somit die rein magnetische und die mechanische Beziehung.

Tabelle 6.4.: Gemessene Resonanzfrequenzänderung und daraus berechnete Induktivitäts- und Permeabilitätsänderung eines 50 nm Ti + 3x1 µm $Fe_{83}Ga_{17}$-Schichtstapels

f_r (MHz)	Δf_r (%)	ΔL (%)	$\Delta\mu_r$ (%)
5,784 $\cdots$ 5,791	0,12	0,24	1

6.5. Drahtlose Messung im Zeit- und Frequenzbereich

Der Aufbau des LC-Resonanzsensors bietet die Möglichkeit einer drahtlosen Messung der Ausschwingfrequenz oder Sensorimpedanz über ein magnetisches Feld. Das Problem der kontaktlosen Erfassung von magnetischen Parametern ist aus der Transpondertechnik bekannt. Einfache 1-Bit-Transponder bestehen aus einer Spule mit Ferritkern und

[7]Entwurf und Aufbau: Dr. H. Neubert, IFTE der TU Dresden und M. Loeper, Fakultät EuI

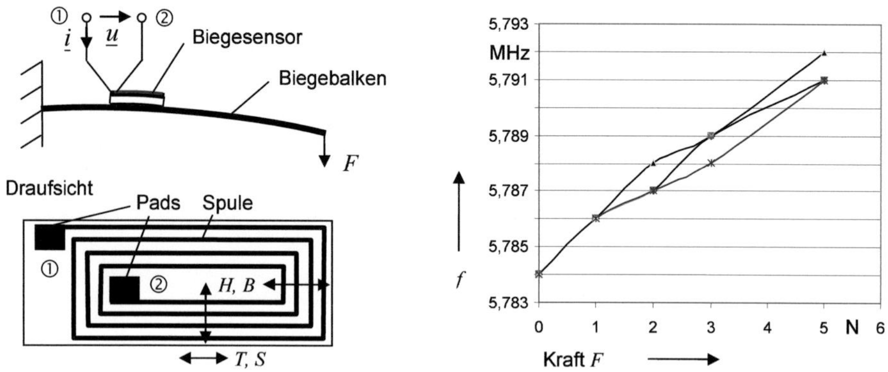

Bild 6.27.: Abhängigkeit der elektrischen Resonanzfrequenz des Biegesensors von einer externen Kraft an einem Biegebalken in 3 Einzelmessungen

einem Kondensator, die zu einem Schwingkreis verbunden sind. Das Prinzip der magnetischen Kopplung wurde in Abschnitt 3.8.5 im Zusammenhang mit der Hochfrequenz-Energieübertragung diskutiert.

Der prinzipielle Aufbau des Messsystems im Zeit- oder Frequenzbereich ist in Bild 6.28 gezeigt, eine Realisierung in Bild 2.14. Das Sendesignal wirkt über den Sensor auf den Empfänger. Zur Bestimmung der Sensorausschwingfrequenz oder einer Resonanzfrequenz sind verschiedene Zeit- und Frequenzbereichsmessverfahren gebräuchlich [246, 77]. Durch die Parallelschaltung von Spule und Kondensator und die Einkopplung der Energie über die Spule wirkt die Schaltung wie ein Serienschwingkreis und entzieht dem Sendemagnetfeld bei Resonanz mehr Energie als außerhalb der Resonanz. Aufgrund der dünnen Schicht des Sensoraufbaus ist die entzogene Energie gering. Bei größeren Entfernungen und normaler Störumgebung kann sie praktisch nicht detektiert werden.

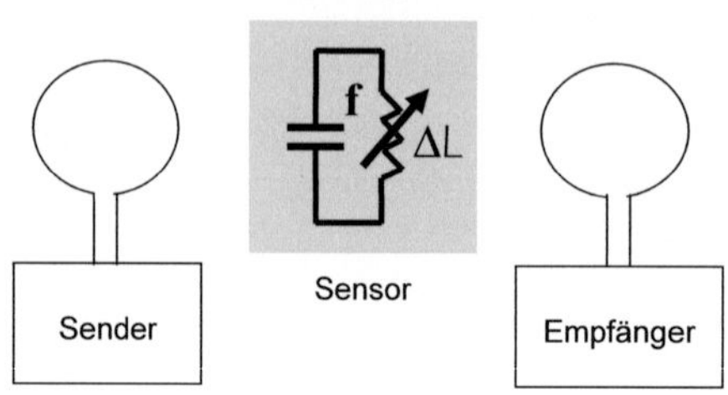

Bild 6.28.: Anordnung zur drahtlosen Messung im Zeit- oder Frequenzbereich

Zeitbereichsverfahren regen den Sensor über ein externes Magnetfeld kurzzeitig zu Eigenschwingungen an. Wird das externe Magnetfeld abgeschaltet, dann schwingt der Schwingkreis nach und wirkt selbst wie ein Sender. Mit geeigneten Hochfrequenzschaltungen kann die Ausschwingfrequenz dieses Senders ermittelt werden. Es muss beachtet werden, dass die Ausschwingfrequenz nicht gleich der Frequenz des Minimums der Sensorimpedanz ist, siehe Tabelle A.1. Voraussetzung für dieses Verfahren ist eine hohe

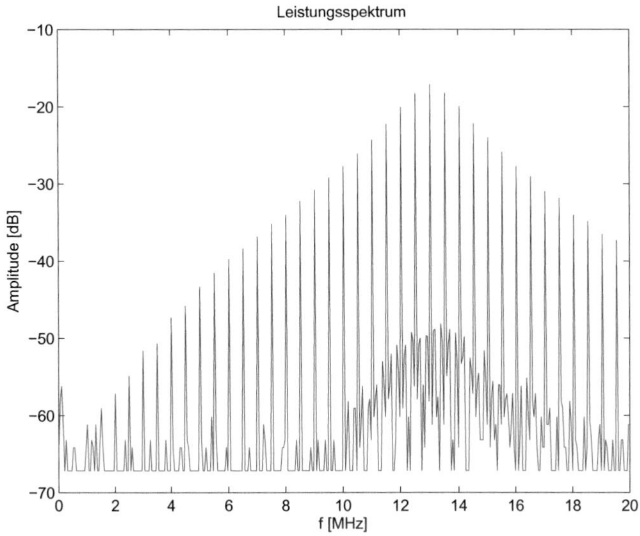

Bild 6.29.: Gemessenes Amplitudenspektrum der periodisch angeregten abklingenden Sensorschwingung [6]

Schwingkreisgüte. Die abklingende Sinusschwingung hat dabei die spektrale Amplitudendichte

$$\underline{X}(\omega) = \int_{-\infty}^{\infty} (Ke^{-\alpha t} \cos(\omega_A t))\, e^{-\mathrm{j}\omega t}\, \mathrm{d}t\,. \tag{6.46}$$

Nach partieller Integration folgt [198, 253]:

$$\underline{X}(\omega) = K \left[\frac{\omega_A (e^{-t(\alpha+\mathrm{j}\omega)} \sin(\omega_A t) - \frac{1}{\omega_A}(\alpha + \mathrm{j}\omega) e^{-t(\alpha+\mathrm{j}\omega)} \cos(\omega_A t))}{\omega_A^2 + (\alpha + \mathrm{j}\omega)^2} \right]_{-\infty}^{\infty} \tag{6.47}$$

$$\underline{X}(\omega) = K \, \frac{(\alpha + \mathrm{j}\omega)}{\omega_A^2 + (\alpha + \mathrm{j}\omega)^2}\,. \tag{6.48}$$

Die Auswertung periodisch wiederholter Abklingvorgänge führt zu einem Linienspektrum, wie in Bild 6.29 zu sehen [6]. Die große Bandbreite aufgrund der geringen Anzahl an Ausschwingperioden erschwert die Bestimmung der Resonanzfrequenz im Frequenzbereich. Besser eignen sich Verfahren, die den Nulldurchgang im Zeitbereich bestimmen oder Diskriminatorverfahren [146]. Zu den weiteren Verfahren zur Separation impulsförmiger Signale zählt die Boxcar-Integration.

Von S. Sauer wurden mit den aufgebauten Sensoren mit verschiedenen Zeit- und Frequenzbereichsmessverfahren Reichweiten im Bereich weniger Zentimeter erzielt [246, 248, 247, 77]. Aktuelle Arbeiten haben die Konzentration eines extern generierten Magnetfeldes in der magnetischen Schicht des Sensors und die Erhöhung der Reichweite durch eine Verbesserung der Auswerteverfahren zum Gegenstand.

6.6. Zusammenfassung

Der vorgestellte piezomagnetische Biegesensor ändert seine Kennfrequenz bei einer Verbiegung, die in etwa der einer Osteosyntheseplatte entspricht, um 0,12 %. Die Kennfrequenz liegt dabei im unteren MHz-Bereich. Durch das Ausnutzen der quasistatischen Induktivitätsänderung bei Verbiegung handelt es sich um einen parametrischen Sensor. Der Gütefaktor des Sensorresonanzkreises ist bei der Eigenfrequenz mit 3..5 sehr gering. Er resultiert aus dem hohen Gleichstromwiderstand der Windungen und dem Proximityeffekt. Die rechteckige Form der Planarspule wirkt sich nach der Theorie positiv auf den Gütefaktor aus, da mit einer größeren Länge der Planarspule auch die Induktivität steigt.

Das zur Beschreibung des magnetischen Systems entwickelte Netzwerkmodell gestattet einfache Überschlagsrechnungen zur magnetischen Flusskonzentration und der Permeabilität aus Messungen der Induktivität. Das dynamische Verhalten des piezomagnetischen Unimorphs kann mit einem neuen Netzwerkmodell beschrieben werden.

Zur Herstellung der Sensoren eignet sich das Sputterverfahren in Verbindung mit einer elektrochemischen Abscheidung der Windungen. Die chemische Zusammensetzung der Galfenollegierung entsprach der Targetzusammensetzung. Eine Kupferunterlage führt zu einer größeren Permeabilitätsänderung, aber auch zu einer Änderung der Textur mit der Schichtdicke. Infolge des Sputterprozesses bildete sich eine mechanische Spannung in der Galfenolschicht aus. Sie bestimmt den mechanischen Arbeitspunkt bei einer linearisierten Betrachtung der Funktionsweise. Die Streuung der magnetischen Parameter von Wafer zu Wafer und innerhalb eines Wafers ist groß.

Die erzielten Reichweiten bei der drahtlosen Bestimmung der Resonanzfrequenz sind sehr gering. Nachteilig auf die Reichweite wirkt sich auch die metallische Osteosyntheseplatte aus. Die Reichweite kann durch eine Erhöhung des Gütefaktors, durch die Konzentration eines externen Magnetfeldes mit Hilfe magnetischer Formelemente und den Einsatz spezieller Signalverarbeitungstechniken erhöht werden.

7. Korrigiertes Dipolmodell zur Feldbeschreibung zylindrischer Permanentmagnete

7.1. Motivation

Das Ziel der nachfolgenden Überlegungen ist ein mathematisches Modell, das das Magnetfeld eines zylindrischen Dauermagneten in dessen Nahbereich beschreibt und das sich für die einfache Berechnung in einen intelligenten Sensor eignet. Der Zugang erfolgt über eine FE-Simulation der Magnetfeldverteilung, über die numerische Integration der Feldanteile eines Spiralstroms und das Dipolmodell eines Ringstromes. Dabei ist der Aufwand zur Berechnung des Dipolmodells mit Abstand am geringsten. Es stellt sich heraus, dass das magnetische Dipolmodell durch einen einfachen Ausdruck erweitert werden kann, um die Magnetfeldverteilung eines zylindrischen Dauermagneten zu beschreiben.

Motiviert wird ein solches Modell u.a. durch den Bedarf an einem Positioniersystem für die Marknagelverriegelung. Zur Fixierung eines Marknagels bohrt der Chirurg Löcher für die Verriegelungsschrauben durch den Knochen. Dabei ist die Position der Öffnungen im Marknagel nicht bekannt. Stand der Technik ist das Auffinden der Position der Öffnungen mittels Röntgenstrahlung. Zacheja et al. untersuchten in diesem Zusammenhang den Einsatz eines Magnetfeldes, das durch die Öffnungen im Marknagel beeinflusst wird [313]. Die experimentellen Ergebnisse führten zu dem Schluss, dass mit diesem Verfahren die Position der Öffnungen nur dann zuverlässig detektiert werden kann, wenn der Abstand zwischen Marknagel und Sensor nicht größer als 10 cm ist oder der Marknagel aus einem ferromagnetischen Material besteht. Die Magnetsensorsignale wurden dazu nur qualitativ beurteilt; ein statistisches Verfahren zur Auswertung kam nicht zum Einsatz.

Ein Ansatz zur Trennung von Nutzsignal und überlagertem Rauschen der Magnetfeldsensoren ist die modellgestützte Signalverarbeitung, wie in Abschnitt 2.2.1 diskutiert. Die Sensormesswerte werden bei dieser Methodik mit den Ausgangswerten eines parametrischen mathematischen Modells verglichen und die Parameter mit einem Optimierungsverfahren so bestimmt, dass das Modell die Messwerte ausreichend genau beschreibt. Ein erster Schritt hin zu einer modellgestützten Positionsbestimmung der Marknagelöffnungen ist das nachfolgend vorgestellte einfache, aber präzise Modell eines Permanentmagneten. Das Ziel der weiteren Arbeiten ist die Modellierung der Magnetfeldverteilung vor einer Marknagelöffnung.

7.2. Spiralstrommodell

Es ist bekannt, dass eine Diskontinuität in der Magnetisierung, wie sie beim Dauermagneten auftritt, durch einen elektrischen Oberflächenstrom beschrieben werden kann. Die Modellvorstellung, beispielsweise beschrieben in [210] und [122], sieht dabei gleichmäßig

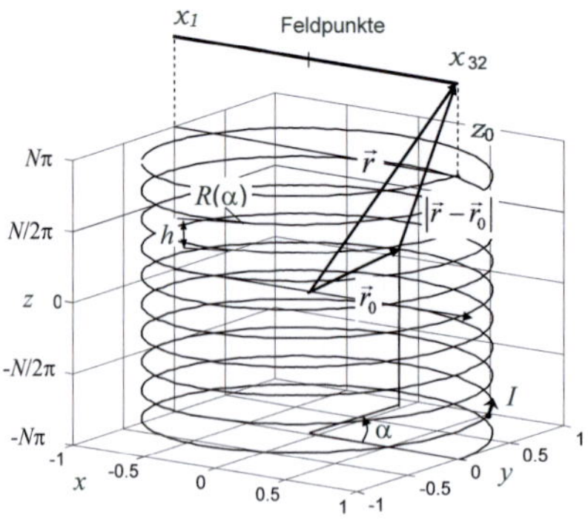

Bild 7.1.: Modellierung des Dauermagneten durch einen Spiralstrom

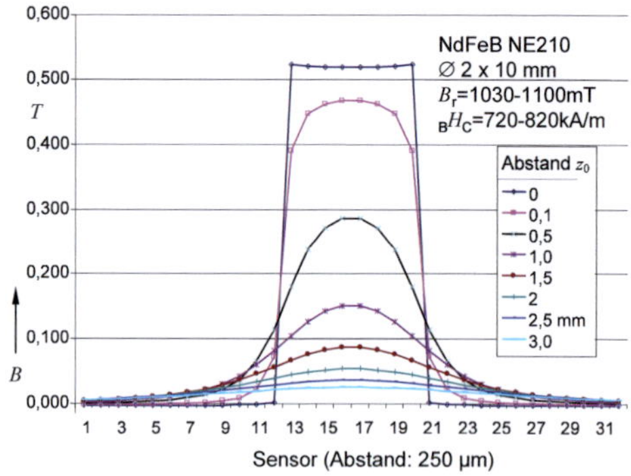

Bild 7.2.: FE-modellierte Feldverteilung des Dauermagneten im Abstand z_0

verteilte atomare magnetische Dipole $\vec{m}_k$, die den Magnetisierungsvektor $\vec{M}$ – die Volumendichte des magnetischen Dipolmoments – definieren durch

$$\vec{M} = \lim_{\Delta V \to 0} \frac{\sum_{k=1}^{n\Delta V} \vec{m}_k}{\Delta V} .$$

Das magnetische Dipolmoment $\mathrm{d}\vec{m}$ eines Elementvolumens $\mathrm{d}V^*$ im Punkt $\vec{r}_0$ ist $\mathrm{d}\vec{m} = \vec{M}\mathrm{d}V^*$. Es erzeugt im Punkt $\vec{r}$ das infinitesimale magnetische Vektorpotenzial

$$\mathrm{d}\vec{A} = \frac{\mu_0 \vec{M} \times \hat{a}_{r-r_0}}{4\pi \left|\vec{r} - \vec{r}_0\right|^2} \mathrm{d}V^* \tag{7.1}$$

mit der Richtung $\hat{a}_{r-r_0}$. Das gesamte magnetische Vektorpotenzial ist damit

$$\begin{aligned} \vec{A} = \int_V \mathrm{d}\vec{A} &= \frac{\mu_0}{4\pi} \int_V \frac{\vec{M} \times \hat{a}_{r-r_0}}{\left|\vec{r} - \vec{r}_0\right|^2} \mathrm{d}V^* \\ &= \frac{\mu_0}{4\pi} \int_V \vec{M} \times \nabla \left(\frac{1}{\left|\vec{r} - \vec{r}_0\right|} \right) \mathrm{d}V^* , \end{aligned} \tag{7.2}$$

wobei sich die Felder im Inneren des Magneten nahezu aufheben. Nur ein Magnetfeld mit der Stärke eines Oberflächenstromes der Dichte $\vec{K}_b = \vec{M} \times \vec{n}$ und der Tangente senkrecht zu $\vec{M}$ und zum Normalenvektor der Oberfläche $\vec{n}$ verbleibt [210]. Wenn der Oberflächenstrom in einzelne Stromschleifen der Breite dz' entlang der Peripherie des Magneten aufgeteilt wird, so ist der Beitrag jeder Schleife $dI = K_b\,dz' = M\,dz'$ [286]. Die externen Magnetfelder der einzelnen Windungen einer Zylinderspule und eines Dauermagneten unterscheiden sich daher nur minimal, etwa bei Wicklungsbeginn und -ende, durch den Abstand zwischen den Windungen h und die Stromdichteverteilung im Wicklungsdraht. Daher kann ein zylindrischer Dauermagnet durch einen spiralförmigen Stromfaden mit hoher Genauigkeit modelliert werden [164]. Die magnetische Flussdichte in einem Feldpunkt erhält man mit Hilfe des Gesetzes von Biot-Savart:

$$\vec{B}(\vec{r}) = \frac{\mu I}{4\pi} \int_S \frac{\mathrm{d}\vec{r}_0 \times (\vec{r} - \vec{r}_0)}{\left|\vec{r} - \vec{r}_0\right|^3} . \tag{7.3}$$

Mit Gln. (7.3), der Permeabilität μ,

$$\begin{aligned}
\vec{r}_0 &= \vec{i}R\cdot\cos\alpha_0 + \vec{j}R\cdot\sin\alpha_0 + \vec{k}h\frac{\alpha_0}{2\pi}\,,\\
\frac{\mathrm{d}\vec{r}_0}{\mathrm{d}\alpha_0} &= -\vec{i}R\cdot\sin\alpha_0 + \vec{j}R\cdot\cos\alpha_0 + \vec{k}\frac{h}{2\pi}\,,\\
\vec{r} &= \vec{j}\cdot y + \vec{k}\cdot z\,,\\
\vec{r}-\vec{r}_0 &= -\vec{i}R\cdot\cos\alpha_0 + \vec{j}(y - R\cdot\sin\alpha_0) + \vec{k}\left(z - h\frac{\alpha_0}{2\pi}\right) \text{ und}\\
|\vec{r}-\vec{r}_0|^3 &= \left[R^2 + y^2 - 2Ry\cdot\sin\alpha_0 + \left(z - h\frac{\alpha_0}{2\pi}\right)^2\right]^{3/2}
\end{aligned}$$

ergibt sich die z-Komponente der magnetischen Flussdichte $\vec{B}$ für die in Bild 7.1 dargestellten Punkte $\vec{\tilde{x}} = (\{x_1, \ldots, x_{32}\} - x_0)\,, x_0 = 0$ in der Entfernung z_S bei $y_0 = 0$[1]:

$$B_{zS,k} = \frac{\mu I_S}{4\pi}\int\limits_{-N\pi}^{N\pi} \frac{R^2 - R\tilde{x}_k\sin\alpha\,\mathrm{d}\alpha}{\left[R^2 + \tilde{x}_k^2 - 2R\tilde{x}_k\sin\alpha + \left(z_S - \frac{h\alpha}{2\pi}\right)^2\right]^{\frac{3}{2}}}\,. \tag{7.4}$$

Dabei habe die Spule N Windungen, den Radius R, die Länge l und die Stromstärke I_S.

Die mit Gln. (7.4) berechnete magnetische Flussdichte $B_{zk}(x_k)$ in den Feldpunkten $\{x_k = (-3.875, -3.625, \ldots, 3.875)\,\text{mm},\, z_0\}$ wurde mit FE-Simulationen der Magnetfeldverteilung eines Dauermagneten gleicher Geometrie verglichen. Modelliert wurde dabei unter anderem ein Nd-Fe-B-Magnet NE210 der Geometrie $\{\oslash, l\} = \{2\text{ mm}, 10\text{ mm}\}$ mit $B_r = 1{,}03 \cdots 1{,}1$ T, $_BH_C = 720 \cdots 820$ kA/m und rel. remanenter Permeabilität $\mu^*_{Br} = 1{,}07$. Es wurde festgestellt, dass die mit numerischer Integration[2] von Gln. (7.4) und FE-Simulation errechneten Flussdichten nahezu identisch sind, wenn der Magnete mindestens von einem Meter Luft in der FE-Simulation umgeben wird. Beide Modelle sind somit validiert. Die mit der Methode der kleinsten Quadrate (MKQ) ermittelte Stromstärke in der Zylinderspule betrug 172 A.

7.3. Dipolmodell

Ist nur eine Windung vorhanden und ist $h = 0$, so beschreibt B_z die Flussdichteverteilung eines Ringstromes I_R bei $\vec{r}_0$ in der Entfernung z_R bzw. die eines magnetischen Dipoles, wenn $(|\vec{r}| = \sqrt{\tilde{x}^2 + z_R^2}) \gg |\vec{r}_0|$ gilt. Gln. (7.4) wird zu:

$$\begin{aligned}
B_{zR} &= \frac{\mu I_R}{4\pi}\frac{k}{\sqrt{R\tilde{x}}}\left[K + \frac{R^2 - \tilde{x}^2 - z_R^2}{(R-\tilde{x})^2 + z_R^2}E\right],\\
k^2 &= \frac{4R\tilde{x}}{(R+\tilde{x})^2 + z_R^2},\; K = \int_0^{\pi/2}\frac{\mathrm{d}\gamma}{\sqrt{1-k^2\sin^2\gamma}},\\
E &= \int_0^{\pi/2}\sqrt{1-k^2\sin^2\gamma}\,\mathrm{d}\gamma\,.
\end{aligned} \tag{7.5}$$

[1]Übung Feldtheorie der Fakultät Elektrotechnik und Informationstechnik der TU Dresden

[2]Integration mit MATLAB quadl.m: adaptive Gauss/Lobatto Qudraturregel, absolute Fehlertoleranz = 1e-4, $N = 49{,}5$ Windungen, Integrationsgrenzen gedreht nach $-w\pi + \pi/2$ und $w\pi - \pi/2$ für eine geringfügige Verringerung des Modellfehlers.

Hier sind K und E die vollständigen elliptischen Integrale erster und zweiter Art in Legendrescher Normalform [310]. Mit dieser Funktion wurde hier die exakte Feldverteilung eines Ringstromes berechnet. Die elliptischen Integrale wurden mit der Reihenentwicklung von Zhang [314] berechnet, die durch Barrowes in der Matlab-Function mcomelp.m implementiert wurde.

Eine Approximation des Dipolmodells mit dem Abstand z_D und der Ringstromstärke I_D, die beispielsweise in [231], [42] or [249] zur Beschreibung des Dipolfeldes genutzt wurden, erhält man über das magnetische Skalarpotenzial und $1/|\vec{r}-\vec{r}_0| \approx 1/|\vec{r}| + \vec{r}\cdot\vec{r}_0/|\vec{r}^3|$ [310]:

$$B_{zD} \approx \frac{\mu I_D R^2}{4} \cdot \frac{-\tilde{x}^2 + 2z_D^2}{(\tilde{x}^2 + z_D^2)^{5/2}} \,. \tag{7.6}$$

Wegen des geringen Berechnungsaufwandes ist die Approximation (7.6) das bevorzugte Modell für die Integration in einen intelligenten Sensor. Ein Vergleich der Verteilungsfunktionen im Nahfeld des Magneten in Bild 7.3 verdeutlicht die Fehler, mit denen das exakte und das approximierte Dipolmodell die Flussdichte beschreibt. Für den Vergleich wurde die Flussdichte an den Positionen $x_k = (-3{,}875; -3{,}625; \ldots; 3{,}875)$ mm und $z_0 = 0{,}1$ mm mit dem FE-Modell berechnet und z_* und I_* als Schätzparameter zugelassen, um die Zielfunktion

$$Q = \sum_{k=1}^{N} \left(B_{z,\mathrm{FE_k}} - B_{z,*_k} \right)^2$$

zu minimieren. Die Zielfunktion beschreibt den quadratischen Abstand der mit FE berechneten ortsdiskreten Flussdichten von den mit einem anderen Modell berechneten Flussdichten.

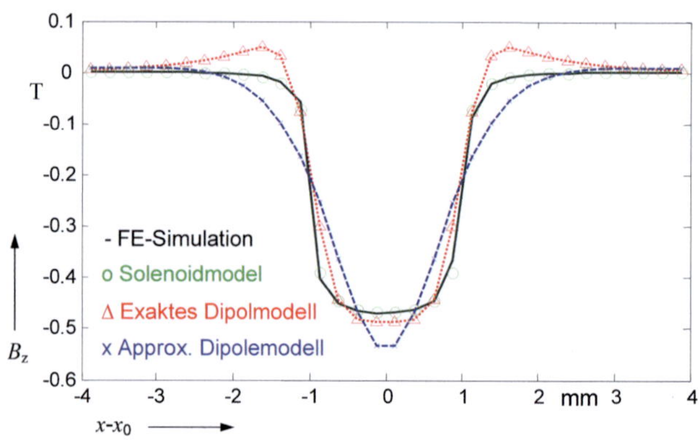

Bild 7.3.: FEM-simulierte (o) und MKQ-geschätzte z-Komponente der magnetischen Flussdichte des NE210-Magneten $B_{zk}(x_k)$ in einer Entfernung $z_0 = 0.1$ mm mit dem Solenoidmodell (—, $\hat{z}_S$ =5.093 mm), exakten Dipolmodell (·△·, $\hat{z}_R = 0.496$ mm) und approx. Dipolmodell (- x -, $\hat{z}_D = 1.666$ mm)

Für verschieden eingestellte Abstände z_0 kann in Bild 7.6 beobachtet werden, wie sich die geschätzten Abstände dem mit FE simulierten Abstand für große z_0 annähern. Eine Erklärung liefern die Magnetfeldverteilungen von zylindrischem Permanentmagnet und

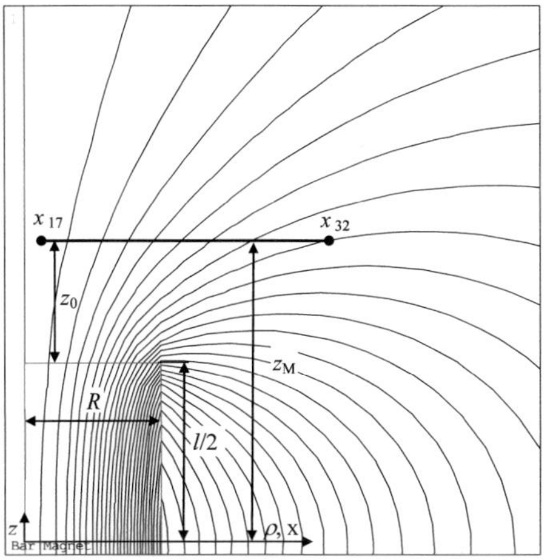

Bild 7.4.: Feldlinien des Dauermagneten und Lage der Feldpunkte

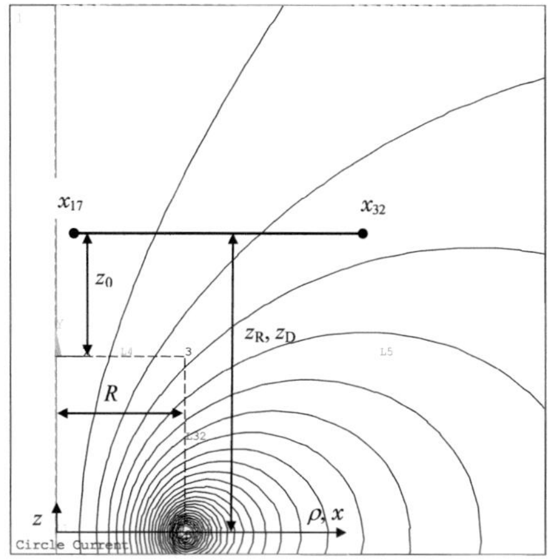

Bild 7.5.: Feldlinien des Ringstromes

Ringstrom. Sie sind bei einem großem Abstand zum Magneten und Ringstrom ähnlich, wenn der Ringstrom etwa bei $l/2$ in der Mitte des Magneten axial angeordnet ist. Die Feldverteilung direkt vor der Stirnseite des Magneten ($z_0 \ll$) ist dagegen der des Ringstromes bei kleinem Abstand z_D ähnlich. Aus diesem Grund stellt sich das Minimum von Q bei geringen Abständen auch für geringere Abstände des Ringstromes von der Stirnfläche des Magneten ein. Die Lage des Ringstromes verändert sich somit in Abhängigkeit vom Abstand der gesuchten Feldverteilung. Im Bild 7.6 ist ebenfalls die gute Übereinstimmung von FE-Modell und numerischem Integrationsmodell des Spiralstromes zu sehen.

7.4. Korrektur des Dipolmodells

Die Funktion der geschätzten Ringstromposition vom Abstand legt den Schluss nahe, dass sich diese Funktion korrigieren lässt. Zu diesem Zweck wurde vom Autor für das Dipolmodell die Korrekturfunktion

$$z_D = \theta_1 - \theta_2 \cdot \exp\left(-\frac{\tilde{z}_D}{\theta_3}\right) - \theta_4 \cdot \exp\left(-\frac{\tilde{z}_D}{\theta_5}\right) + \tilde{z}_D\,, \tag{7.7}$$

angesetzt. Bild 7.7 zeigt die Korrekturfunktion für den NE210-Magneten mit $\{\theta_1; \theta_2; \theta_3; \theta_4; \theta_5\} = \{4{,}253; 3{,}056; 12{,}662; 0{,}071; 1{,}485\}$. Mit dieser Funktion wurde die Abstandsabweichung mit dem Dipolmodell $B_{zD}(z_D(\tilde{z}_D[mm])[mm])$ korrigiert. Für $z_0 = 1.5 \ldots 20\,\mathrm{mm}$ betrug die simulierte Abweichung der mit dem korrigierten Dipolmodell geschätzten von der mit der FE-Simulation vorgegebenen Entfernung weniger als $5\,\mu\mathrm{m}$. Das korrigierte Dipolmodell kann somit zur nahezu exakten Beschreibung der Nahfeldverteilung von zylindrischen Permanentmagneten verwendet werden.

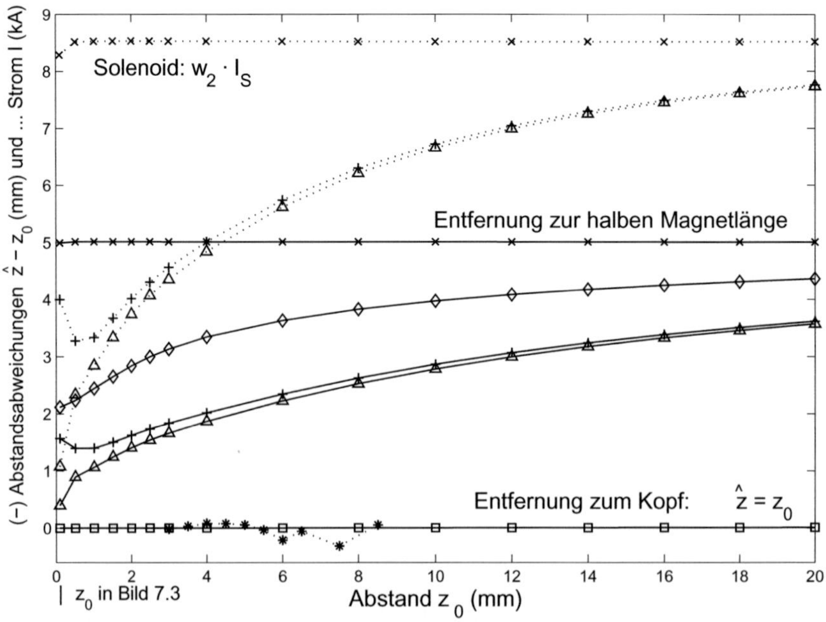

Bild 7.6.: Abweichung $\hat{z} - z_0$ der geschätzten Entfernung des NE210 Magneten und geschätzte MMK$= I \cdot N$ bei FEM-synthetisierter Feldverteilung für das Solenoidmodell (x, $w_2 = 49{,}5$ Wdg.), exakte Dipolmodell ($\triangle$), approx. Dipolmodell mit Schätzung der Stromstärke (+) und fester Stromstärke von 1,689 kA ($\Diamond$) des Minimums $\hat{z}_D - z_0 = l/2$ bei $z_0 = 18$ mm und für das korrigierte Dipolmodell ($\Box$, Messungen: $*$).

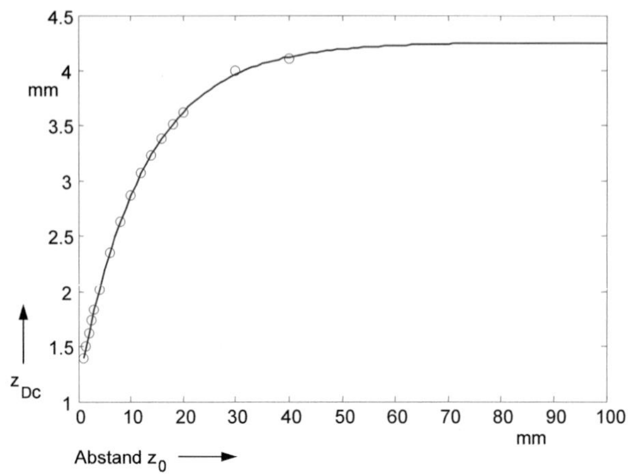

Bild 7.7.: Korrekturfunktion für den NE210-Magneten. Für große Entferungen vom Magneten nähert sich die Lage des Ringstromes der halben Magnetlänge, erreicht sie aber nicht.

8. Thesen

Die Einsatzgebiete funktionaler Implantate umfassen gegenwärtig bereits die Unterstützung von Diagnostik und Wiederherstellung motorischer, rezeptorischer und physiologischer Körperfunktionen. Die Fülle zukünftiger Einsatzgebiete reicht bis zur Verbindung von Diagnostik und Therapie in theranostischen Instrumenten, wie es der „Fachausschuss Mikro- und Nanosysteme“ der DGBMT erwartet [53]. Der Herzschrittmacher verkörpert mit den implementierten sensorischen und therapeutischen Funktionen zusammen mit einer intelligenten Datenauswertung ein solches System. Denkbar ist auch, dass funktionale Implantate Aufgaben erfüllen, die über Diagnostik und Therapie hinaus gehen, beispielsweise bei der Erweiterung der rezeptorischen und Kommunikationsfähigkeiten.

Aufbau und Funktionalität eines sensorischen funktionalen Implantates unterstellen die Erfüllung von Messaufgaben. Dazu müssen mindestens ein passiver Wandler oder einen aktiver Wandler und dessen Energieversorgung enthalten sein. Der Verzicht auf den Komfort lokaler Signalvorverarbeitung, Speicherung und digitaler Kommunikation durch elektronische Komponenten gestaltet den Aufbau mit einem passiven Wandler sehr übersichtlich.

Ein Prozessor im Implantat kann die Messwerte lokal verarbeiten. Neben einer höherwertigen Signalverarbeitung gestatten digitale Methoden auch die Anwendung neuer Verfahren der Informationsverdichtung. Typische Aufgaben der Signalvorverarbeitung sind Plausibilitätsüberprüfungen, die Filterung, die Berechnung von Hüllkurven, statistischer Kenngrößen, Amplitudenminima und -maxima oder die Korrektur systematischer Messfehler. Energiesparend ist die lokale Speicherung der Messwerte oder der daraus abgeleiteten Signale oder Kenngrößen im Vergleich zum drahtlosen Senden.

Ein limitierender Faktor der Funktionalität ist der hohe Energiebedarf digitaler Signalverarbeitungsarchitekturen. Vor allem neue Materialien, kleine Strukturbreiten und neue Halbleitertechnologien, die niedrigere Betriebsspannungen gestatten, werden den Energiebedarf deutlich senken. Unterrepräsentiert sind stromsparende analoge Schaltungen zur Verarbeitung der Messsignale. Deren Ausgangssignale können mittels Pulsweitenmodulation übertragen werden. Wie das ITES-System zeigt, kann dann auf digitale Schaltungskomponenten und die damit notwendigerweise verbundene Werte-A/D-Wandlung vollständig verzichtet werden.

Die Übernahme von Aufgaben der Diagnostik durch intelligente Sensoren ist möglich, erfordert aber einen hohen Programmierungs- und Parametrisierungsaufwand. Als gravierendes Problem wird dabei das Fehlen von einheitlichen Standards und von Programmierungswerkzeugen gesehen.

Mit Sensoren können wichtige Vitalparameter, wie Pulsrate, Sauerstoffsättigung und Körpertemperatur, nichtinvasiv extrakorporal gemessen werden. Die im Körperkontakt befindlichen Sensoren und Verbindungsleitungen oder Messelektronik schränken den Patientenkomfort ein, auch wenn Lösungen zur Integration von Elektronik in Kleidungsstücke gefunden wurden. Im Gegensatz dazu haben funktionale Implantate im Allgemeinen keine Auswirkungen auf den Bewegungskomfort der Patienten, die zu ihrer externen Energieversorgung oder Kommunikation benötigten externen Komponenten zum Teil schon.

Im Sinne einer echten minimalinvasiven Messung können die geometrischen Abmessungen der Sensoren nicht klein genug sein. Demgegenüber muss das Mikrosystem durch den Operateur handhabbar sein und ggf. am Messort verankert werden können. Die Messgröße muss biokompatibel in den Sensor eingekoppelt werden, was heute eines der größten Probleme in der intrakorporalen Sensorik darstellt. Hinzu kommt die notwendige Sterilisation des Implantats. Die gängige Gammastrahlen-Sterilisation ist nicht mit allen elektronischen Komponenten verträglich. Es muss auch bedacht werden, dass implantierte Sensoren nicht kalibriert werden können. Die Drift muss daher von vornherein in die Messunsicherheit einbezogen werden.

Ein Energiebedarf der Sensoren im nW-Bereich ist Voraussetzung für einen längeren autonomen Betrieb eines funktionalen Implantats. Fortschritte werden hier vor allem bei den integrierten Sensoren erwartet. Neue Technologien der Halbleiter- und Mikrosystemtechnik sind dabei eine wesentliche Triebkraft.

Die autonome Energieversorgung funktionaler Implantate ist derzeit nur zeitbegrenzt möglich. Der Leistungsbedarf neuerer analoger und digitaler Schaltungen liegt dabei bei einigen µW und darunter. Herzschrittmacher werden mit gehäusten Batterien betrieben und müssen deshalb zylkisch gewechselt werden. Radionuklidgeneratoren wurden bereits in den 1970er Jahren zur quasi dauerhaften Energieversorgung von Herzschrittmachern eingesetzt; die Besonderheiten im Umgang mit ihnen verhinderte ihre Verbreitung. Andere vielversprechende Ansätze für eine dauerhafte Energieversorgung beziehen die Körperflüssigkeit als Elektrolyt in einer offene Primärzelle ein.

Die drahtlose transkutane HF-Energieversorgung ist vor allem für batterielose Implantate geeignet, deren Elektronik eine höhere Leistung benötigt und die nur in größeren Zeitabständen aktiviert werden muss. Die Reichweite ist auf einige 10 cm begrenzt.

Umgebungsenergiewandler (Energy Harvester), die intrakorporal dauerhaft die benötigte Energie bereitstellen, sind noch nicht bekannt. Ein Problem ist, dass das Frequenzspektrum von Bewegungsvorgängen, aus denen Energie umgewandelt werden könnte, sehr niedrigfrequent ist. Ein Ausweg ist das Akkumulieren der elektrischen Energie für einen kurzzeitigen Betrieb der Schaltungen.

Entwurf und Simulation medizinischer Diagnosesysteme auf verschiedenen Systemhierarchieebenen ist ein Schwerpunkt der Arbeit. Auf System- und Komponentenebene liegt der Fokus dabei auf Netzwerkmodellen, auf Elemente- und Technologieebene auf analytischen Modellen und Finite-Elemente-Modellen. Das Systemverhalten kann mit einem einzelnen Simulationsprogramm oder mittels Simulatorkopplung vorausberechnet und optimiert werden. Vertreter solcher Simulationsprogramme finden sich bei Finite-Elemente-Simulatoren und bei Schaltungssimulatoren. Netzwerkmodelle fördern das Verständnis für die Funktion einer Komponente oder des Systems und gestatten eine schnelle und hinreichend genaue Berechnung des dynamischen Verhaltens. Die im Vergleich zu FE-Methoden um drei bis vier Größenordnungen höhere Rechengeschwindigkeit ist eine wesentliche Voraussetzung für die effiziente Bewältigung von Optimierungsaufgaben.

In der vorliegenden Arbeit wurden für den Femur-Prothesen-Verbund und den piezomagnetischen Biegesensor neue Netzwerkmodelle entwickelt und das dynamische Verhalten damit erstmals simuliert. Die Modelle eröffnen neue Möglichkeiten der analytisch-modellgestützten Messtechnik und Diagnostik. Beispiele dafür sind die parametrische Modellierung der Prothesenlockerung und die Bestimmung der magnetischen Eigenschaften eines Flachspulensubstrats anhand von Messungen der Induktivität. Die Teilmodelle sind allgemeingültig und können auch für die Beschreibung des dynamischen Verhaltens anderer elektromagnetischer oder piezomagnetischer Aufbauten eingesetzt werden. Besonders leistungsfähig ist die Kombination von Netzwerk- und Finite-Elemente-Methoden sowie von analytischen und Finite-Elemente-Methoden. Dies wird anhand der Synthetisierung und analytisch-modellgestützten Verabeitung einer magnetischen Feldverteilung demonstriert.

Orthopädische Anwendungen finden funktionale Mikroimplantate in Zukunft bei Messungen der biologischen und mechanischen Umgebung von Prothesen und Osteosyntheseplatten. Die im Rahmen dieser Arbeit untersuchten Systeme messen die Verbiegung einer Osteosyntheseplatte und die Beschleunigung einer Hüftprothese. Beide Systeme werden von einer externen Spule induktiv mit Energie versorgt. Andernfalls ruhen die Systeme elektronisch. Für die Lockerungsdetektion der Hüftprothese regt zusätzlich ein elektrodynamischer Shaker über das Knie den Femur-Prothesen-Verbund zu Schwingungen an. Ausgewertet werden die Resonanzfrequenzen.

Ungeklärt ist der Ablauf zur Gewinnung reproduzierbarer und vergleichbarer Messungen. Während bei der Messung der Resonanzfrequenzen die am Femur und an der Prothese wirkenden Randbedingungen einen großen Einfluss auf die Lage der Resonanzfrequenzen haben, muss zur Beurteilung des Bruchheilungsverlaufes die Bruchstelle definiert be- und entlastet werden.

Für Prothesen- bzw. Plattenhersteller bedeutet der Aufbau eine Änderung der Fertigungstechnologie, der mit erhöhten Zertifizierungskosten verbunden ist. Die Sterilisation von Elektronik und Spule bedingt ebenfalls einen zusätzlichen Aufwand. Diese Kosten dürften dennoch unter den Kosten unnötiger Revisionsoperationen liegen und sich das System damit rentieren. Eine abschließende Beurteilung der Mikrosysteme ist nur auf der Basis umfangreicher klinischer Untersuchungen möglich.

Eine Modularisierung intrakorporaler Sensoren ist aus Kostengründen notwendig, da die Komplexität des Aufbaus nur bei einer Spezialisierung der Hersteller eine rentable Produktion der einzelnen Komponenten ermöglicht. Als wesentliche Komponenten gelten dabei Sensor, Signalverarbeitung und Buskoppler, die durch unterschiedliche Schnittstellen miteinander und mit dem externen Reader verbunden sind. Für die Übertragung der Messwerte vom Sensor wird ein PWM-Signal empfohlen. Soll der Sensor Zusatzinformationen bereitstellen, ist eine digitale Schnittstelle, z.B. die 1-Wire-Schnittstelle erforderlich. Dies hat den Vorteil, dass der Sensorhersteller spezifische Informationen bereits während der Herstellung automatisch im Sensor abspeichern kann, was sonst separate Kosten verursacht. Wenn die Prozessorbaugruppe neben den aufbereiteten Messwerten auch Zusatzinformationen, wie Messort, Messungszeitpunkt, Patienteninformationen, behandelnder Arzt, etc. bereitstellt, die leicht mit dem PC des Arztes synchronisiert werden können, dann erleichtert das das Führen der Krankenakte bzw. die Datenhaltung. Ein geeignetes einheitliches Datenformat ist das Micro System Data Format (MSD).

A. Optimum der Windungszahl von Transponder-Flachspulen bei homogener Stromdichteverteilung

Leerlaufspannung nach der Zweipoltheorie Bild A.1 zeigt das Netzwerkmodell erster Näherung eines induktiv gekoppelten Transpondersystems und den Transponder-Empfangskreis als aktiven Zweipol. Das magnetische Wechselfeld induziert in der Spule mit N Windungen die Spannung $\underline{u}_i = N \cdot \underline{u}_{i0}$. An der Kapazität entsteht durch die komplexe Spannungsteilung die Leerlaufspannung

$$\begin{aligned} \underline{u}_{a0} &= \underline{u}_{i0} \cdot N \cdot \frac{1}{1 - \omega^2 L_r C + \mathrm{j}\omega C R_L} \\ &= \underline{u}_{i0} \cdot N \cdot \frac{1}{R_L + \mathrm{j}\omega L_r} \cdot \underline{Z}_i \end{aligned} \tag{A.1}$$

mit der Quellenimpedanz

$$\underline{Z}_i = \frac{R_L + \mathrm{j}\omega L_r}{1 + \mathrm{j}\omega R_L C - \omega^2 L C}.$$

Die Kapazität $C = C_L + C_p$ enthält die Eigenkapazität der Spulenwindungen C_L und eine parallel geschaltete Zusatzkapazität C_p zur Einstellung der Resonanzfrequenz. Bei der Kreisfrequenz

$$\omega_r^2 = \frac{1}{L_r C} - \frac{R_L^2}{L_r^2}$$

wird die Quellenimpedanz rein reell und somit die Phasenverschiebung gleich Null. Nach der Umwandlung der RL-Reihenschaltung in die RL-Parallelschaltung gilt für die Quellenimpedanz:

$$Z_i|_{\omega=\omega_r} = \frac{L_r}{R_L C} = \frac{R_L^2 + (\omega_r L_r)^2}{R_L} = R_L \left(1 + Q^2\right), \quad Q = \frac{\omega_r L_r}{R_L}. \tag{A.2}$$

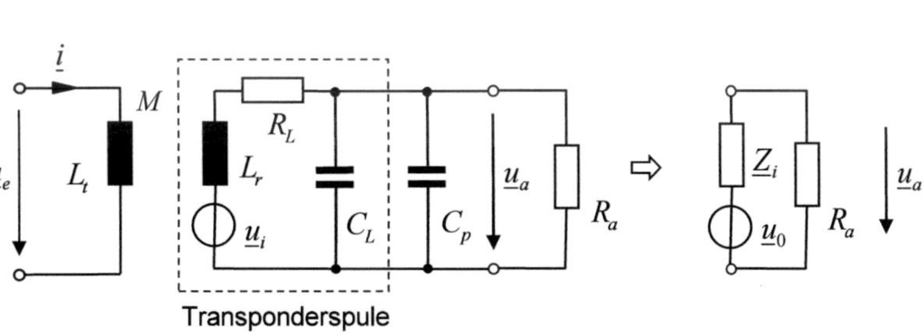

Bild A.1.: Modell eines induktiv gekoppelten Transpondersystems und aktiver Zweipol des Transponder-Empfangskreis

Die Quellenimpedanz $Z_i|_{\omega=\omega_r} \approx R_L Q^2 = \omega_r L_r Q$ ist also bei großem Gütefaktor Q näherungsweise quadratisch von diesem abhängig. Bei ω_r ergibt sich mit Gln. (A.1) und Gln. (A.2) die Leerlaufspannung:

$$\begin{aligned}\underline{u}_0 &= \underline{u}_{i0} \cdot N \cdot \frac{1}{R_L + \mathrm{j}R_L Q} \cdot R_L \left(1 + Q^2\right) = \underline{u}_{i0} \cdot N \cdot \frac{R_L(1+\mathrm{j}Q)(1-\mathrm{j}Q)}{R_L(1+\mathrm{j}Q)} \\ &= \underline{u}_{i0} \cdot N \cdot (1 - \mathrm{j}Q) \\ |\underline{u}_0| &\approx |\underline{u}_{i0}| \cdot N \cdot Q = |\underline{u}_{i0}| \cdot N \cdot \frac{\omega_r \cdot L_r}{R_L}.\end{aligned} \tag{A.3}$$

Kennfrequenz, Ausschwingfrequenz und Resonanzfrequenzen Die Frequenz des Phasennulldurchgangs der Quellenimpedanz ist nur eine markante Frequenz des Resonanzkreises. Je nach Übertragungsfunktion ergeben sich davon abweichende Frequenzen für die Lage der Extremwerte. Die Definition der Resonanzfrequenz nach dem Extremum der absorbierten Energie ist nicht zielführend, da beispielsweise ein Serienschwingkreis bei Stromspeisung eine konstante Wirkenergie absorbiert.

Die Ausschwing- oder Eigenfrequenz des Kreises unterscheidet sich ebenfalls von der Phasennulldurchgangsfrequenz. Als Ausschwingfrequenz oder auch Eigenfrequenz gilt die Lösung der homogenen Differenzialgleichung des Schwingkreises. Nur für den Fall $\tau_C = \tau_L$ ist die Ausschwingfrequenz gleich der Kennfrequenz. Tabelle A.1 listet einige markante Frequenzen auf.

Verhalten	$\omega_x = 2\pi f_x$	Beispiel f_x in MHz
Kennfrequenz	$\omega_0^2 = \frac{1}{C_r L_r}$	1,0000
Ausschwing- bzw. Eigenfrequenz	$\omega_A^2 = \omega_0^2 - \frac{1}{4}\left(\frac{1}{\tau_C} - \frac{1}{\tau_L}\right)^2$	0,9988
$\underline{Z}_i = \frac{R_L + \mathrm{j}\omega L_r}{1 - \frac{\omega^2}{\omega_0^2} + \mathrm{j}\omega R_L C_r}$	$\omega_r^2\|_{\arg(\underline{Z}_i)=0} = \omega_0^2 - \frac{1}{\tau_L^2}$	0,9872
	$\omega_{rb}^2\|_{\max\|\underline{Z}_i\|} = \omega_0^2\sqrt{\frac{2C_r R_L}{\tau_L} + 1} - \frac{1}{\tau_L^2}$	0,9998
$\underline{Z}_e = \frac{\underline{u}_i}{\underline{i}_L} = R_L + \mathrm{j}\omega L_r + \frac{R_a}{\mathrm{j}\omega\tau_C + 1}$	$\omega_e^2\|_{\arg(\underline{Z}_e)=0} = \omega_0^2 - \frac{1}{\tau_C^2}$	0,9980
	$\omega_{r,e}^2\|_{\min\|\underline{Z}_e\|} = \omega_0^2\sqrt{1 + \frac{2R_L}{R_C} + \frac{2L_r}{\tau_C R_a}} - \frac{1}{\tau_C^2}$	1,0049
$\underline{B}_0 = \frac{\underline{u}_C}{\underline{u}_i} = \frac{1}{1 - \frac{\omega^2}{\omega_0^2} + \frac{R_L}{R_a} + \mathrm{j}\left(\omega C_r R_L + \frac{\omega L_r}{R_a}\right)}$	$\omega_{r,B}^2\|_{\max\|\underline{B}_0\|} = \omega_0^2 - \frac{1}{2}\left(\frac{1}{\tau_L^2} + \frac{1}{\tau_C^2}\right)$	0,9926

Tabelle A.1.: Markante Frequenzen des Resonanzkreises in Bild A.1 und Beispielwerte für $L_r = 100\,\mu\mathrm{H}$, $C_r = 253{,}303\,\mathrm{pF}$, $R_L = 100\,\Omega$ und $R_a = 10\,k\Omega$, $\tau_C = C_r R_a$, $\tau_L = L_r/R_L$

Einfluss der Windungszahl auf die Spulenparameter Induktivität und Spulenwiderstand sind Funktionen der Spulengeometrieparameter und der Windungszahl. Die weiteren Überlegungen gelten einer planaren Wicklung in Form einer Archimedischen Spirale, die sich in Polarkoordinaten mit $r = r_i + \alpha_d \cdot \varphi$, $\alpha_d = \mathrm{d}r/\mathrm{d}\varphi = (b + d_w)/(2\pi)$ beschreiben lässt, wenn r der Windungsradius, r_i der Innenradius der Spule, b die Leitbahnbreite und d_w der Leitbahnabstand sind, wie in Bild A.2 definiert. Olivei approximiert den Faktor α_d mit b unter der Annahme, dass der Leitbahnabstand vernachlässigbar klein ist, sich die Leitbahnen also ohne Kurzschluss nahezu berühren, d.h. es gilt $d_w \approx r_n - r_{n-1}$ [213]. Diese Approximation wird im folgenden nicht verwendet, da die Leitbahnbreite der vom Autor untersuchten Planarspulen in Abschnitt 6.1 auch gleich dem Leitbahnabstand ist.

Ein infinitesimales Windungssegment mit der Leitbahndicke t_n besitzt den Widerstand $\mathrm{d}R = \rho \cdot \mathrm{d}l/(b \cdot t_n)$. Mit der Näherung $\mathrm{d}l \approx r\,\mathrm{d}\varphi$ bei $b \ll r$ ist der ohmsche Widerstand gleich

$$R_L = \int_{r_i}^{r_a} \mathrm{d}R = \int_0^{\frac{2\pi(r_a - r_i)}{b+d_w}} \rho \frac{r}{bt_n}\,\mathrm{d}\varphi = \frac{\rho}{bt_n}\left[r_i \cdot \varphi + \frac{(b+d_w)}{2\pi}\frac{\varphi^2}{2}\right]_0^{\frac{2\pi(r_a - r_i)}{b+d_w}}$$

$$R_L = \frac{\rho \cdot \pi}{bt_n(b+d_w)}\left(r_a^2 - r_i^2\right) \tag{A.4}$$

und mit $r_i = r_a - N(b + d_w)$

$$R_L = R_0\left[\frac{(2r_a - h)N^2}{h - d_w \cdot N}\right], \quad R_0 = \frac{\rho \cdot \pi}{t_n}.$$

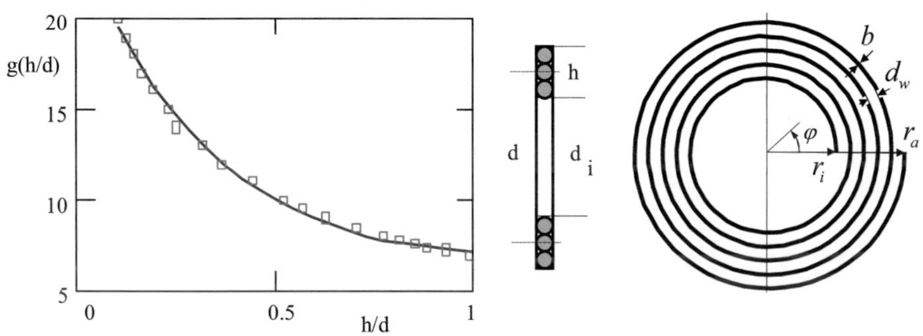

Bild A.2.: Approximation des Induktivitätsfaktors $g(h/d)$ und Geometrieparameter von Planarspulen

Die Induktivität ist nach Olivei [213] gleich

$$L = \sum_1^N \frac{\mu_0 \pi}{w + d_w}\left[r_i + \pi(w + d_w)(2N-1)\right]^2 \cdot ln\left[\frac{r_i + 2\pi N(w + d_w)}{r_i + 2\pi(n-1)(w+d_w)}\right] \tag{A.5}$$

Einen handlichen Ausdruck der Induktivität einer Planarspule mit einer expliziten quadratischen Abhängigkeit von der Windungszahl gibt Philipow [225] an mit:

$$L_P = \frac{\mu_0 \cdot N^2}{4 \cdot \pi} \cdot d \cdot g\left(\frac{h}{d}\right) = L_0 \cdot N^2\,.$$

Die Skizze in Bild A.2 erklärt die Geometrieparameter Wicklungsbreite $h = r_a + b - r_i = N \cdot (b + d_w) + b$ und mittlerer Wicklungsdurchmesser d. Der in [225] graphisch dargestellte Induktivitätsfaktor $g(h/d)$ wurde für die weitere Analyse als Funktion von h/d mit der Funktion

$$g(h/d) = \exp\left[c_0 + c_1 \cdot \frac{h}{d} + c_2 \cdot \left(\frac{h}{d}\right)^2\right], \quad \begin{pmatrix} c_0 \\ c_1 \\ c_2 \end{pmatrix} = \begin{pmatrix} 3{,}192 \\ -2{,}32 \\ 1{,}115 \end{pmatrix}$$

approximiert. Den Verlauf zeigt Bild A.2. Gleichzeitig wächst mit der Windungszahl aber auch der ohmsche Widerstand aufgrund des größer werdenden Umfanges nicht mehr nur linear an. Bei einer Windungszahlvariation um eine Potenz kann eine lineare Abhängigkeit des Gütefaktors von der Windungszahl angenommen werden. Problematisch für den Transponderbetrieb ist der quadratische Zusammenhang von Innenwiderstand und Gütefaktor. Wie die nachfolgende Rechnung zeigt, ergibt sich deshalb ein Optimum der Windungszahl zur Maximierung der übertragenen Leistung.

Belastung des Schwingkreises Die Belastung des Schwingkreises mit dem Widerstand R_a der Transponderelektronik ergibt die Transponderspannung $\underline{u}_a$. Die Stromaufnahme des Transponders ist abhängig vom abgearbeiteten Algorithmus; somit ist auch der Transponderwiderstand nicht konstant. Entscheidend für die Funktionstüchtigkeit ist die minimale Betriebsspannung, die nicht unterschritten werden darf. Kurzzeitige Stromspitzen kann ein Kondensator nach dem Gleichrichten der Schwingkreiswechselspannung bereitstellen. Das Maximum des Verhältnisses der Beträge von $|\underline{u}_a|$ zu $|\underline{u}_{i0}|$ nach Gln. (A.3):

$$\left.\frac{U_a}{U_{i0}}\right|_{\omega=\omega_r} \approx \frac{R_a}{R_a + Z_i} \cdot N \cdot Q = N \frac{\omega_r L}{R_L + \dfrac{\omega_r^2 L^2}{R_a}} = N \frac{A}{\dfrac{R_L}{R_L^*} A + A^2} \tag{A.6}$$

mit $R_L^* = \omega_r L$ und $A = R_L^*/R_a$ ist auch das Maximum der übertragenen Leistung. Gln. (A.6) berücksichtigt nicht die Änderung der Resonanzfrequenz des Schwingkreises infolge der Belastung. Der Phasennulldurchgang ist bei Analyse der exakten Gleichung

$$\frac{\underline{u}_a}{\underline{u}_{i0}} = \frac{R_a}{R_a + R_L} \cdot N \cdot \frac{1}{1 - \dfrac{\omega^2}{\omega_{r1}^2} + \mathrm{j} \dfrac{\omega}{\omega_{r1}} \dfrac{1}{Q_1}} \tag{A.7}$$

mit

$$Q_1 = \frac{\omega_{r1} L_r}{R_L + \dfrac{L_r}{C R_a}}$$

bei

$$\omega_{r1}^2 = \frac{1}{L_r C} - \frac{R_L}{L_r} \frac{1}{C R_a}$$

erfüllt. Das Betragsverhältnis von Gln. (A.6) beträgt bei ω_{r1} tatsächlich:

$$\left.\frac{U_a}{U_{i0}}\right|_{\omega=\omega_{r1}} = N \frac{\omega_{r1} L}{\left(R_L + \dfrac{\omega_{r1}^2 L^2}{R_a}\right)\left(\dfrac{R_a}{R_a + R_L}\right)}. \tag{A.8}$$

Optimum der Windungszahl bei Belastung Durch Nullsetzen der Ableitung von Näherung (A.6) kann das Optimum der Windungszahl berechnet werden. Mit Gln. (A.4) und Gln. (A.5) gilt:

$$\frac{U_a}{U_{i0}}(N) \approx \frac{N \cdot \omega_r L_0}{R_0\left[\frac{(2r_a-h)}{h-d_w\cdot N}\right]+\frac{\omega_r^2 L_0^2}{R_a}N^2} \tag{A.9}$$

und

$$\frac{\partial \frac{U_a}{U_{i0}}}{\partial N} = -\omega_r L_0 R_a \frac{C_1 d_w^2 N^4 - 2C_1 h d_w N^3 + C_1 h^2 N^2 + 2d_w(C_2 - C_3)N + (C_3 - C_2)h}{\left(C_1 d_w N^3 - C_1 h N^2 - C_2 + C_3\right)^2} \tag{A.10}$$

mit $C_1 = \omega^2 L_0$, $C_2 = R_0 R_a 2r_a$ und $C_3 = R_0 R_a h$. Die Nullstellen des Zählers können durch die Überführung der polynomialen Gleichung 4. Grades in die reduzierte Gleichung

$$y^4 + ay^2 + by + c = 0$$

mit der Substitution $y = N - h/(4 \cdot d_w)$ und den Koeffizienten

$$a = -\frac{1}{2}\left(\frac{h}{d_w}\right)^2, \quad b = \frac{2R_0 R_a (r_a - h)}{d_w \omega^2 L_0^2}, \quad c = -\frac{1}{16}\left(\frac{h}{d_w}\right)^4,$$

in ihre kubische Resolvente

$$z^3 + 2az^2 + (a^2 - 4c)z - b^2 = 0 \tag{A.11}$$

berechnet werden [302]. Die Lösungen $L_3 = \{x_1, x_2, x_3\}$ der ebenfalls reduzierten Form von Gln. (A.11):

$$x^3 + px + q = 0$$

mit

$$z = x - \frac{2a}{3}, \quad p = a^2 - 4c - \frac{(2a)^2}{3}, \quad q = 2\frac{(2a)^3}{27} - \frac{2a(a^2-4c)}{3} - b^2$$

sind die Cardanischen Formeln [300][1]:

$$\begin{aligned} z_1 &= u + v \\ z_{2,3} &= -\frac{u+v}{2} \pm i\frac{u-v}{2}\sqrt{3} \end{aligned} \tag{A.12}$$

mit

$$u = \sqrt[3]{-\frac{q}{2} + \sqrt{D}}$$

$$v = \sqrt[3]{-\frac{q}{2} - \sqrt{D}}$$

und der Diskriminate

$$D = \left(\frac{q}{2}\right)^2 + \left(\frac{p}{3}\right)^3.$$

[1] veröffentlicht 1545 von Gerolamo Cardano

Für das vorliegend Problem ist die Diskriminate positiv. Somit ist z_1 eine reelle Lösung und $z_{2,3}$ sind konjugiert komplex. Daraus resultieren für den Zähler in Gln. (A.10) die Nullstellen

$$\begin{aligned} N_1 &= \frac{h}{4d_w} + \frac{1}{2}\left(\sqrt{z_1} + \sqrt{z_2} - \sqrt{z_3}\right) \\ N_2 &= \frac{h}{4d_w} + \frac{1}{2}\left(\sqrt{z_1} - \sqrt{z_2} + \sqrt{z_3}\right) \\ N_3 &= \frac{h}{4d_w} + \frac{1}{2}\left(-\sqrt{z_1} + \sqrt{z_2} + \sqrt{z_3}\right) \\ N_4 &= \frac{h}{4d_w} + \frac{1}{2}\left(-\sqrt{z_1} - \sqrt{z_2} - \sqrt{z_3}\right) . \end{aligned} \tag{A.13}$$

Hier sind $N_{1,2}$ konjugiert komplex, N_4 negativ reell und N_3 die gesuchte positive reelle optimale Windungszahl, beispielsweise $N_{opt} = 15{,}4$ Wdg. für $R_a = 50\ \mathrm{k\Omega}$, $f = 13{,}56$ MHz $r_a = 5$ mm, $h = 3$ mm und $d_w = 20\ \mu$m.

B. Allgemeines Modell eines magnetischen Wandlers

Piezomagnetische Wandler zählen zu den umkehrbaren Wandlern, wenn nur kleine Änderungen der mechanischen und magnetischen Koordinaten um einen Arbeitspunkt herum angenommen werden [90, p.258]. Bei dieser Einschränkung ist es möglich, ein Wandlerzweitor anzugeben, das die magnetischen und mechanischen Koordinaten in beide Wandlerrichtungen miteinander verknüpft. Es wird nachfolgend für einen allgemeinen magnetomechanischen Wandler entwickelt.

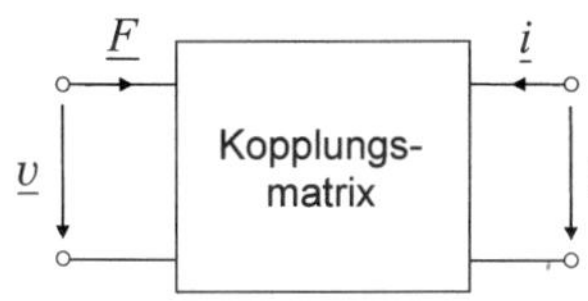

Bild B.1: Modell eines allgemeinen elektromechanischen Wandlers

Die Forderung nach der Umkehrbarkeit oder auch *Reversibilität* des Wandlervorganges bedarf der Existenz einer Zustandsfunktion "innere Energie" $W_i = W_{\mathrm{el}} + W_{\mathrm{mech}}$, die sich beim elektromagnetischen Wandler aus elektrischer Energie W_{el} und mechanischer Energie W_{mech} zusammensetzt [90, p.251]. Wird dem im Bild B.1 gezeigten Wandler über das elektrische und mechanische Tor über die elektrische Spannung u, elektrische Stromstärke i, Kraft F und den Weg ξ Energie zugeführt, dann beschreibt die Funktion des elektrischen Spannungsintegrals $\mu(\xi)$ den Weg, auf dem der Zustand ξ_1, μ_1 ausgehend vom Zustand $\xi_0, \mu_0 = 0$ erreicht wird. Die Gesamtenergie W_i ist dabei

$$W_i = \int\limits_{\xi_0}^{\xi_1} \underbrace{F(\xi,\mu(\xi))\mathrm{d}\xi}_{\mathrm{d}W_{\mathrm{mech}}} + \int\limits_{\mu_0=0}^{\mu_1} \underbrace{i(\xi(\mu),\mu)\mathrm{d}\mu}_{\mathrm{d}W_{\mathrm{mag}}} .$$

Durch die Reversibilität der Zustandsänderung muss das Umlaufintegral über die innere Energie wegunabhängig sein:

$$\oint \mathrm{d}W_i = \oint F(\xi,\mu)\mathrm{d}\xi + i(\xi,\mu)\mathrm{d}\mu = 0 . \tag{B.1}$$

Diese Forderung ist nur dann erfüllt, wenn der Integrand in Gln. (B.1)

$$\mathrm{d}W_i = F(\xi,\mu)\mathrm{d}\xi + i(\xi,\mu)\mathrm{d}\mu$$

ein totales Differenzial ist. Das bedeutet, dass die Funktionen der Kraft $F(\xi,\mu)$ und der elektrischen Stromstärke $i(\xi,\mu)$ partielle Ableitungen der inneren Energie sein müssen:

$$F(\xi,\mu) = \frac{\partial W_i}{\partial \xi}, \quad i(\xi,\mu) = \frac{\partial W_i}{\partial \mu}$$

Mit Hilfe der zweiten Ableitungen der inneren Energie

$$\begin{aligned} \frac{\partial}{\partial \xi}\left(\mathrm{d}W_i\right) &= \frac{\partial F}{\partial \xi}\mathrm{d}\xi + \frac{\partial i}{\partial \xi}\mathrm{d}\mu \\ \frac{\partial}{\partial \mu}\left(\mathrm{d}W_i\right) &= \frac{\partial F}{\partial \mu}\mathrm{d}\xi + \frac{\partial i}{\partial \mu}\mathrm{d}\mu \end{aligned} \tag{B.2}$$

gelangt man zu einem System aus zwei Gleichungen, die als elektromechanisches Netzwerk interpretiert werden können. Aus dem Satz von Schwarz (oder auch Clairaut's Satz) folgt die Gleichheit der gemischten zweiten Ableitungen

$$\left.\frac{\partial F}{\partial \mu}\right|_{\xi_0} = \left.\frac{\partial i}{\partial \xi}\right|_{\mu_0}, \tag{B.3}$$

die auch Wandlerkoeffizienten oder Reziprozitätsparameter genannt werden. Die zweiten Ableitungen der inneren Energie in Gln. (B.2) können mit Hilfe von Gln. (B.3) auch wie folgt geschrieben werden:

$$\begin{aligned} \frac{\partial}{\partial \xi}\left(\mathrm{d}W_i\right) &= \frac{\partial F}{\partial \xi}\mathrm{d}\xi + \frac{\partial F}{\partial \mu}\mathrm{d}\mu = \mathrm{d}F \\ \frac{\partial}{\partial \mu}\left(\mathrm{d}W_i\right) &= \frac{\partial i}{\partial \xi}\mathrm{d}\xi + \frac{\partial i}{\partial \mu}\mathrm{d}\mu = \mathrm{d}i \end{aligned} \tag{B.4}$$

Sie sind damit ebenfalls totale Differenziale. Für kleine Änderungen der physikalischen Größen kann damit die lineare Näherung

$$\begin{aligned} \Delta F &= \left.\frac{\partial F}{\partial \xi}\right|_{\mu_0} \Delta\xi + \left.\frac{\partial F}{\partial \mu}\right|_{\xi_0} \Delta\mu \\ \Delta i &= \left.\frac{\partial i}{\partial \xi}\right|_{\mu_0} \Delta\xi + \left.\frac{\partial i}{\partial \mu}\right|_{\xi_0} \Delta\mu \end{aligned} \tag{B.5}$$

angenommen werden. Für eine Schaltungsdarstellung wird nun in zwei Schritten zu neuen magnetischen Koordinaten übergegangen. Zunächst wird das Spannungsintegral μ wegen

$$\mu = \int u\,\mathrm{d}t = \int N \cdot \frac{\mathrm{d}\Phi}{\mathrm{d}t}\,\mathrm{d}t = N \cdot \Phi$$

bei N den magnetischen Fluss Φ umschließenden Windungen, in denen die Stromstärke i fließt, substituiert [91, 94]. Beim Übergang zu komplexen Größen kann für die Gln. (B.5) somit

$$\begin{aligned} \underline{F} &= \left.\frac{\partial F}{\partial \xi}\right|_{\Phi_0} \underline{\xi} + \left.\frac{\partial F}{\partial \Phi}\right|_{\xi_0} \underline{\Phi} \\ \underline{i} &= \left.\frac{\partial i}{\partial \xi}\right|_{\Phi_0} \underline{\xi} + \left.\frac{\partial i}{\partial \Phi}\right|_{\xi_0} \underline{\Phi} \end{aligned} \tag{B.6}$$

geschrieben werden. Der Faktor

$$\left.\frac{\partial F}{\partial \xi}\right|_{\Phi_0} = \frac{1}{n_o}$$

repräsentiert den reziproken Wert der mechanischen Nachgiebigkeit n_o des Systems — mit dem Index o für offen — im Arbeitspunkt Φ_0 des magnetisch leerlaufenden oder offenen Systems, d.h. für $\underline{\Phi} = 0$, und der Faktor

$$\frac{1}{N} \cdot \frac{\partial i}{\partial \Phi}\bigg|_{\xi 0} = \frac{1}{L_k}$$

den reziproken Wert der Induktivität L_k – mit dem Index k für Kurzschluss – des verketteten Flusses $N \cdot \Phi$ für den geblockten bzw. kurzgeschlossenen Wandler ($\underline{\xi} = \underline{v} = 0$). Aus Gln. (B.3) wird

$$\frac{\partial F}{\partial \Phi}\bigg|_{\xi 0} \cdot \frac{1}{N} = \frac{\partial i}{\partial \xi}\bigg|_{\Phi_0} = \frac{A_{\mathrm{mag}}}{N}$$

mit dem magnetischen Wandlerkoeffizienten A_{mag}. Der zweite Schritt beim Übergang zu den magnetischen Netzwerkkoordinaten ist die Einführung der magnetischen Flussrate $I_m = \mathrm{d}\Phi/\mathrm{d}t$.

Neben der Kraft wird die Geschwindigkeit als mechanische Netzwerkkoordinate benötigt, so dass in den Gln. (B.6) die Wegänderung noch durch $\underline{\xi} = \underline{v}/\mathrm{j}\omega$ substituiert werden muss. Damit ergibt sich:

$$\begin{aligned} \underline{F} &= \frac{1}{\mathrm{j}\omega n_0}\underline{v} + \frac{A_{\mathrm{mag}}}{\mathrm{j}\omega}\underline{I}_{\mathrm{m}} \\ \underline{V}_{\mathrm{m}} &= \frac{A_{\mathrm{mag}}}{\mathrm{j}\omega}\underline{v} + \frac{N^2}{\mathrm{j}\omega L_k}\underline{I}_{\mathrm{m}} \end{aligned} \tag{B.7}$$

Die erste Gln. im System (B.7) beschreibt einen Kraftknoten, d. h. die Verzweigung der am mechanischen Tor wirkenden Kraft, und die zweite Gln. eine Masche der magnetischen Spannung. Das Gleichungssystem kann daher durch die Schaltung in Bild B.2 dargestellt werden. Die Netzwerkelemente R_m und n_o speichern magnetische bzw. mechanische Ener-

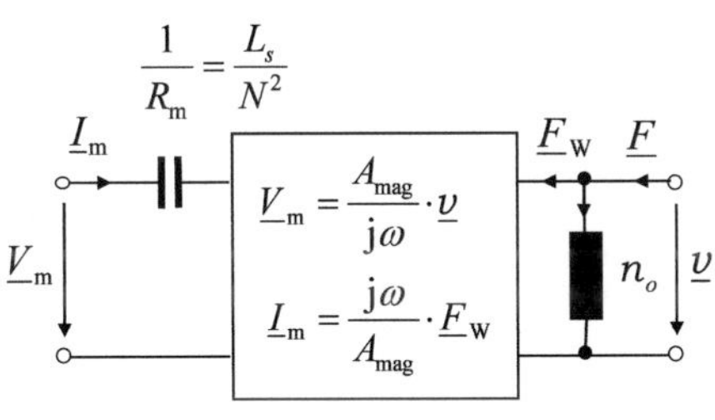

Bild B.2: Modell eines allgemeinen magnetischen Wandlers

gie. Die definierten Richtungen der Netzwerkkoordinaten sind positiv für dem Wandler zugeführte Energie. Eine Änderung der Richtung der Ausgangskraft $\underline{F}^* = -\underline{F}$ setzt die Eingangsleistung gleich der Ausgangsleistung. Bei diesem Modell ist der Wandlerfaktor imaginär und der Wandler ein Transformator, d.h. die Flussgrößen werden ineinander transformiert und die Differenzgrößen. Um zu einem reellen Wandlerfaktor zu gelangen, muss das Gleichungssystem (B.7) so umgestellt werden, dass magn. Flussrate und Kraft in Abhängigkeit von Geschwindigkeit und magn. Spannung beschrieben werden:

$$\begin{aligned} \underline{I}_{\mathrm{m}}^* = -\underline{I}_{\mathrm{m}} \Rightarrow \underline{I}_{\mathrm{m}}^* &= \frac{1}{Y_{\mathrm{t,mag}}}\underline{v} - \frac{\mathrm{j}\omega}{R_{\mathrm{m}}}\underline{V}_{\mathrm{m}} \\ \underline{F} &= \frac{1}{\mathrm{j}\omega}\left(\frac{1}{n_0} - \frac{R_{\mathrm{m}}}{Y_{\mathrm{t,mag}}^2}\right)\underline{v} + \frac{1}{Y_{\mathrm{t,mag}}}\underline{V}_{\mathrm{m}} \end{aligned} \tag{B.8}$$

Die Schaltungsinterpretation dieser Gleichungen zeigt Bild B.3. Die Schaltung unterscheidet sich von der in Bild B.2 durch den Übergang zu einem gyratorischen Wandler. Hier werden die Fluss- in die Differenzgrößen gewandelt und umgekehrt. Der Zusammenhang zwischen den Wandlerfaktoren ist gegeben durch $A_{\mathrm{mag}} = R_{\mathrm{m}}/Y_{\mathrm{t,mag}}$.

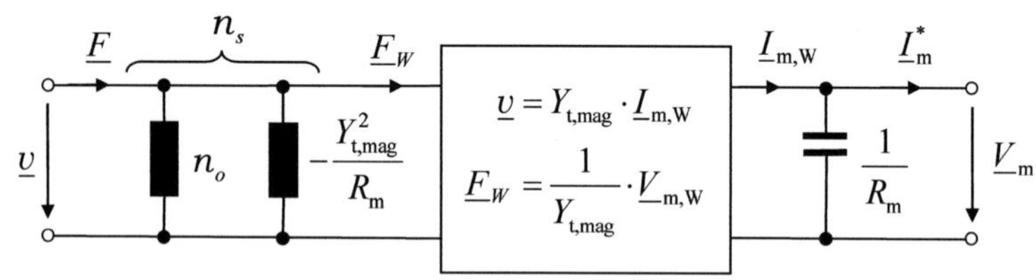

Bild B.3.: Modell eines allgemeinen magnetischen Wandlers mit reellem Wandlerfaktor

Literaturverzeichnis

[1] A. ABRAN AND J.W. MOORE (HRSG.): *SWEBOK: Guide to the Software Engineering Body of Knowledge.* IEEE Computer Society, Los Alamitos, Kalifornien, U.S.A., ISBN 0-7695-2330-7, 2004

[2] ADOLPHI, B.; MCCORD, J.; BERTRAM, M.; OERTEL, C.-G.; MERKEL, U.; **Marschner, U.**; SCHÄFER, R.; WENZEL, C.; FISCHER, W.-J.: Improvement of sputtered Galfenol thin films for sensor applications. In: *Smart Materials and Structures* 19 (2010), Nr. 5, 055013

[3] AESCULAP AG, Tuttlingen: *Plasmapore-Beschichtung und Endbearbeitung.* http://www.bbraun.de/, →Unternehmen, →Qualität, →Produktionsverfahren, →Hüftprothese, besichtigt am 21. Juli 2009, 2009

[4] AHARONI, A.: Demagnetizing factors for rectangular ferromagnetic prisms. In: *Journal of Applied Physics* 83 (1998), S. 3432–3434

[5] ALLEN, P.E.; SANCHEZ-SINENCIO, E.: *Switched Capacitor Circuits.* Van Nostrad Reinhold Electrical/Computer Science and Engineering Series, New York, 1984

[6] ANDRÄ, C.: *Entwurf und Herstellung von Resonanzsensoren zur Messung mechanischer Deformationen.* Diplomarbeit am Institut für Halbleiter- und Mikrosystemtechnik der TU Dresden, 2007

[7] ARMSTRONG, William D.: Magnetization and magnetostriction processes in Tb[sub (0.27 - 0.30)]Dy[sub (0.73 - 0.70)]Fe[sub (1.9 - 2.0)]. In: *Journal of Applied Physics* 81 (1997), Nr. 5, 2321-2326

[8] ARSHAK, A.; ARSHAK, K.; LYONS, G.; WALDRON, D.; MORRIS, D.; KOROSTYNSKA, O.; JAFER, E.: Review of the potential of a wireless MEMS microsystem for biomedical applications. In: *Sensor Review* 25 (2005), Nr. 4, S. 277 – 286

[9] ARSHAK, A.; ARSHAK, K.; WALDRON, D.; MORRIS, D.; KOROSTYNSKA, O.; JAFER, E.; LYONS, G.: Review of the potential of a wireless MEMS and TFT microsystems for the measurement of pressure in the GI tract. In: *Medical Engineering & Physics* 27 (2005), Nr. 5, 347 - 356

[10] ATULASIMHA, J.; FLATAU, A. B.; CHOPRA, I.; KELLOGG, R. A.: Effect of Stoichiometry on Sensing Behavior of Iron-Gallium. In: LAGOUDAS, Dimitris C. (Hrsg.): *SPIE Symposium on Smart Structures and Materials, Smart Structures and Integrated Systems Conference, 14-18 March, San Diego, CA, 5387(70)* Bd. 5387, SPIE, 2004, 487-497

[11] ATULASIMHA, Jayasimha; FLATAU, Alison B.; SUMMERS, Eric: Characterization and energy-based model of the magnetomechanical behavior of polycrystalline iron-gallium alloys. In: *Smart Mater. Struct.* 16 (2007), S. 1265–1276

[12] AUDET, Sarah; CARNEY, Jim; HAUBRICH, Greg; RUBEN, David A.; HERRMANN, Erik; LARIK, Vincent C.; RECEVEUR, Rogier A.; SCOTT, Erik; VAUGHN, Glen: Medical Applications. Version: 2008. `http://dx.doi.org/DOI:10.1016/B978-044452190-3.00068-9`. In: GIANCHANDANI, Yogesh (Hrsg.); TABATA, Osamu (Hrsg.); (Hrsg.); ZAPPE, Hans (Hrsg.): *Comprehensive Microsystems.* Oxford : Elsevier, 2008. – DOI DOI: 10.1016/B978–044452190–3.00068–9. – ISBN 978–0–44–452190–3, 421 - 474

[13] BALLAS, R. G.; PFEIFER, G.; WERTHSCHÜTZKY, R.: *Elektromechanische Systeme der Mikrotechnik und Mechatronik Dynamischer Entwurf - Grundlagen und Anwendungen.* Springer Berlin, 2009

[14] BANGE, S.: *Untersuchung zur kontinuierlichen Augeninnendruckmessung mit Methoden der Mikrosystemtechnik*, Albert-Ludwigs-Universität Freiburg, Institut für Mikrosystemtechnik, Diplomarbeit, 2001

[15] BARD, Y.: *Nonlinear Parameter Estimation.* Academic Press, New York, 1974

[16] BECKS, T.; CLASBRUMMEL, B.; DEHM, J.; H., Feußner.; FISCHER, W. J.; HIEROLD, C.; HÜWEL, N.; KRÄMER, M.; MESSING-JÜNGER, M.; NIGGEMANN, J.; SCHNEIDER, H.; WENDLANDT, M.: *VDE-Positionspapier Funktionale Mikro-/Nano-Implantate.* VDE Initiative MikroMedizin, Frankfurt, 2007

[17] BEEBY, S P.; TUDOR, M J.; WHITE, N M.: Energy harvesting vibration sources for microsystems applications. In: *Measurement Science and Technology* 17 (2006), Nr. 12, R175

[18] BEIKIRCH, H.: Parallele und serielle Interfaces. In: BEIERLEIN, T. (Hrsg.); HAGENBRUCH, O. (Hrsg.): *Taschenbuch Mikroprozessortechnik.* Fachbuchverlag Leipzig im Carl Hanser Verlag, München, 2001, Kapitel 6.1

[19] BEST, R.: Getastete Signale und ihre Übertragung. In: PROFOS, P. (Hrsg.); PFEIFER, T. (Hrsg.): *Handbuch der industriellen Messtechnik.* München : Oldenbourg, 1994, S. 210–218

[20] BEUTH VERLAG (Hrsg.): *Internationales Wörterbuch der Metrologie.* 2. Berlin: Beuth Verlag, 1994

[21] BODY, Christophe; REYNE, Gilbert; MEUNIER, Gèrard; QUANDT, E.; SEEMANN, K.: Application of Magnetostrictive Thin Films for Microdevices. In: *IEEE Transactions on Magnetics* 33 (1997), March, Nr. 2, S. 2163–2166

[22] BOS, A. Van d.: Measurement - the Parametric Approach. In: *IEEE Instrumentation and Measurement Technology Conference.* Atlanta, Georgia, May, 14-16th 1991, S. 259–262

[23] BOS, A. van d.; EYKHOFF, P.: Model building and parameter estimation as means for intelligent measurement. In: *Measurement* 6 (1988), Nr. 1, 25 - 32

[24] BÖTTNER, H.; NURNUS, J.: Thermoelektrische Wandler - Stand der Technik. In: *2. GMM Workshop Energieautarke Systeme, Dresden, 6./7. Juni*, 2002, S. 9–13

[25] BRAUNE, A.: *Vorlesung Systementwurf.* Technische Universität Dresden, Institut für Automatisierungstechnik, 2009

[26] BRINDLEY, G. S.; LEWIN, W. S.: The sensations produced by electrical stimulation of the visual cortex. In: *The Journal of Physiology* 196 (1968), Nr. 2, 479-493

[27] BROGAN, W.L.: *Modern Control Theory.* Prentice Hall, 1990. – ISBN 978–0135897638

[28] CALHOUN, B.H.; DALY, D.C.; VERMA, Naveen; FINCHELSTEIN, D.F.; WENTZLOFF, D.D.; WANG, A.; CHO, Seong-Hwan; CHANDRAKASAN, A.P.: Design considerations for ultra-low energy wireless microsensor nodes. In: *Computers, IEEE Transactions on* 54 (2005), Jun, Nr. 6, S. 727–740

[29] CASADEI, F.; BALDINGER, E.: Induktiv ladbarer Herzschrittmacher für die Langzeitimplantation. In: *Zeitschrift für Angewandte Mathematik und Physik (ZAMP)* 22 (1971), Nr. 1, S. 1–14

[30] CATRYSSE, Michael; HERMANS, Bart; PUERS, Robert: An inductive power system with integrated bi-directional data-transmission. In: *Sensors and Actuators A: Physical* 115 (2004), Nr. 2-3, 221 - 229

[31] CAVES, J.T.; COPELAND, M.A.; RAHIM, C.F.; ROSENBAUM, S.D.: Sampled analog filtering using switched capacitors as resistor equivalents. In: *IEEE J. Solid-State Circuits* SC-12 (1977), Dec., S. 592–599

[32] CHOPRA, I.: Review of state of art of smart structures and integrated systems. In: *AIAA Journal* 40 (2002), Nr. 11, 2145–2187

[33] CHUNG, J.K.; PRATT, G.W.; BABYN, P.S.: A new diagnostic technique for the evaluation of prosthetic fixation. In: *Procs first annual conference IEEE Engineering Medicine and Biological society, New York*, 1979, S. 158

[34] CICHOCKI, A.; UNBEHAUEN, R.: A switched-capacitor interface for capacitive sensors based on relaxation oscillators. In: *Instrumentation and Measurement, IEEE Transactions on* 39 (1990), oct., Nr. 5, S. 797 –799

[35] CLAES, L.; WOLF, S.; AUGAT, P.: Mechanische Einflüsse auf die Callusheilung. In: *Chirurg* 71 (2000), S. 989–994

[36] CLARK, A. E.; RESTORFF, J. B.; WUN-FOGLE, M.; LOGRASSO, T. A.; SCHLAGEL, D. L.: Magnetostrictive Properties of Body-Centered Cubic Fe-Ga and Fe-Ga-Al Alloys. In: *IEEE Transactions on Magnetics* 36 (2000), S. 3238–3240

[37] CLASBRUMMEL, B.: *Mikrobewegungen in der Knochenbruchheilung bei verschiedenen Plattenosteosynthesen: Experimentelle Untersuchungen und klinische Analysen.* Habilitationsschrift, Chirurgische Universitätsklinik Bergmannsheil Bochum, 2005

[38] Clasbrummel, B.; **Marschner, U.**; Jettkant, B.: *Implantierbare und extrakorporale modulare Mikrosystemplattform.* 2000. – Antragsskizze, Berufsgenossenschaftliche Kliniken Bergmannsheil, Arbeitskreis Klinische Mikrosystemtechnik, Bochum und TU Dresden, Institut für Halbleiter- und Mikrosystemtechnik

[39] Clasbrummel, B.; Muhr, G.: Und immer ist der Arzt dabei. In: *MEDrubin* (2001), S. 6–10

[40] Clasbrummel, B.; Muhr, G.; Goodship, A.E.: Time-dependent mechanical stimulation of enchondral fracture healing in the sheep. In: *Biomed.Tech.* 42 Supl (1997), S. 521–522

[41] Cochlear Deutschland GmbH & Co. KG, Hannover: *Nucleus® Freedom™ Cochlear Implantat.* `http://www.cochlear.de/Products/442.asp`. Version: 2011

[42] Cordier, C.; Mechin, L.; Gunther, C.; Sing, M.L.C.; Bloyet, D.; Mosser, V.: Hall sensor response to an inhomogeneous magnetic field. In: *IEEE Sensors Journal* 5 (2005), Nr. 5, S. 934– 941

[43] CSR: *BlueCore® 5-Multimedia External BC57E687C Product Technical Overview.* 2008

[44] Datta, S.; Atulasimha, J.; Mudivarthi, C.; Flatau, A.B.: The modeling of magnetomechanical sensors in laminated structures. In: *Smart Mater. Struct.* 17 (2008), Nr. 025010, S. 1–9

[45] Dehm, J.; **Marschner, U.**; Jettkant, B.; Fischer, W.-J.; Clasbrummel, B.: Messtechnik in der Medizin. In: *Sensorik aktuell, Ausgabe II, AMA Fachverband für Sensorik e.V.* (2005), S. 9–11

[46] Deicke, F.: *Modellierung, Analyse und Optimierung der Übertragungsstrecke induktiv gekoppelter Transpondersysteme*, Technische Universitität Dresden, Diss., 2009

[47] DeMarco, T.: *Structured Analysis and System Specification.* Prentice Hall, 1979. – ISBN 0138543801

[48] Deskur, J.: Models of magnetic circuits and their equivalent electrical diagrams. In: *COMPEL - The International Journal for Computation and Mathematics in Electrical and Electronic Engineering* 18 (1999), Nr. 4, S. 600–610

[49] Despang, H.G.; Holland, H.-J.; Fischer, W.-J.: Intrakorporale und extrakorporale modulare Mikrosystemplattform: Signalverarbeitung/Hardware, 2004

[50] Despang, H.G.; Holland, H.-J.; Fischer, W.-J.; Jettkant, B.; Glasbrummel, B.: Nichtinvasive kontinuierliche Blutdruckmessung mit drahtlosem EKG und Photo-Plethysmographie-Sensor. In: *TELEMED 2005 - Telematik im Gesundheitswesen: 8. - 9. April 2005, Berlin*, 2005

[51] Despang, H.G.; Netz, S.; Heinig, A.; Holland, H.J.; Fischer, W.J.: Wireless long-term ECG integrated into clothing. In: *Biomedizinische Technik* 53 (2008), Nr. 6, S. 277–278

[52] DEUTSCHER AKKREDITIERUNGS RAT (Hrsg.): *Sammlung von Begriffen, Version 1.1.* DAR-Geschäftsstelle, BAM, Berlin: Deutscher Akkreditierungs Rat, 1997

[53] DGBMT: *Schlüsselindustrie Mikrosystemtechnologie.* `http://www.vde.de/de/fg/DGBMT/Arbeitsgebiete/Fachausschuesse/mun/aktuelles/Seiten/TopStory.aspx`. Version: 2011. – [Online; Stand 10. April 2011]

[54] DICKE, R.H.: The Measurement of Thermal Radiation at Microwave Frequencies. In: *The Review of Scientific Instruments* 17 (1946), July, Nr. 7, S. 268–275

[55] DILLIER, N.: Heutiger Entwicklungsstand bei Cochlea-Implantaten. In: *Tagung CRS Amplifon, Zürich*, 2001

[56] DONELAN, J. M.; LI, Q.; NAING, V.; HOFFER, J. A.; WEBER, D. J.; KUO, A. D.: Biomechanical Energy Harvesting: Generating Electricity During Walking with Minimal User Effort. In: *Science* 319 (2008), Nr. 5864, 807-810

[57] DÖSSEL, O.: Medizintechnik 2025 - Trends und Visionen. In: NIEDERLAG, W. (Hrsg.); LEMKE, H. U. (Hrsg.); NAGEL, E. (Hrsg.); DÖSSEL, O. (Hrsg.): *Gesundheitswesen 2025* Bd. 12. Buchreihe Health Academy. Health Academy, Dresden, 2005

[58] DREYER, H.; SAUER, W.: *Prozessanalyse.* Verlag Technik Berlin, 1982

[59] DUGGIRALA, R.; POLCAWICH, R.G.; DUBEY, M.; LAL, A.: Radioisotope Thin-Film Fueled Microfabricated Reciprocating Electromechanical Power Generator. In: *Microelectromechanical Systems, Journal of* 17 (2008), aug., Nr. 4, S. 837 –849

[60] ECKERT, K.: Vorteile, Grenzen und Geräte der Wobbelmesstechnik. In: *Radio und Fernesehen* 21, 22, 23 (1962), S. 670–672, 705–708, 742–744

[61] EGGERS, T.; DRAEGER, J.; HILLE, K.; MARSCHNER, C.; **Marschner, U.**; STEGMAIER, P.; BINDER, J.; LAUR, R.: Wireless eye pressure monitoring system integrated into intra-ocular lens. In: *VDE World Microtechnologies Congress auf der EXPO 2000, Hannover*, 2000

[62] EGGERS, T.; MARSCHNER, C.; **Marschner, U.**; CLASBRUMMEL, B.; LAUR, R.; BINDER, J.: Advanced hybrid integrated low-power telemetric pressure monitoring system for biomedical applications. In: *Proc. 13th IEEE Int. Conf. Micro Electro Mechanical Systems MEMS 2000.* Miyazaki, Japan, January 23-27 2000, S. 329–334

[63] EICHMEIER, J.: *Medizinische Elektronik - Eine Einführung für Studierende der Ingenieurwissenschaften, Physik, Medizin und Biologie.* Springer Verlag, 1983

[64] EIGLER, H.: *Entwurf signalverarbeitender Mikrosysteme.* Hüthig, Heidelberg, 1994

[65] EISENREICH, H.; MAYR, C.; HENKER, S.; WICKERT, M.; SCHÜFFNY, R.: A novel ADPLL design using successive approximation frequency control. In: *Microelectronics Journal* 40 (2009), Nr. 11, 1613 - 1622

[66] EISENREICH, H.; MAYR, C.; HENKER, S.; WICKERT, M.; SCHUFFNY, R.: A programmable clock generator HDL softcore, 2007. – ISSN 1548–3746, S. 1 –4

[67] El-hami, M.; Glynne-Jones, P.; White, N. M.; Hill, M.; Beeby, S.; James, E.; Brown, A. D.; Ross, J. N.: Design and fabrication of a new vibration-based electromechanical power generator. In: *Sensors and Actuators A: Physical* 92 (2001), Nr. 1-3, 335 - 342

[68] Elfrink, R.; Renaud, M.; Kamel, T.; Nooijer, C. de; Jambunathan, M.; Goedbloed, M.; Hohlfeld, D.; Matova, S.; Schaijk, R. van: Vacuum packaged MEMS piezoelectric vibration energy harvesters. In: *PowerMEMS - 9th International Workshop on Micro and Nanotechnology for Power Generation and Energy Conversion Applications*, 2009

[69] Ellinger, F.: *Radio Frequency Integrated Circuits and Technologies.* Springer, Berlin; Auflage: 2nd ed., 2008

[70] Ellozy, Sharif H.; Carroccio, Alfio; Lookstein, Robert A.; Minor, Michael E.; Sheahan, Claudie M.; Juta, Jacob; Cha, Andrew; Valenzuela, Rolando; Addis, Michael D.; Jacobs, Tikva S.; Teodorescu, Victoria J.; Marin, Michael L.: First experience in human beings with a permanently implantable intrasac pressure transducer for monitoring endovascular repair of abdominal aortic aneurysms. In: *Journal of Vascular Surgery* 40 (2004), Nr. 3, 405 - 412

[71] Erdler, Gilbert; Frank, Mirko; Lehmann, Mirko; Reinecke, Holger; Müller, Claas: Chip integrated fuel cell. In: *Sensors and Actuators A: Physical* 132 (2006), Nr. 1, 331 - 336

[72] Fan, Long-Shen; Tai, Yu-Chong; Muller, Richard S.: IC-processed electrostatic micromotors. In: *Sensors and Actuators* 20 (1989), Nr. 1-2, 41 - 47

[73] Ferri, G.; Laurentiis, P. D.; Natale, C. D.; D'Amico, A.: A low voltage integrated CMOS lock in amplifier prototype for LAPS applications. In: *Sensors and Actuators A* 92 (2001), S. 263–272

[74] Fischbach, R.: *Implementierung des Micro System Data (MSD)-Formats in einem intelligenten Sensor.* Studienarbeit am Institut für Halbleiter- und Mikrosystemtechnik, TU Dresden, 2004

[75] Fischer, W.-J.: Self-sufficient microsystems in medical applications - from sensor to data transfer. In: *Sensor 2003. 11th International Conference. Proceedings. Vol.1, Nürnberg*, 2003, S. S.381–386

[76] Fischer, W.-J.; **Marschner, U.**; Grätz, H.; Heinig, A.; Despang, G.: Möglichkeiten und Vorteile einer sensornahen Signalverarbeitung, Eingeladener Vortrag. In: *12. GMA/ITG Fachtagung Sensoren und Messsysteme 2004, 15./ 16.04.04*, Düsseldorf: VDI-Verlag, 2004 (VDI-Berichte 1829), 2004. – ISBN 3–18–091829–2, S. 719–730

[77] Fischer, W. J.; Sauer, S.; **Marschner, U.**; Adolphi, B.; Wenzel, C.; Jettkant, B.; Clasbrummel, B.: Galfenol resonant sensor for indirect wireless osteosynthesis plate bending measurements. In: *IEEE SENSORS 2009 Conference, Canterbury New Zealand, 25-28 October*, 2009, S. 611–616

[78] FISCHER, W.-J.; SCHWARZ, P.: *Vorlesung "Entwurf von Mikrosystemen: Hardwarebeschreibungssprachen", Technische Universität Dresden.* 2008

[79] FISCHER, W.-J. et a.: *Mikrosystemtechnik.* Vogel Verlag Würzburg, 2000

[80] FREY, G.; KOWALEWSKI, S.: Einordnung und Bewertung von Beschreibungsmitteln aus der Automatisierungstechnik. In: *atp - Automatisierungstechnische Praxis, Oldenbourg Verlag* 46 (2004), Sept., Nr. 9, S. 73–79

[81] FRÜHAUF, J.: *Werkstoffe in der Mikrotechnik.* Fachbuchverlag L, 2005

[82] FRÜHAUF, U.: *Automatische Mess- und Prüftechnik.* Verlag Technik Berlin, 1987

[83] GATTIKER, F.; UMBRECHT, F.; NEUENSCHWANDER, J.; SENNHAUSER, U.; HIEROLD, C.: Novel ultrasound read-out for a wireless implantable passive strain sensor (WIPSS). In: *Sensors and Actuators A: Physical* 145-146 (2008), 291 - 298

[84] GAY, Nicolas; FISCHER, Wolf-Joachim: Ultra-low-power RFID-based Sensor Mote. In: *IEEE Sensors 2010 Conference, Waikoloa, USA*, 2010

[85] GEMAC MBH, CHEMNITZ (Hrsg.): *Enhanced Lossless Data Compression (ELDC-3) IPCore, Produktinformation.* GEMAC mbH, Chemnitz

[86] GEORGIOU, A.P.; CUNNINGHAM, J.L.: Accurate diagnosis of hip prosthesis loosening using a vibrational technique. In: *Clinical Biomechanics* 16 (2001), S. 315–323

[87] GERLACH, G.: *Mechanische Störeinflüsse auf integrierte piezoresistive Drucksensoren kleiner Nenndrücke.* Technische Universität Dresden, Fakultät Elektrotechnik und Informationstechnik, Dissertation B, 1990

[88] GERLACH, G.: Umkehrbare Wandler als Herzstück von Sensoren. In: GERLACH, G. (Hrsg.); HOFFMANN, R. (Hrsg.): *Neue Entwicklungen in der Elektroakustik und elektromechanischen Messtechnik – Prof. Dr.-Ing. habil. Günther Pfeifer zum 65. Geburtstag, Dresdner Beiträge zur Sensorik, Herausgegeben von G. Gerlach* Bd. 40. TUDpress, 2010, S. 25–35

[89] GERLACH, G.; DÖTZEL, W.: *Grundlagen der Mikrosystemtechnik.* Carl Hanser, München, 1997

[90] GERLACH, G.; DÖTZEL, W.: *Einführung in die Mikrosystemtechnik.* Fachbuchverlag Leipzig im Carl Hanser Verlag, 2006

[91] GERLACH, G.; DÖTZEL, W.: *Introduction to Microsystem Technology.* John Wiley & Sons, 2008

[92] GERLACH, G.; LENK, A.: Biegetheorie des geschichteten Plattenstreifens mit inneren Dehnungsquellen / Technische Universität Dresden, Sektion Informationstechnik. 1985. – Forschungsbericht

[93] GÖLDNER, H.; HOLZWEISSIG, F.: *Leitfaden der Technischen Mechanik.* Hanser Fachbuchverlag Leipzig, 1996

[94] GOLLEE, R.; GERLACH, A.: An FEM-based method for analysis of the dynamic behavior of AC contactors. In: *Magnetics, IEEE Transactions on* 36 (2000), jul, Nr. 4, S. 1337 –1340

[95] GOODMAN, J.; DANCY, A.P.; CHANDRAKASAN, A.P.: An energy/security scalable encryption processor using an embedded variable voltage DC/DC converter. In: *Solid-State Circuits, IEEE Journal of* 33 (1998), November, Nr. 11, S. 1799 –1809

[96] GOODSHIP, A.E.; KENWRIGHT, J.: The influence of induced micromovement upon the healing of experimental tibial fractures. In: *J.Bone Joint Surg.[Br.]* 67 (1985), S. 650–655

[97] GRABE, M.: Gedanken zur Revision der Gauß'schen Fehlerrechnung. In: *tm* 6 (2000), S. 283–288

[98] GRÄTZ, H.; HEINIG, A.; DEICKE, F.; FISCHER, W.-J.: ST1 - ein freiprogrammierbarer Schaltkreis für 125 kHz Transponderlösungen. In: *MikroSystemTechnik KONGRESS 2007, Dresden*, 2007, S. 1099–1103

[99] GREENHOUSE, H.M.: Design of Planar Rectangular Microelectronic Inductors. In: *IEEE Transactions on Parts, Hybrids, and Packaging* PHP-10 (1974), June, Nr. 2

[100] GUDERIAN, F.: *Anwendungsorientierte Analyse und Verarbeitung von Mikrosystemdaten in der Telemedizin unter Berücksichtigung der Nutzer- und Entwicklerdokumentation.* Interdisziplinäre Diplomarbeit an der Fakultät Wirtschaftswissenschaften, Lehrstuhl für Wirtschaftsinformatik, insbesondere Informationsmanagement, und der Professur für Mikrosystemtechnik der TU Dresden, 2007

[101] GUTNIK, V.; CHANDRAKASAN, A.P.: Embedded power supply for low-power DSP. In: *Very Large Scale Integration (VLSI) Systems, IEEE Transactions on* 5 (1997), Dec, Nr. 4, S. 425–435

[102] HABERMEHL, A.: Aktueller Stand der klinischen Mikrosystemtechnik. In: *Deutsches Ärzteblatt* 94 (1997), Nr. 21

[103] HAEFNER, S. J.: Alternating current of rectangular conductors. In: *Proc. IRE* Bd. 25, 1937, S. 434–447

[104] HAHN, R.: Energieversorgung von energieautarken Sensoren. In: *13. ITG-/GMA-Fachtagung Sensoren und Messsysteme, Freiburg/Breisgau. VDE Verlag, Berlin*, 2006, S. 215–222

[105] HAMILL, D.C.: Lumped Equivalent Circuits of Magnetic Components: The Gyrator-Capacitor Approach. In: *IEEE Transactions on Power Electronics* 8 (1993), April, Nr. 2

[106] HANKE, S; MORGENSTERN, U; BAMMER, M; MINA, S; POLL, R: Utilization of an EOG based controlling device with Body Area Network connectivity. In: *Biomedizinische Technik* Supplementary Vol 1, Part 1 (2005)

[107] HART, H.; LOTZE, W.; WOSCHNI, E.-G.: *Messgenauigkeit.* Bd. 3. Verlag Technik Berlin, 1987

[108] HATLEY, D.J.; PIRBHAI, I.A.: *Strategien für die Echtzeit-Programmierung.* Carl Hanser Verlag, 1993

[109] HEINIG, A.: *Entwicklung eines Kryptologieprozessor-Kerns für den DES-Algorithmus*, Technische Universität Dresden, Fakultät Elektrotechnik und Informationstechnik, Diss., 1995

[110] HEINIG, A.; DEICKE, F.; KUNADT, A.; STARKE, E.; FISCHER, W.-J.: Optical wireless data transmission with a sensor network integrated in a textile-reinforced composite. In: *Sensors, 2010 IEEE*, 2010. – ISSN 1930–0395, S. 965 –969

[111] HEINIG, A.; **Marschner, U.**; LI, F.; G.GOTTLEBE; WEIG, T.; GUDERIAN, F.; HOLLAND, H.-J.; FISCHER, W.-J.: Sleep Supervision with a ZigBee 5 Channel – 14 Sensor Body Area Network. In: *Eurosensors XXII, Dresden*, 2008, S. 456–459

[112] HELLER, A.: Potentially implantable miniature batteries. In: *Analytical and Bioanalytical Chemistry* 385 (2006), June, Nr. 3, S. 469–473

[113] HEMMI, P.; PROFOS, P.: Messfehler und Fehlerursachen. In: PROFOS, P. (Hrsg.); PFEIFER, T. (Hrsg.): *Handbuch der industriellen Messtechnik.* München : Oldenbourg, 1994, S. 15–25

[114] HERWAARDEN, AW van; WOLFFENBUTTEL, RF: Introduction to sensors compatible with microprocessors. In: *Microprocessors and Microsystems* 14 (1990), Nr. 2, 74 - 82

[115] HIEROLD, C.; CLASBRUMMEL, B.; BEHREND, D.; SCHEITER, T.; STEGER, M.; OPPERMANN, K.; KAPELS, H.; LANDGRAF, E.; WENZEL, D.; ETUODT, D.: Implantable low power integrated pressure sensor system for minimal invasive telemetric patient monitoring, 1998. – ISSN 1084–6999, S. 568 –573

[116] HILDEBRANDT, R.: *Softwaremethoden zur Senkung der Verlustenergie in Microcontrollersystemen*, Technische Universität Dresden, Fakultät Elektrotechnik und Informationstechnik, Diss., 2007

[117] HOFFMANN, R.: *Signalanalyse und -erkennung.* Springer-Verlag, Berlin, 1998

[118] HORSPOOL, R.N.; WINDELS, W.J.: An LZ approach to ECG compression. In: *Computer-Based Medical Systems, 1994., Proceedings 1994 IEEE Seventh Symposium on*, 1994, S. 71–76

[119] HOWELLS, Christopher A.: Piezoelectric energy harvesting. In: *Energy Conversion and Management* 50 (2009), Nr. 7, 1847 - 1850

[120] HUFENBACH, W.; GUDE, M.: Analysis and optimisation of multistable composites under residual stresses. In: *Composite Structures* 55 (2002), Nr. 3, 319 - 327

[121] HUHLE, R.; DIETRICH, H.; IDELEVICH, E.; SIEGERT, J.; SCHINDLER, Ch.; MALBERG, H.; MORGENSTERN, U.: Measurement of continuous non-invasive blood pressure during vasoactive treatment in patients with acute hypertensive crisis, 2010

[122] HURAY, P.G.: *Maxwell's Equations.* Wiley-IEEE Press, 2009. – ISBN 978–0470542767

[123] HURST, P.J.: Shifting the Frequency Response of Switched-Capacitor Filters by Nonuniform Sampling. In: *IEEE Transactions on Circuits and Systems* 38 (1991), January, Nr. 1, S. 12–19

[124] ISERMANN, R.: *Identifikation dynamischer Systeme 1.* Springer Verlag, Berlin, 1992

[125] JANSCHEK, K.: *Systementwurf mechatronischer Systeme.* Springer, 2010. – ISBN 978–3540788768

[126] JETTKANT, B.; CLASBRUMMEL, B.; **Marschner, U.**; MUHR, G.: Implantierbare Telemetrien für Diagnostik. In: *Biomedizinische Technik/Biomedical Engineering* 46 (2001), Nr. S1, S. 394–395

[127] JETTKANT, B.; DÜLTGEN, P.: Micro System Data Format MSD for Interoperability between Wearable Devices. In: *2nd OpenECG Workshop, 1-3 April, Berlin, Germany*, 2004

[128] JIAN, Shi; GUO-ZHENG, Yan: Micro Multi-Information Acquiring System for G.I. Tract Based on Biotelemetry, 2006, S. 2705 –2708

[129] JOHNSON, K.W.; MASTROTOTARO, J.J.; HOWEY, D.C.; BRUNELLE, R.L.; BURDEN-BRADY, P.L.; BRYAN, N.A.; ANDREW, C.C.; ROWE, H.M.; ALLEN, D.J.; NOFFKE, B.W.; MCMAHAN, W.C.; MORFF, R.J.; LIPSON, D.; NEVIN, R.S.: In vivo evaluation of an electroenzymatic glucose sensor implanted in subcutaneous tissue. In: *Biosensors and Bioelectronics* 7 (1992), Nr. 10, 709 - 714

[130] JUDY, J.W.: Microelectromechanical systems (MEMS): fabrication, design and applications. In: *Smart Materials and Structures* 10 (2001), Nr. 6, 1115

[131] JUNG, Adrian; GRONEWOLD, Thomas M.; TEWES, Michael; QUANDT, Eckhard; BERLIN, Peter: Biofunctional structural design of SAW sensor chip surfaces in a microfluidic sensor system. In: *Sensors and Actuators B: Chemical* 124 (2007), Nr. 1, 46 - 52

[132] KANOUN, O.; WALLASCHEK, J.: *Energy Harvesting - Grundlagen und Praxis energieautarker Systeme.* expert verlag, Renningen, 2008

[133] KARL, H.; WILLIG, A.: *Protocols and Architectures for Wireless Sensor Networks.* Wiley-Interscience, 2007

[134] KASPER, M.: *Mikrosystementwurf: Entwurf und Simulation von Mikrosystemen.* Springer, Berlin, 1999

[135] KELLOGG, R. A.; FLATAU, A. B.; CLARK, A. E.; WUN-FOGLE, M.; LOGRASSO, T. A.: Temperature and Stress Dependences of the Magnetic and Magnetostrictive Properties of Fe0.81Ga0.19. In: *Journal of Applied Physics* 91 (2002), May, Nr. 10, S. 7821–7823

[136] KESSEL, W.: European and international standards for statements of uncertainty. In: *Engineering Science and Education Journal* 7 (1998), Oktober, Nr. 5, S. 201 –207

[137] KLEINER, B.: *Einsatz der 1-Wire Schnittstelle in modularen Mikrosystemen, Ausarbeitung zum Oberseminar Sensorik, Institut für Festkörperelektronik, TU Dresden.* 2007

[138] KLIMESH, M.; STANTON, V.; WATOLA, D.: Hardware Implementation of a Lossless Image Compression Algorithm Using a Field Programmable Gate Array, TMO Progress Report 42-144 / Jet Propulsion Laboratory, California Institute of Technology. 2001. – Forschungsbericht

[139] KLUG, C.: *Hard- und Software Co-Design für eine ereignisgesteuerte Bildverarbeitung in einem Mikrosystem.* Diplomarbeit am Institut für Halbleiter- und Mikrosystemtechnik der TU Dresden, 2003

[140] KOLNSBERG, S.; KNEIP, T.; LU, X.; HUPPERTZ, J.; HAUSCHILD, R.; SCHWARZ, M.; HAMMERSCHMIDT, D.; HOSTICKA, B.J.; EWE, L.; TRIEU, H.K.: Microelectronic components for a retina implant system, 1999, S. 218 – 221

[141] KÖNIG, J.: *Erster Herzstimulator mit von außen aufladbarem Akku implantiert.* `http://idw-online.de/pages/de/news77975`. Version: März 2004

[142] KUNDU, Arunabha; JANG, J.H.; GIL, J.H.; JUNG, C.R.; LEE, H.R.; KIM, S.-H.; KU, B.; OH, Y.S.: Micro-fuel cells–Current development and applications. In: *Journal of Power Sources* 170 (2007), Nr. 1, 67 - 78

[143] KWONG, Joyce; CHANDRAKASAN, Anantha P.: Advances in Ultra-Low-Voltage Design. In: *Solid-State Circuits Newsletter, IEEE* 13 (2009), February, Nr. 4, 20–27

[144] LAL, A.; DUGGIRALA, R.; LI, H.: Pervasive power: a radioisotope-powered piezoelectric generator. In: *Pervasive Computing, IEEE* 4 (2005), jan.-march, Nr. 1, S. 53 – 61

[145] LAPLANTE, P.: *Real-Time Systems Design and Analysis.* Wiley-IEEE Press, 2004. – ISBN 978–0471228554

[146] LENK, A.: *Elektromechanische Systeme, Band 3: Systeme mit Hilfsenergie.* VEB Verlag Technik Berlin, 1975

[147] LENK, A.: *Heuristische Fehlermodelle für Messgeräte.* Sektion Informationstechnik, Technische Universität Dresden : Studie Meŝwerterfassung 3/89, 1989

[148] LENK, A.; IRRGANG, B.: *Elektromechanische Systeme, Band 2: Systeme mit verteilten Parametern.* VEB Verlag Technik Berlin, 1977

[149] LENK, A.; PFEIFER, G.; WERTHSCHÜTZKY, R.: *Elektromechanische Systeme.* Springer, Berlin, 2001

[150] LI, P.L.; JONES, N.B.; GREGG, P.J.: Loosening of total hip arthroplasty. Diagnosis by vibration analysis. In: *The Journal of Bone and Joint Surgery – British* 77-B (1995), July, Nr. 4, S. 640–644

[151] LI, P.L.; JONES, N.B.; GREGG, P.J.: Vibration analysis in the detection of total hip prosthetic loosening. In: *Medical Engineering & Physics* 18 (1996), July, S. 596–600

[152] LIU, Sheng; FARROW, Reginald; III, James L. Z.; LIM, Hee C.; FEDERICI, John; THOMAS, Gordon: Microfabricated implantable flow sensor for medical applications, SPIE, 2008, 688606

[153] LUCKLUM, R.: *Resonante Sensoren*, Habilitationsschrift, Otto-von-Guericke-Universität Magdeburg, Diss., 2002

[154] LÜDERITZ, B: 50 Jahre Herzschrittmacher. In: *Wiener Medizinische Wochenschrift Skriptum, Springer-Verlag* 2 (2010)

[155] LUNZE, J.: *Regelungstechnik 1*. 8., neu bearb. Aufl. Springer, 2010. – ISBN 978–3642138072

[156] MACKENSEN, E.; KUNTZ, W.: Intelligente, autarke Mikrosysteme für drahtlose Sensor- Aktor-Netzwerke. In: *2. GMM-Workshop Energieautarke Sensorik, Dresden*, 2002

[157] MAHMOUD, K.M.; WOLFFENBUTTEL, R.F.: A Floating-Point A/D Converter for Smart Sensors. In: *Solid-State Circuits Conference, 1992. ESSCIRC '92. Eighteenth European*, 1992, S. 351–354

[158] MALBERG, H.; BAUERNSCHMITT, R.; MEYERFELDT, U.; SCHIRDEWAN, A.; WESSEL, N.: Kurzzeit-Analyse der Herzfrequenzturbulenz versus Variabilitätsparameter und Barorezeptorsensitivität bei Patienten mit dilatativer Kardiomyopathie. In: *Zeitschrift für Kardiologie* 92 (2003), 547-557

[159] **Marschner, U.**: Abschn. 8.4 "Modellbasierte Verfahren", Abschn. 8.5."Implementierung von Signalverarbeitungsalgorithmen" und zusammen mit Fischer, W.-J. Abschn. 8.1 "Grundprinzipien der Signalverarbeitung für Mikrosysteme". In: FISCHER, W.-J. (Hrsg.): *Mikrosystemtechnik*. Vogel Verlag Würzburg, 2000

[160] **Marschner, U.**: Abschn. 10.4.1 "Semiadditivtechnik" und Abschn. 10.4.2.1, 10.4.2.2 "Volladditivtechnik". In: JILLEK, W. (Hrsg.); KELLER, G. (Hrsg.): *Handbuch der Leiterplattentechnik*. Eugen G. Leuze Verlag, Bad Saulgau, 2003

[161] **Marschner, U.**: *Integration von Signalanalysatoren in Mikrosysteme*. Fortschritt-Berichte VDI, Reihe 9, Nr. 369, VDI Verlag Düsseldorf, 2003. – ISBN 3–18–336909–5

[162] *Kapitel* Dültgen, P.: Externe Schnittstelle S4: Microsystem Data Format. In: MARSCHNER, U.; CLASBRUMMEL, B.; DEHM, J.: *Modulare Mikrosysteme (in Vorbereitung)*. 2012

[163] **Marschner, U.**; DATTA, S.; STARKE, E.; PFEIFER, G.; FISCHER, W.-J.; FLATAU, A.B.: Magnetostrictive unimorph transducer network model. In: TOMIZUKA, Masayoshi (Hrsg.): *SPIE Conf. 7647 Smart Structures and Materials, 7-11 March, San Diego, U.S.A.* Bd. 7647, SPIE, 2010, 764-774

[164] **Marschner, U.**; FISCHER, W.-J.: Indirect Measurement of a Bar Magnet Position Using a Hall Sensor Array. In: *IEEE Transactions On Magnetics* 43 (2007), June, Nr. 6, S. 2728–2730

[165] **Marschner, U.**; FISCHER, W.-J.; JETTKANT, B.; RUWISCH, D.; GRÄTZ, H.; WOLDT, G.; CLASBRUMMEL:, B.: Anregung und drahtlose Lock-in-Messung von Hüftprothesenschwingungen zur Lockerungsdetektion. In: *tm - Technisches Messen* 77 (2010), Nr. 2, S. 74–82

[166] **Marschner, U.**; FISCHER, W.-J.; KRANZ, E.-G.: Low expense architectures for a dynamic spectrum analyzer based on SC-filters. In: *Proc. IEEE Int. Symp. Circuits and Systems ISCAS '98* Bd. 2, 1998, S. 276–279

[167] **Marschner, U.**; FISCHER, W.-J.; OSWALD, J.; JURISCH, R.; PEITSCH, P.: Realization of Low Cost Micro Coils and Usage in Different Media. In: *6th Int. Conf. on MICRO SYSTEM Technologies'98, Potsdam*, 1998

[168] **Marschner, U.**; GRAHAM, F.; MUDIVARTHI, C.; YOO, J.-H.; NEUBERT, H.; FLATAU, A.B.: FEM-simulation-based characterization of a magnetostrictive gyro sensor. In: *J. Appl. Phys.* 107 (2010), Nr. 9

[169] **Marschner, U.**; GRÄTZ, H.; JETTKANT, B.; RUWISCH, D.; WOLDT, G.; FISCHER, W.-J.; CLASBRUMMEL, B.: Integration of a wireless lock-in measurement of hip prosthesis vibrations for loosening detection. In: *Sensors and Actuators A: Physical* 156 (2009), Nr. 1, 145 - 154

[170] **Marschner, U.**; HOFFMANN, J.; SADOWSKI, G.; HOFFMANN, T.; FISCHER, W.-J.: Model-based control of a copper micro plating process. In: *Proc. Control '98. UKACC Int. Conf., Swansea, UK (Conf. Publ. No. 455)* Bd. 1, IEE, 1-4 September 1998, S. 491–496

[171] MARSCHNER, U.; HOFFMANN, T.; FISCHER, W.-J.: Directed Search for Degeneracies in the Presence of Errors Influencing Nonlinear Model-Based Signal Processing. In: *IEEE International Workshop on Intelligent Signal Processing WISP'99*. Budapest, Hungary, September 4-7 1999

[172] **Marschner, U.**; HOFFMANN, T.; GAY, N.; GRÄTZ, H.; SCHNEIDER, P.; FISCHER, W. J.: *Struktur- und Verhaltenssimulation eines Drucksensors mit integrierter Signalverarbeitung, Praktikum Mikrosystementwurf.* Technische Universität Dresden, Institut für Halbleiter- und Mikrosystemtechnik, 2009

[173] **Marschner, U.**; JAHN, A.; STARKE, E.; LIU, N.; VOGEL, U.; WENZEL, C.; MERKEL, U.; FLATAU, A. B.; FISCHER, W.-J.: Conductor width independence case of the self-resonance quality factor of semiadditive planar coils on a magnetoelastic substrate. In: TOMIZUKA, Masayoshi (Hrsg.): *Sensors and Smart Structures Technologies for Civil, Mechanical, and Aerospace Systems 2010* Bd. 7647, SPIE, 2010, 76472R

[174] MARSCHNER, U.; JAHN, A.; STARKE, E.; LIU, N.; VOGEL, U.; WENZEL, C.; MERKEL, U.; FLATAU, A. B.; FISCHER, W.-J.: Conductor width independence case of

the self-resonance quality factor of semiadditive planar coils on a magnetoelastic substrate. In: Tomizuka, Masayoshi (Hrsg.): *Sensors and Smart Structures Technologies for Civil, Mechanical, and Aerospace Systems 2010* Bd. 7647, SPIE, 2010, 76472R

[175] Marschner, U.; Jettkant, B.; Fischer, W.-J.; Ruwisch, D.; Grätz, H.; Woldt, G.; Clasbrummel, B.: Excitation and Wireless Lock-In Measurement of Hip Prosthesis Vibrations for Loosening Detection. In: *SENSOR+TEST Conference 2009, 26-28 May, Nürnberg, Germany*, 2009

[176] Marschner, U.; Jettkant, B.; Ruwisch, D.; Zhu, Y.; Grätz, H.; Fischer, W.-J.; Clasbrummel, B.: FEM Simulation and Wireless Measurement of Hip Prosthesis Vibrations for Loosening Detection. In: *European Symposium on Technical Aids for Rehabilitation TAR2007, 25.-26.01.2007, Technische Universität Berlin*, 2007

[177] Marschner, U.; Jossa, I.; Elender, G.; Herrmann, T.; Fischer, W.-J.: Architecture and Selected Algorithms of a Process Condition Monitoring Microsystem. In: *IFAC Symposium on Fault Detection, Supervision and Safety for Technical Processes - SAFEPROCESS 2000.* Budapest, Hungary, 13-16 June 2000, S. 416–421

[178] Marschner, U.; Jossa, I.; Elender, G.; Herrmann, T.; Heinrich, M.; Fischer, W.-J.: Hybrid On-line Vibration Diagnosis Microsystem with Trend Analysis and Neural Classification. In: *VDE World Microtechnologies Congress, EXPO 2000.* Hannover, September, 25-27 2000

[179] Marschner, U.; Jossa, I.; Herrmann, T.; Elender, G.; Heinrich, M.; Oswald, J.; Fischer, W.-J.: 100 MIPS at the Sensor - Hybrid Microsystem for Local Process Diagnosis. In: *VDE World Microtechnologies Congress, EXPO 2000.* Hannover, September, 25-27 2000

[180] Marschner, U.; Oswald, J.; Horn, B.; Behrend, D.; Etzrodt, D.; Schmidt, W.; Schmitz, K.-P.: Aufbau-, Verbindungs- und Beschichtungstechnologie für Mikrostrukturen in der Medizintechnik. In: *Workshop „Mikrosysteme in der Medizintechnik“ im Rahmen der Jahrestagung der DGBMT 1998.* Dresden, 8. September 1998

[181] Marschner, U.; Oswald, J.; Horn, B.; Behrend, D.; Schmitz, K.-P.: Packaging Technologies on a Flexible Substrate for Implantable Telemetric Microdevices. In: *First MEDICS-Workshop on Micropackaging and Interconnection Technologies for Innovative Biomedical Devices.* Fraunhofer IBMT, Sulzbach, May 1999

[182] **Marschner, U.**; Schneider, P.; Reitz, S.; Fischer, W.-J.: Simulation-Based Planar Coil Design Optimization for Resonance Sensors. In: *Eurosensors XXII, Dresden*, 2008, S. 64–67

[183] **Marschner, U.**; Starke, E.; Pfeifer, G.; Fischer, W.-J.; Flatau, A. B.: Electromagnetic Network Models of Planar Coils on a Thin or Thick Magnetic Layer. In: *IEEE Transactions on Magnetics* 46 (2010), June, Nr. 6, S. 2365 –2368

[184] MARSCHNER, U.; STARKE, E.; PFEIFER, G.; FISCHER, W.-J.; FLATAU, A.B.: Models for Optimizing Magnetoelastic Thin Film Planar Coil Sensor Design. In: *11th Joint MMM-Intermag Conf., 18.-22. Jan., Washington DC, U.S.A.*, 2010

[185] **Marschner, U.**; YOO, J.-H.; STARKE, E.; GRAHAM, F.; MUDIVARTHI, C.; FISCHER, W.-J.; FLATAU, A. B.: Electromechanical network modeling applied to magnetoelastic gyro sensor design. In: TOMIZUKA, Masayoshi (Hrsg.): *Sensors and Smart Structures Technologies for Civil, Mechanical, and Aerospace Systems 2010* Bd. 7647, SPIE, 2010, 76472S

[186] MARSCHNER, U.: *A New Wedge Gate Valve Model for Model Based Diagnosis.* Fourth Annual Review Meeting of the MIT International Program on Enhanced Nuclear Power Plant Safety, Cambridge, 1993

[187] MARSCHNER, U.; FISCHER, W.-J.: Hardware Implementation of a Nonlinear Parameter Estimator for Process Monitoring. In: *IEEE Workshop on Nonlinear Signal and Image Processing NSIP'97.* Mackinac Island, Michigan, USA, 7-11 September 1997, S. CD paper No. 622

[188] MARSCHNER, U.; FISCHER, W.-J.; GOTTFRIED-GOTTFRIED, R.; PUFE, W.: Model-based Signal Processing in a CMOS Hall Sensor Row Microsystem. In: *6th Int. Conf. on MICRO SYSTEM Technologies'98, Potsdam*, 1998

[189] MARSCHNER, U.; FISCHER, W.-J.; GRÄTZ, H.: Integration modellbasierter Signalverarbeitungsalgorithmen mit Hilfe automatischer Architektursynthese. In: *Fachtagung Informations- und Mikrosystemtechnik.* Magdeburg, 25. - 27. März 1998, S. 305–312

[190] **Marschner, U.**: Abschn. „Detection of Hip Prosthesis Loosening by Vibration Analysis“ und „Piezomagnetic Unimorph Bending Elements“ in Lenk, A., Ballas, R., Pfeifer, G., Werthschützky, R. In: *Electromechanical Systems in Microtechnology and Mechatronics.* Springer, 2010

[191] **Marschner, U.**; FLATAU, A.B.: Netzwerkmodellierung eines Stimmgabel-Drehratensensors. In: GERLACH, G. (Hrsg.); HOFFMANN, R. (Hrsg.): *Neue Entwicklungen in der Elektroakustik und elektromechanischen Messtechnik – Prof. Dr.-Ing. habil. G. Pfeifer zum 65. Geburtstag.* Dresdner Beiträge zur Sensorik, Herausgegeben von G. Gerlach. TUDpress Verlag der Wissenschaften, 2009, S. 93–112

[192] MARTIN, T.; JOVANOV, E.; RASKOVIC, D.: Issues in wearable computing for medical monitoring applications: a case study of a wearable ECG monitoring device. In: *Proc. Fourth Int Wearable Computers Symp*, 2000, S. 43–49

[193] MASTROTOTARO, John J.; COOPER, Ken; SHAH, Rajiv: Early clinical experience with an integrated continuous glucose sensor/insulin pump platform. In: *Diabetes Research and Clinical Practice* 74 (2006), Nr. Supplement 2, S. S156 – S159

[194] MATHUR, Gaurav; DESNOYERS, Peter; GANESAN, Deepak; SHENOY, Prashant: Ultra-low power data storage for sensor networks. In: *Proceedings of the 5th international conference on Information processing in sensor networks.* New York, NY, USA : ACM, 2006 (IPSN '06). – ISBN 1–59593–334–4, 374–381

[195] McKibbin, B.: The biology of fracture healing in long bones. In: *Bone Joint Surg. Br.* 60-B (1978), S. 150–162

[196] Meade, M. L.: Advances in lock-in amplifiers. In: *J. Phys. E: Sci. Instrum.* 15 (1982), S. 395–403

[197] Meninger, S.; Mur-Miranda, J.O.; Amirtharajah, R.; Chandrakasan, A.P.; Lang, J.H.: Vibration-to-Electric Energy Conversion. In: *IEEE Transactions on Very Large Scale Integration (VLSI) Systems* 9 (2001), February, Nr. 1, S. 64–76

[198] Merziger, G.; Mühlbach, G.; Wille, D.; Wirth, T.: *Formeln + Hilfen zur höheren Mathematik.* Binomi Verlag, 2001

[199] Metrology, Joint C. i.: *International vocabulary of metrology – Basic and general concepts and associated terms (VIM), Definition 2.39.* `\url{http://www.bipm.org/utils/common/documents/jcgm/JCGM_200_2008.pdf#page=42}`. Version: 2008. – [Online; Stand 20. November 2010]

[200] Metrology (JCGM/WG 1), Joint C. i.: *ISO/IEC Guide 98-3:2008: Uncertainty of measurement – Part 3: Guide to the expression of uncertainty in measurement.* 2008

[201] Meyer, Jörg-Uwe: Retina implant–a bioMEMS challenge. In: *Sensors and Actuators A: Physical* 97-98 (2002), 1 - 9

[202] Miskowicz, Marek: Send-On-Delta Concept: An Event-Based Data Reporting Strategy. In: *Sensors* 6 (2006), Nr. 1, 49–63

[203] Mitcheson, P. D.; Yeatman, E. M.; Rao, G. K.; Holmes, A. S.; Green, T. C.: Energy Harvesting From Human and Machine Motion for Wireless Electronic Devices. In: *Proceedings of the IEEE* 96 (2008), Nr. 9, 1457–1486

[204] Mokwa, W.: Medical implants based on microsystems. In: *Measurement Science and Technology* 18 (2007), Nr. 5, R47

[205] Mokwa, W.; Schnakenberg, U.: Micro-transponder systems for medical applications. In: *Instrumentation and Measurement, IEEE Transactions on* 50 (2001), dec., Nr. 6, S. 1551 –1555

[206] Mokwa, Wilfried: Artificial Retinas. Version: 2008. `http://dx.doi.org/DOI:10.1016/B978-044452190-3.00027-6`. In: Gianchandani, Yogesh (Hrsg.); Tabata, Osamu (Hrsg.); (Hrsg.); Zappe, Hans (Hrsg.): *Comprehensive Microsystems.* Oxford : Elsevier, 2008. – DOI DOI: 10.1016/B978–044452190–3.00027–6. – ISBN 978–0–44–452190–3, 201 - 217

[207] Moor, C.; Braecklein, M.; Jörns, N.: Aktueller Stand der Entwicklung drahtloser Sensoren für medizinische Anwendungen. In: *Biomedizinische Technik* 50 (2005), August, Nr. 7-8, S. 241–251

[208] Moser, I.; Jobst, G.; Urban, G.A.: Biosensor arrays for simultaneous measurement of glucose, lactate, glutamate, and glutamine. In: *Biosensors and Bioelectronics* 17 (2002), Nr. 4, 297 - 302

[209] MÜLLER, R.: *Selbstüberwachung differenzdruckbasierter Durchflussmessverfahren für Flüssigkeiten*, Technische Universität Darmstadt, Fachbereich Elektrotechnik und Informationstechnik, Diss., 2006

[210] NEWBURY, R.: *Lecture Notes for PHYS2939, Ch. 6: Magnetic Materials.* The University of New South Wales, 2009

[211] NORDMANN, R.; BIRKHOFER, H.: *Maschinenelemente und Mechatronik I.* 3., überarb. Aufl. Shaker Verlag GmbH, 2002

[212] OH, Jae-Geun; CHOI, Bumkyoo; LEE, Seung-Yop: SAW based passive sensor with passive signal conditioning using MEMS A/D converter. In: *Sensors and Actuators A: Physical* 141 (2008), Nr. 2, 631 - 639

[213] OLIVEI, A.: Optimized Miniature Thin-Film Planar Inductors, Compatible With Integrated Circuits. In: *IEEE Transactions on Parts, Material and Packaging* PMP-5 (1969), June, Nr. 2, S. 71–88

[214] OLLENDORFF, F: *Berechnung magnetischer Felder.* Wien: Springer Verlag, 1952

[215] OLSSON, R.H. III; WISE, K.D.: A three-dimensional neural recording microsystem with implantable data compression circuitry. In: *Solid-State Circuits, IEEE Journal of* 40 (2005), Dec., Nr. 12, S. 2796–2804

[216] ON SEMICONDUCTOR, AZ U. Phoenix: *BelaSigna® 300*, 2011

[217] PAN, C.T.; WU, T.T.: Development of a rotary electromagnetic microgenerator. In: *J. Micromech. Microeng.* 17 (2007), S. 120–128

[218] PARSONNET, Victor; BERSTEIN, Alan D.; PERRY, Gershon Y.: The nuclear pacemaker: Is renewed interest warranted? In: *The American Journal of Cardiology* 66 (1990), Nr. 10, 837 - 842

[219] PASCHOLD, C.: *Simulation von Magnetfeldverteilungen in Hüftprothesen.* Studienarbeit am Institut für Halbleiter- und Mikrosystemtechnik, TU Dresden, 2005

[220] PELZ, G.: *Modellierung und Simulation mechatronischer Systeme. Vom Chip- zum Systementwurf mit Hardwarebeschreibungssprachen.* Hüthig, 2001

[221] PERREN, S.M.: Physical and biological aspects of fracture healing with special reference to internal fixation. In: *Clin. Orthop.* 138 (1979), S. 175–196

[222] PETTENPAUL, E.; KAPUSTA, H.; WEISGERBER, A.; MAMPE, H.; LUGINSLAND, J.; WOLFF, I.: CAD models of lumped elements on GaAs up to 18 GHz. In: *Microwave Theory and Techniques, IEEE Transactions on* 36 (1988), feb, Nr. 2, S. 294 –304

[223] PFEIFER, G.: *Vorlesung „Elektromechanische Messtechnik“.* Institut für Akustik und Sprachkommunikation der Technischen Universität Dresden, 2002

[224] PFEIFER, G.; WERTHSCHÜTZKY, R.: *Drucksensoren.* Verlag Technik, Berlin, 1989

[225] PHILIPPOW, E.: *Grundlagen der Elektrotechnik.* copyright Akademische Verlagsgesellschaft Geest & Portig K.-G., Leipzig, reprint Verlag Technik Berlin, 1969

[226] PHOTONISCHE MIKROSYSTEME IPMS, Germany Fraunhofer-Institut f. Dresden: *Freely Programmable 125 kHz Transponder ASIC IPMS ST1*, 2009. http://www.ipms.fraunhofer.de/common/products/LIF/Transponder/transponder-st1-e.pdf,

[227] POHL, Daniel; TUTUIAN, Radu: Reflux monitoring: pH-metry, Bilitec and Oesophageal impedance measurements. In: *Best Practice & Research Clinical Gastroenterology* 23 (2009), Nr. 3, 299 - 311

[228] POLLAK, M.; MATEU, L.; SPIES, P.: Step-up Dc-dc Converter with Coupled Inductors for Low Input Voltages. In: *PowerMEMs*, 2008

[229] QI, G.; MOUCHON, W.P.; TAN, T.E.: How much can a vibrational diagnostic tool reveal in total hip arthroplasty loosening? In: *Clinical Biomechanics* 18 (2003), S. 444–458

[230] QUANDT, E.; GERLACH, B.; SEEMANN, K.: Preparation and application of magnetostrictive thin films. In: *J. Appl. Phys.* 76 (1994), 15 November, Nr. 10, S. 7000–7002

[231] RAAB, H.; BLOOD, E.; STEINER, T.; J.H.R.: Magnetic Position and Orientation Tracking. In: *IEEE Trans. Aerosp. Electron. Syst.* AES-15 (1979), Sept., Nr. 5

[232] RECEVEUR, Rogier A M.; LINDEMANS, Fred W.; ROOIJ, Nicolaas F.: Microsystem technologies for implantable applications. In: *Journal of Micromechanics and Microengineering* 17 (2007), Nr. 5, R50

[233] REHFUSS, S.; MARSCHNER, C.; PETERS, D.; BOLTE, H.; LAUR, R.: Micro coil modeling - benefit and implementation of a permeable layer. In: *Microelectronics Journal, Issues 1-2* 33 (2002), 2 January, S. 3–10

[234] RICHTER, A.; KLATT, Stephan; PASCHEW, Georgi; KLENKE, Christian: Micropumps operated by swelling and shrinking of temperature-sensitive hydrogels. In: *Lab on a Chip* 9 (2009), S. 613 – 618

[235] RICHTER, A.; PASCHEW, G.: Optoelectrothermic Control of Highly Integrated Polymer-Based MEMS Applied in an Artificial Skin. In: *Advanced Materials* 21 (2009), Nr. 9, S. 979–983

[236] RIEGER, R.; TAYLOR, J.T.: An Adaptive Sampling System for Sensor Nodes in Body Area Networks. In: *Neural Systems and Rehabilitation Engineering, IEEE Transactions on* 17 (2009), april, Nr. 2, S. 183 –189

[237] RIEMENSCHNEIDER, F.: *TI stellt OMAP5 schon vor Mobile World Congress vor.* \url{http://www.elektroniknet.de/bauelemente/news/article/75207/0/TI_stellt_OMAP5_schon_vor_Mobile_World_Congress_vor/}. Version: 7. Februar 2011

[238] RODRIQUES, R.; DISHMAN, J.M.; DICKENS, F.T.; WHELAN, E.W.: Modeling of Two-Dimensional Spiral Inductors. In: *IEEE Trans. Comp., Hybrids Manuf. Technol.* CHMT-3 (1980), Nr. 4, S. 535–541

[239] RÖSEL, G.; FRÜHAUF, U.: *Versuch Wobbelmeßtechnik im Praktikum Meßtechnik.* TU Dresden, 1975

[240] ROSENSTEIN, A.D.; MCCOY, G.F.; BULSTRODE, C.J.; MCLARDY-SMITH, P.D.; CUNNINGHAM, J.L.; TURNER-SMITH, A.R.: The differentiation of loose and secure femoral implants in total hip replacement using vibrational technique, an anatomical and pilot clinical study. In: *Proc. Inst. Mech. Eng. Part H* 203 (1989), S. 77–81

[241] ROSHEN, W.A.: Effect of Finite Thickness of Magnetic Substrate on Planar Inductors. In: *IEEE Transactions on Magnetics* 26 (1990), January, Nr. 1

[242] ROSHEN, W.A.; TURCOTTE, D.E.: Planar inductors on magnetic substrates. In: *IEEE Transactions on Magnetics* 24, Issue: 6 (1988), Nov, S. 3213–3216

[243] ROSS, Galvin J.: *Nonlinear Estimation.* Springer Verlag, New York, 1990

[244] ROSU, M.; OTTO, J.; OSTERGAARD, D.: Fast and efficient multidomain system simulation based on coupled heterogeneous model structures. In: TOMIZUKA, Masayoshi (Hrsg.): *SPIE Conf. 7977 Smart Structures and Materials, Session Combined Simulation, 6-10 March, San Diego, U.S.A.* Bd. 7647, SPIE, 2011

[245] SAHNER, G.: *Digitale Messverfahren.* Verlag Technik, Berlin, 1990

[246] SAUER, S.: *Telemetrische Messung der Resonanzfrequenz eines Biegesensors.* Diplomarbeit am Institut für Halbleiter- und Mikrosystemtechnik, TU Dresden, 2009

[247] SAUER, S.; MARSCHNER, U.; FISCHER, W.: Detection coil independent frequency domain measurements for an inductively coupled resonant magnetoelastic bending sensor. In: *Sensors, 2011 IEEE*, 2011. – ISSN 1930–0395, S. 2026 –2029

[248] SAUER, S.; **Marschner, U.**; ADOLPHI, B.; CLASBRUMMEL, B.; FISCHER, W.: Passive Wireless Resonant Galfenol Sensor for Osteosynthesis Plate Bending Measurement (zur Publikation akzeptiert). In: *Sensors Journal, IEEE* (2012)

[249] SCHLAGETER, V.; BESSE, P.-A.; POPOVIC, R. S.; KUCERA, P.: Tracking system with five degrees of freedom using a 2D-array of Hall sensors and a permanent magnet. In: *Sens. Act. A* 2951 (2001), S. 1–6

[250] SCHMIDT, HUBERT: Warum GUM? - Kritische Anmerkungen zur Normdefinition der 'Messunsicherheit' und zu verzerrten 'Elementarfehlermodellen'. In: *ZfV* 128 (2003), Nr. 5, S. 303 – 312

[251] SCHMITZ-RODE, T.: Mikro- und Nanomedizin – Herausforderungen und Chancen für die Medizintechnik des 21. Jahrhunderts? In: NIEDERLAG, W. (Hrsg.); LEMKE, H. U. (Hrsg.); NEFIODOW, L. A. (Hrsg.); GRÖNEMEYER, D.H.W. (Hrsg.): *Hochtechnologie-Medizin im Spannungsfeld zwischen Medizin, Technik, Ökonomie, Politik, Recht und Ethik* Bd. 1/2005. Buchreihe Health Academy. Health Academy, Dresden, 2005

[252] SCHNEIDER, P.: *Modellierungsmethodik für heterogene Systeme der Mikrosystemtechnik und Mechatronik*, Technische Universität Dresden, Diss., 2010

[253] SCHRÜFER, E.: *Signalverarbeitung.* Carl Hanser Verlag, München, 1992

[254] SCHROTH, G.: Die näherungsweise Darstellung eines Biegestabes durch konzentrierte Schaltelemente. In: *Hochfrequenztechnik und Elektroakustik* (1968), Nr. 77 H.3, S. 68

[255] SCHRÜFER, E.: *Elektrische Messtechnik.* 8. C. Hanser Verlag, München, 2004

[256] SCHWARZ, P.: Simulation von Mikrosystemen. In: *2. GME/ITG-Diskussionssitzung "Entwicklung von Analogschaltungen mit CAE-Methoden", Ilmenau.* 16. und 17. März 1993, S. 247–256

[257] SCHWARZ, P.; ECCARDT, P.-C.; SCHULTE, S.; PAAP, K.-L.; GUTZMANN, M.: Methoden und Werkzeuge zur Simulation von Mikrosystemen. In: *Proc. 4. Workshop "Methoden- und Werkzeugentwicklung für den Mikrosystementwurf".* Karlsruhe, 18.-19. November 1996, S. 119–129

[258] SCHWARZ, P.; PARODAT, S.; SCHNEIDER, A.: Ein modulares Optimierungssystem für den Mikrosystem- und Schaltungsentwurf. In: *7. GMM-Workshop "Methoden und Werkzeuge zum Entwurf von Mikrosystemen".* Paderborn, 21.-22. Januar 1999, S. 195–204

[259] SEIFART, M.: *Analoge Schaltungen.* Verlag Technik Berlin, 1988

[260] SHAFEEU, H.; BETTS, A.K.; TAYLOR, J.T.: An Improved Tuning Technique for Switched Capacitor Filters. In: *1994 IEEE International Symposium on Circuits and Systems ISCAS'94* Bd. 2. London, UK, June 1994, S. 629–632

[261] SIEGMUND-SCHULTZE, Nicola: Neue Generation von Parkinson-Hirnschrittmachern. In: *Dtsch Arztebl* 105 (2008), Nr. 45, S. A–2354 / B–2010 / C–1958

[262] SIKORA, A.; DRECHSLER, R.: *Software-Engineering und Hardware-Design.* Carl Hanser Verlag, München, 2002

[263] SINHA, A.; CHANDRAKASAN, A.: Dynamic power management in wireless sensor networks. In: *Design & Test of Computers, IEEE* 18 (2001), Mar/Apr, Nr. 2, S. 62–74

[264] SONG, Hyun J.; CHOI, Young-Tai; WERELEY, Norman M.; PUREKAR, Ashish S.: Analysis of Energy Harvesting Devices Using Macro-Fiber Composite Materials. In: *ASME Conference Proceedings* 2007 (2007), Nr. 48027, 289-298

[265] SPIES, P.; FÖRSTER, F.; MATEU, L.; POLLAK, M.: Power Management in Energy Harvesting Power Supplies. In: *1st International Workshop on Power Supply on Chip (PwrSoC) 08*, 2009

[266] SPILLNER, A.: Das W-Modell: Vorteile der agilen Prozesse in einen konservativen Umfeld nutzen. In: *GI-Regionalgruppe Bremen/Oldenburg, Bremen, 13. Mai.* 2003

[267] SRIDHAR, Vijayalakshmi; TAKAHATA, Kenichi: A hydrogel-based passive wireless sensor using a flex-circuit inductive transducer. In: *Sensors and Actuators A: Physical* 155 (2009), Nr. 1, 58 - 65

[268] STALEY, Mark E.; FLATAU, Alison B.: Characterization of energy harvesting potential of Terfenol-D and Galfenol, SPIE, 2005, 630-640

[269] STARKE, E.: *Kombinierte Simulation – eine weitere Methode zur Optimierung elektromechanischer Systeme*, Technische Universität Dresden, Fakultät Elektrotechnik und Informationstechnik, Diss., 2009

[270] STARKE, E.; **Marschner, U.**; PFEIFER, G.; FISCHER, W.-J.; FLATAU, A. B.: Influence of a non-uniform stress on the electromechanical transduction coefficient of a magnetostrictive unimorph. In: OUNAIES, Zoubeida (Hrsg.); LI, Jiangyu (Hrsg.): *Behavior and Mechanics of Multifunctional Materials and Composites 2010* Bd. 7644, SPIE, 2010, 76440T

[271] STARKE, E.; **Marschner, U.**; PFEIFER, G.; FISCHER, W.-J.; FLATAU, A.B.: Combining network models and FE-models for the simulation of electromechanical systems. In: GHASEMI-NEJHAD, Mehrdad N. (Hrsg.): *Active and Passive Smart Structures and Integrated Systems V* Bd. 7977, SPIE, 2011, 79771Y

[272] STARKE, Eric; MARSCHNER, Uwe; PFEIFER, Günther; FISCHER, Wolf-Joachim: Kombinierte Simulation elektromechanischer Systeme. In: BERTRAM, T. (Hrsg.); CORVES, B. (Hrsg.); JANSCHEK, K. (Hrsg.): *Mechatronik 2011*, VDI, März 2011, S. 169 – 174. – ISBN 978-3-00-033892-2

[273] STIEGLITZ, T.: *Electrode materials for recording and stimulation, in: Horch, K.W.: Neuroprosthetics. Theory and practice.* New Jersey: World Scientific, (Series on bioengineering & biomedical engineering Vol.2), 2004. – 475–516 S. – ISBN 981–238022–1

[274] STIEGLITZ, T.; SCHUETTLER, M.; KOCH, K. P.: Neural Prostheses in Clinical Applications – Trends from Precision Mechanics towards Biomedical Microsystems in Neurological Rehabilitation. In: *Biomedizinische Technik/Biomedical Engineering* 49 (2004), April, Nr. 4, S. 72–77

[275] STRAUBE, J.: *Integriertes Patientienwarnsystem für energiebetriebene Implantate, Offenlegungsschrift DE 4213993 A1.* Meißen, 1992

[276] SUHRBIER, A.; RIEDL, M.; MALBERG, H.; PENZEL, T.; BRETTHAUER, G.; KURTHS, J.; WESSEL, N.: Cardiovascular regulation during sleep quantified by symbolic coupling. In: *CHAOS 20, 1 (2010),* 1 (2010)

[277] TANASE, D.; GOOSEN, J.F.L.; TRIMP, P.J.; REEKERS, J.A.; FRENCH, P.J.: 3D position and orientation measurements with a magnetic sensor for use in vascular interventions, 2003, S. 264 – 265

[278] TANG, T. B.; JOHANNESSEN, E.A.; WANG, L.; ASTARAS, A.; AHMADIAN, M.; CUI, L.; MURRAY, A.F.; COOPER, J.M.; BEAUMONT, S.P.; FLYNN, B.W.; CUMMING, D.R.S.: IDEAS: A Miniature Lab-in-a-Pill Multisensor Microsystem. In: *Proceedings of the IEEE NORCHIP Conference, Copenhagen, Denmark*, 2002, S. 329–334

[279] TAROATA, D.; FISCHER, W.-J.; SCHNMID, G.: Self-Assembled Monolayer for thin film capacitors on printed circuit boards. In: *Mikro-Nano-Integration, Seeheim,* 2009

[280] THOMPSON, D.U.; WOOLEY, B.A.: A 15-bit pipelined floating-point A/D converter. In: *Solid-State Circuits Conference, 1999. ESSCIRC '99. Proceedings of the 25th European*, 1999, S. 170 – 173

[281] *Kapitel* Physics of Semiconductor Sensors. In: TRAH, H.-P.; FRANZ, J.; MAREK, J.: *Advances in Solid State Physics.* Vieweg, Braunschweig, Wiesbaden, 1999, S. 25–36

[282] TRÄNKLER, H.-R. AND BÖTTCHER, J.: Sensoren mit integrierter Signalelektronik und Digitalausgang. In: PROFOS, P. (Hrsg.); PFEIFER, T. (Hrsg.): *Handbuch der industriellen Messtechnik.* München : Oldenbourg, 1994, S. 159–167

[283] TRÉMOLET DE LACHEISSERIE, E.; MACKAY, K.; BETZ, J.; PEUZIN, J.C.: From bulk to film magnetostrictive actuators. In: *Elsevier Journal of Alloys and Compounds 275-277* (1998), S. 685–691

[284] TRÄNKLER, H.-R.: *Messtechnik, Skriptum zur Vorlesung.* Institut für Mess- und Automatisierungstechnik, Universität der Bundeswehr München, 2001

[285] UHLEMANN, J.: Biokompatibilität in der Aufbau- und Verbindungstechnik. In: *1. Workshop Bio-AVT, Dresden, 4.-5. Dezember*, 2003

[286] VANDERLINDE, J.: *Classical Electromagnetic Theory.* Wiley, 1993

[287] VITULLI, R.: PRDC: an ASIC device for lossless data compression implementing the Rice algorithm. In: *Geoscience and Remote Sensing Symposium, 2004. IGARSS '04. Proceedings. 2004 IEEE International* Bd. 1, 2004, S. –320

[288] VOGEL, U.: *Modellierung eines Resonanz-Biegesensors, Studienarbeit am Institut für Halbleiter- und Mikrosystemtechnik, TU Dresden.* 2009

[289] WALKER, R.; THOMAS, D.: A Model of Design Representation and Synthesis. In: *22nd Design Automation Conference, Las Vegas*, 1985. – ISBN 0–8186–0635–5

[290] WALLACE, A.L.; DRAPER, E.R.C.; STRACHAN, R.K.; HUGHES, S.P.F.: The effect of periosteal devascularisation upon the early biomechanical environment of experimental fractures. In: *J.Bone Joint Surg.Br.* 73-B (1991), S. 124–125

[291] WANG, A.; CHANDRAKASAN, A.: Energy-efficient DSPs for wireless sensor networks. In: *Signal Processing Magazine, IEEE* 19 (2002), Jul, Nr. 4, S. 68–78

[292] WANG, A.; CHANDRAKASAN, A.: A 180-mV subthreshold FFT processor using a minimum energy design methodology. In: *Solid-State Circuits, IEEE Journal of* 40 (2005), Jan., Nr. 1, S. 310–319

[293] WANG, Lei; YUAN, F G.: Vibration energy harvesting by magnetostrictive material. In: *Smart Materials and Structures* 17 (2008), Nr. 4, 045009

[294] WATTS, R.; GIBBS, M.R.J.; KARL, W.J.: Finite-element modelling of magnetostrictive bending of a coated cantilever. In: *Appl. Phys. Lett.* 70 (1997), 12 May, Nr. 19, S. 2607–2609

[295] WENZEL, C.; ADOLPHI, B.; MERKEL, U.; **Marschner, U.**; NEUBERT, H.; FISCHER, W.-J.: Resonant Bending Sensor Based on Sputtered Galfenol. In: *Sensors and Actuators A* 156 (2009), S. 129–133

[296] *Kapitel* Wiederherstellung von Herz-Kreislauf-Funktionen. In: WERNER, J.: *Kooperative und autonome Systeme der Medizintechnik - Funktionswiederherstellung und Organersatz.* Oldenbourg Wissenschaftsverlag GmbH, München, 2005. – ISBN 978–3–486–27559–9, S. 41–192

[297] WERTHSCHÜTZKY, R.: *Entwurf und Realisierung integrierter piezoresistiver Druckwandler.* Technische Universität Dresden, Fakultät Elektrotechnik und Informationstechnik, Dissertation B, 1989

[298] WERTHSCHÜTZKY, R.: *Script zur Vorlesung „Mess- und Sensortechnik I", FG Mess- und Sensortechnik, FB ETiT, TU Darmstadt.* 2008

[299] WERTHSCHÜTZKY, R. (CHEFREDAKTEUR): Sensor-Trends 2014: Trends in zukunftsorientierten Sensortechnologien / AMA Fachverband für Sensorik e.V. 2010. – Forschungsbericht

[300] WIKIPEDIA: *Cardanische Formeln — Wikipedia, Die freie Enzyklopädie.* \url{http://de.wikipedia.org/w/index.php?title=Cardanische_Formeln\&oldid=70226610}. Version: 2010. – [Online; Stand 10. Juli 2010]

[301] WIKIPEDIA: *Magnetischer Widerstand — Wikipedia, Die freie Enzyklopädie.* \url{http://de.wikipedia.org/w/index.php?title=Magnetischer_Widerstand&oldid=70748746}. Version: 2010. – [Online; Stand 11. Juli 2010]

[302] WIKIPEDIA: *Quartische Gleichung — Wikipedia, Die freie Enzyklopädie.* \url{http://de.wikipedia.org/w/index.php?title=Quartische_Gleichung\&oldid=76056061}. Version: 2010. – [Online; Stand 10. Juli 2010]

[303] WIKIPEDIA: *Wireless sensor network — Wikipedia, The Free Encyclopedia.* \url{http://en.wikipedia.org/w/index.php?title=Wireless_sensor_network&oldid=424993214}. Version: 2011. – [Online; accessed 24-April-2011]

[304] WILKIE, William K.; BRYANT, Robert G.; HIGH, James W.; FOX, Robert L.; HELLBAUM, Richard F.; ANTHONY JALINK, Jr.; LITTLE, Bruce D.; MIRICK, Paul H.: Low-cost piezocomposite actuator for structural control applications, SPIE, 2000, 323-334

[305] WILLENEGGER, H.; S, S. P.; SCHENK, R.K.: Primäre und Sekundäre Knochenbruchheilung. In: *Chirurg* 42 (1971), S. 241–252

[306] WOLTER, K.-J.; GERLACH, G.: Nano- and Biotechniques in Electronic Packaging. In: *Nanotechnology Magazine, IEEE* 4 (2010), march, Nr. 1, S. 23 –27

[307] WOOD, Mark A.; ELLENBOGEN, Kenneth A.: Cardiac Pacemakers From the Patient's Perspective. In: *Circulation* 105 (2002), S. 2136–2138

[308] WOSCHNI, E.-G.: *Frequenzmodulation.* Bd. 2. Verlag Technik Berlin, 1962

[309] Wun-Fogle, M.; Restorff, J. B.; Lograsso, T. A.; Clark, A. E.: Magnetostriction of Stress Annealed FeGaAl Alloys. In: *SPIE Symposium on Smart Structures and Materials, Smart Structures and Integrated Systems Conference, 14-18 March, San Diego, CA, 5387(68)*, 2004

[310] Wunsch, G.; Schulz, H.-G.: *Elektromagnetische Felder.* Verlag Technik, Berlin, 1989

[311] Yin, Daheng; Zhang, Zunqiao; Li, Jianwen: A simple switched-capacitor-based capacitance-to-frequency converter. In: *Analog Integrated Circuits and Signal Processing* 1 (1991), 353-361

[312] Yourdon, E.: *Modern Structured Analysis.* Yourdon Press Computing Series, 1999. – ISBN 0135986249

[313] Zacheja, J.; Grybsch, V.; Bach, T.; Clasbrummel, B.: Experimental Analysis with magnetic Sensors for a Smart Positioning System which will be used in Fixations of Intramedullary Nails. In: *Journal of Medical & Biological Engineering & Computing* 37 (1999), S. 1462ff

[314] Zhang, S.; Jin, J.: *Computation of Special Functions.* Wiley, 1996

[315] Zhirnov, V.V.; Cavin, III R.K.; Hutchby, J.A.; Bourianoff, G.I.: Limits to binary logic switch scaling - a gedanken model. In: *Proceedings of the IEEE* 91 (2003), November, Nr. 11, S. 1934 – 1939

[316] Zrenner, E.; Wilke, R.; Sachs, H.a; Bartz-Schmidt, K.; Gekeler, F.; Besch, D.; Greppmaier, U.; Harscher, A.; Peters, T.; Wrobel, G.; Wilhelm, B.; Bruckmann, A.; Stett, A.: SUBRET Study Group (2008). Visual Sensations Mediated By Subretinal Microelectrode Arrays Implanted Into Blind Retinitis Pigmentosa Patients. In: *Proceedings of the 13th Annual Conference of the IFESS*, 2008

Glossar

Abdomen
⟨lat.⟩ Bauch, Unterleib

abdominal
⟨lat.⟩ den Unterleib des Menschen betreffend

Adipositas
(⟨lat.⟩ adeps: Fett) starkes Übergewicht, Fettleibigkeit

anterior
(⟨lat.⟩ anterius: vorderer) vorn liegend

Aortenaneurysma
⟨griech.⟩ Erweiterung (Aussackung) der abdominalen Aorta (Hauptschlagader)

Arteria radialis
⟨lat.⟩ Speichenarterie, verläuft entlang der Speiche auf der Vorderseite des Unterarms

Bluetooth
(⟨engl.⟩ Blauzahn) Industriestandard für die drahtlose Datenübertragung zwischen Geräten über kurze Distanz in einem Ad-hoc-Netz oder Piconetz. Zwei oder mehr Endgeräte werden zu einem vermaschten Netz verbunden, wobei sich das Netz selbstständig aufbaut und konfiguriert.

Body Area Network
⟨engl.⟩ Netzwerkkonzept für die Kommunikation mit Sensoren und Aktoren, die von einer einzelnen Person getragen werden.

Cochlea
⟨lat.⟩ Hörschnecke

Condylus
⟨lat.⟩ auch Konylus; knöcherner Teil eines Gelenkes, auch Gelenkfortsatz oder Gelenkknorren

Cortex lentis
⟨lat.⟩ Rindenschicht der Linse (Auge)

Cuff-Elektrode
manschettenförmige Elektrode um ein biologisches Gewebe, z.B. einen Nerv

distal
(⟨lat.⟩ distare: abstehen, entfernt sein) vom Körperstamm nach außen gerichtet oder von der Körpermitte weg gelegen

Elektroenzephalogramm (EEG)
Aufzeichnung des extrakorporal gemessenen Spannungssignals der summierten elektrischen Aktivität des Gehirns.

Elektrokardiogramm (EKG)
Aufzeichnung des extrakorporal gemessenen Spannungssignals der elektrischen Aktivität des Herzmuskels.

Elektromyogramm (EMG)
Aufzeichnung des extrakorporal gemessenen Spannungssignals, das bei Muskelaktivitäten auftitt. Bei der Einzelfasermyografie werden die Spannungen an einzelnen Muskelfasern mit Spezialnadeln gemessen.

Elektrookulogramm (EOG)
Aufzeichnung des extrakorporal gemessenen Spannungssignals, das bei der Bewegung der Augen oder Veränderungen des Ruhepotentials der Netzhaut auftritt.

Endokrinologie
Erforschung hormoneller Signalübertragungssysteme sowie Diagnostik, Therapie und Prophylaxe hormoneller Erkrankungen und Funktionsstörungen.

extrakorporal
(⟨lat.⟩ extra: außerhalb; corpus: Körper) am Körper

Femur
⟨lat.⟩ Oberschenkelknochen

GalFeNOL
Gallium-Eisen-Legierung; NOL: Naval Ordnanace Laboratory

Ganglion
⟨lat.⟩ Anhäufung von Nervenzellkörpern im peripheren Nervensystem; auch Nervenknoten

Gastrointestinaltrakt
(⟨griech.⟩ gaster: Magen, ⟨lat.⟩ intestinum: Darm) Magen-Darm-Trakt

Glaukom
auch Grüner Star; Verlust von Nervenfasern des Sehnervs infolge einer Augenerkrankung, häufige Ursache ist ein erhöhter Augeninnendruck

Glob-Top
⟨engl.⟩ Oberflächenverguss

Hydrocephalus
⟨lat.⟩ krankhafte Erweiterung der Ventrikel (liquorgefüllten Flüssigkeitsräume) des Gehirns

Hypertonie
⟨lat.⟩ Bluthochdruck

in vivo
⟨lat.⟩ im Lebendigen; hier innerhalb des lebenden menschlichen Körpers

interstitiell
(⟨lat.⟩ dazwischenliegend) hier zwischen zwei funktionstragenden Gewebeschichten

intrakorporal
(⟨lat.⟩ intra: innerhalb; corpus: Körper) im Körperinnern

intrauterin
⟨lat.⟩ innerhalb der Gebärmutter

invasiv
(⟨lat.⟩ invadere) einfallen, eindringen; gewebsverletzend

Ischämie
Minderdurchblutung oder vollständiger Durchblutungsausfall eines Gewebes

Kallus
(⟨lat.⟩ Callus: dicke Haut) Verdickung um eine Knochenbruchstelle, die in der Heilungsphase eines Knochenbruches entsteht

Kompartmentsyndrom
Verminderung der Gewebedurchblutung

Kortikalis
(von ⟨lat.⟩ cortex: Rinde) äußere Schicht der Knochen

lateral
(⟨lat.⟩ latus: Seite) zur Seite hin gelegen

Lumen
(⟨lat.⟩ lumen: Licht) Innendurchmesser einer Kanüle oder eines Katheters

Makula lutea
⟨lat.⟩ Punkt des schärfsten Sehens der Netzhaut

medial
(⟨lat.⟩ medius: Mitte) zur Mitte hin gelegen

Miktion
(⟨lat.⟩ mingere: harnen) vollständige Entleerung der Harnblase

Osteosynthese
Fixation einer Knochenfraktur mit Hilfsmitteln wie Platten, Schrauben, Stifte, Netze und Nägeln zur schnellen Wiederherstellung der vollen Funktionsfähigkeit des Knochens

perkutan
(⟨lat.⟩ per: durch; cutis: Haut) durch oder über die Haut

Pharmakotherapie
Konservative medikamentöse Behandlung einer Erkrankung.

Photoplethysmographie
Nichtinvasive Blutuntersuchungsmethode, die auf der Aussendung und Messung von Infrarotstrahlung basiert. Die Strahlung hat eine spezielle Wellenlänge, die vom Hämoglobin in den oberflächlichen Venengeflechten besonders gut absorbiert wird. Damit können beispielsweise Volumenschwankungen in den Venen indirekt gemessen werden.

Poly-Si
⟨engl.⟩ Polycrystalline silicon

posterior
(⟨lat.⟩ post: hinter) hinten liegend

postoperativ
nach einem chirurgischen Eingriff

proximal
(von ⟨lat.⟩ proximus: der Nächste) zum Körper hin gelegen oder zum Körper hin verlaufend

Pseudarthrose
(⟨griech.⟩ Falschgelenk, Scheingelenk) verzögerte oder ausbleibende Bruchheilung

RAM
⟨engl.⟩ Random Access Memory; Speicher mit wahlfreiem/direktem Zugriff, auch Direktzugriffsspeicher

Retina
⟨lat.⟩ Netzhaut, die die innere Oberfläche des Augapfels auskleidet und visuelle Informationen in neuronale Signale umwandelt.

Retinitis pigmentosa
Gruppe erblicher Augenerkrankungen, die eine Zerstörung der Netzhaut (Retina) zur Folge haben

Sakralnerven
(⟨lat.⟩ Os sacrum: zum Kreuzbein gehörend) fünf paarige Spinalnerven, die aus dem Steißbein austreten

Sticking
⟨engl.⟩ Anhaften

subkutan
(⟨lat.⟩ sub: unter, cutis: Haut) Gewebe unter der Haut

Sudeck
(Morbus) Sudeck, komplexes regionales Schmerzsyndrom

thorakal
⟨lat.⟩ den Thorax (Brustraum) betreffend oder zum Thorax gehörig

Thrombose
⟨griech.⟩ krankhafte Bildung eines Blutgerinnsel (Thrombus) in einem Gefäß

Transceiver
⟨engl.⟩ transmitter and receiver: Kombination aus Sender und Empfänger

transkutan
⟨lat.⟩ auch transdermal oder perkutan; durch die Haut hindurch

Trochanter
(⟨griech.⟩ zu trochos: Rad) Trochanter major (großer Rollhügel) und Trochanter minor (kleiner Rollhügel) am Hals des Oberschenkelknochen

Vitalparameter
Messgrößen der Grundfunktionen des menschlichen Körpers, z.B. Blutdruck, Herzfrequenz, Körpertemperatur, u.a.

Zigbee
(von ⟨engl.⟩ Waggle dance of a Bee: Schwänzeltanz einer Biene) Funknetz-Standard für Verbindungen über kurze Entfernungen (10 bis 100 Meter), basierend auf dem IEEE 802.15.4-Stanadard

Ödem
(⟨griech.⟩ oidema: Schwellung) Schwellung des Gewebes aufgrund einer Einlagerung von Flüssigkeit

Zum Autor

Uwe Marschner hat an der Technischen Universität Dresden Informationstechnik studiert und ist gelernter Elektromechaniker. Als Stipendiat der Kulturstiftung Dresden der Dresdner Bank absolvierte er 1992-1993 einen Studienaufenthalt am Massachusetts Institute of Technology. Im *M.I.T. International Program for Enhanced Nuclear Power Plant Safety* erarbeitete er eine Lösung zur nichtlinear modellgestützen Diagnose von Ventilen. Nach dem Studium baute er am Lehrstuhl Mikrosystemtechnik von Prof. Fischer am Institut für Halbleiter- und Mikrosystemtechnik der TU Dresden das Labor für Mikrosystementwurf und verschiedene Praktika mit auf. Darüber hinaus ist er 1994 Mitgründer der ETD Elektronik-Technologie GmbH Dresden. Im Rahmen von Verbundprojekten wurden von ihm intelligente Sensoren für die technische und medizinische Diagnostik entworfen. Im Ergebnis wurden u.a. im Jahr 2000 ein Mikrosystem zur On-line Schwingungsdiagnostik, 2003 ein portables Video-Mikrosystem mit integrierter Bildauswertung und ein intelligentes Ferndiagnose-Mikrosystem, 2006 zusammen mit der University of Maryland (UMD) ein Stimmgabel-Drehratensensor und 2009 ein passives drahtloses Sensornetzwerk für Anwendungen in der Medizintechnik aufgebaut und präsentiert.

Mit einer Arbeit über *Integration von Signalanalysatoren in Mikrosysteme* wurde er 2002 an der Fakultät Elektrotechnik und Informationstechnik der TU Dresden promoviert. Seit 2004 bzw. 2007 lehrt Uwe Marschner an der TU Dresden *Entwurf und Simulation von Mikrosystemen* und *Elektromechanische Netzwerke*, seit 2009 auch die *Anwendung kombinierter Simulation.* Im *German-American Frontiers of Engineering Program* der Alexander von Humboldt Stiftung absolvierte er Forschungsaufenthalte am Department of Aerospace Engineering der UMD bei Prof. Alison Flatau in den Jahren 2004, 2006 und 2008. Im Frühjahrssemester 2009 unterrichtete er als Gastdozent *Topics in Aerospace Engineering: Electromechanical System Modeling* an der UMD und übernahm von Prof. Pfeifer die Arbeitsgruppe Elektromechanische Systeme. Die Anwendung und Verbreitung von Methoden der Dresdner Schule der gemeinsamen Schaltungsdarstellung miteinander verkoppelter elektrischer, magnetischer, mechanischer und akustischer Systeme sind ihm ein besonderes Anliegen.

Uwe Marschner ist Mitautor der Fachbücher *Mikrosystemtechnik* (Hrsg. W.-J. Fischer, Vogel-Verlag, 2000), *Handbuch der Leiterplattentechnik* (Hrsg. W. Jillek und G. Keller, Eugen G. Leuze Verlag, 2003) und *Electromechanical Systems in Microtechnology and Mechatronics* (A. Lenk, R. Ballas, G. Pfeifer, und R. Werthschützky, Springer, 2010).

Seit 1998 ist er *IEEE Member*, seit 2011 *Technical Committee Member* der *ASME Aerospace Division - Adaptive Structures and Material Systems* und *Committee Member des Symposium on Design, Test, Integration and Packaging of MEMS/MOEMS (DTIP).*